Terapia do esquema para casais

A Artmed é a editora oficial da FBTC

T315   Terapia do esquema para casais : base teórica e intervenção / Organizadores: Kelly Paim, Bruno Luiz Avelino Cardoso. – Porto Alegre : Artmed, 2019.
xvi, 242 p. il. ; 23 cm.

ISBN 978-85-8271-573-4

1. Psicoterapia. 2. Terapia cognitiva. I. Paim, Kelly. II. Cardoso, Bruno Luiz Avelino.

CDU 615.851

Catalogação na publicação: Karin Lorien Menoncin – CRB 10/2147

Kelly **Paim**
Bruno Luiz Avelino **Cardoso**
(orgs.)

Terapia do esquema para casais

base teórica e intervenção

Reimpressão 2020

Porto Alegre
2019

© Grupo A Educação S.A., 2019

Gerente editorial
Letícia Bispo de Lima

Colaboraram nesta edição:

Coordenadora editorial
Cláudia Bittencourt

Capa
Paola Manica

Preparação de original
Ivaniza Oschelski de Souza

Leitura final
Bianca Franco Pasqualini

Editoração
Ledur Serviços Editoriais Ltda.

Reservados todos os direitos de publicação ao GRUPO A EDUCAÇÃO S.A.
(Artmed é um selo editorial do GRUPO A EDUCAÇÃO S.A.)
Av. Jerônimo de Ornelas, 670 – Santana
90040-340 – Porto Alegre – RS
Fone: (51) 3027-7000 Fax: (51) 3027-7070

Unidade São Paulo
Rua Doutor Cesário Mota Jr., 63 – Vila Buarque
01221-020 – São Paulo – SP
Fone: (11) 3221-9033

É proibida a duplicação ou reprodução deste volume, no todo ou em parte, sob quaisquer formas ou por quaisquer meios (eletrônico, mecânico, gravação, fotocópia, distribuição na Web e outros), sem permissão expressa da Editora.

SAC 0800 703-3444 – www.grupoa.com.br

IMPRESSO NO BRASIL
PRINTED IN BRAZIL

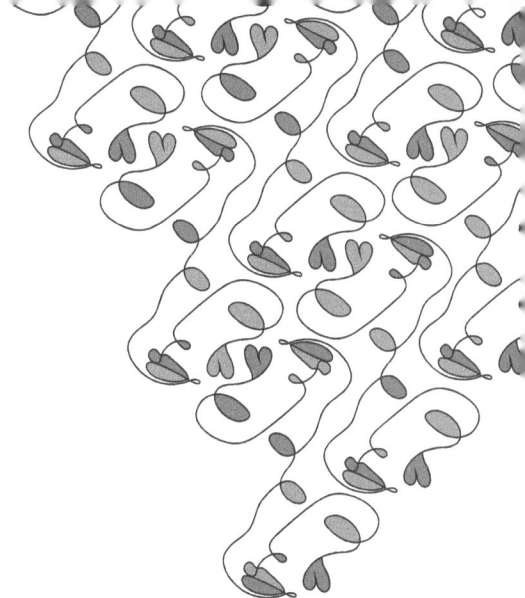

Autores

Kelly Paim
Psicóloga clínica. Terapeuta do esquema certificada pela Internacional Society of Schema Therapy (ISST). Formação em Terapia do Esquema pela Wainer Psicologia Cognitiva – NYC Institute for Schema Therapy. Especialista em Terapia Cognitivo-comportamental pela WP/Centro de Psicoterapia Cognitivo-comportamental e em Psicoterapia de Casal e Família pela Universidade do Vale do Rio dos Sinos (Unisinos). Mestra em Psicologia Clínica pela Unisinos. Sócia-fundadora da Sociedade Brasileira de Terapia do Esquema (SBTE). Membra da ISST.

Bruno Luiz Avelino Cardoso
Psicólogo. Terapeuta cognitivo certificado pela Federação Brasileira de Terapias Cognitivas (FBTC). Sócio-fundador do Instituto de Teoria e Pesquisa em Psicoterapia Cognitivo-comportamental (ITPC). Membro do Grupo de Pesquisa Relações Interpessoais e Habilidades Sociais (RIHS) da Universidade Federal de São Carlos (UFSCar), do Grupo de Trabalho Relações Interpessoais e Competência Social da Associação Nacional de Pesquisa e Pós-graduação em Psicologia (ANPEPP) e do Grupo de Estudos em Prevenção e Promoção da Saúde no Ciclo de Vida (GEPPSVida) da Universidade de Brasília (UnB). Especialista em Terapia Cognitivo-comportamental pelo Instituto WP (IWP/FACCAT). Mestre em Psicologia (Processos Clínicos e Saúde) pela Universidade Federal do Maranhão (UFMA), com estágio de pesquisa sobre violência e habilidades sociais na UFSCar. Doutorando em Psicologia (Comportamento Social e Processos Cognitivos) na UFSCar, com apoio da Fundação de Amparo à Pesquisa do Estado de São Paulo (FAPESP). Delegado da FBTC no Maranhão.

Adriana Mussi Lenzi Maia
Psicóloga clínica. Terapeuta certificada pela FBTC. Formação em Terapia do Esquema pela Wainer Psicologia Cognitiva – NYC Institute for Schema Therapy e pela ISST. Professora e supervisora em Terapia do Esquema da Wainer Psicologia Cognitiva. Especialista em Psicodrama pela ARC/SP, em Terapia Cognitivo-comportamental pelo Instituto Catarinense de Terapias Cognitivas (ICTC/SC) e em Terapia Familiar e de Casal pelo SEFAM/SP.

Aline Henriques Reis
Psicóloga. Formação em Terapia do Esquema pela Wainer Psicologia Cognitiva. Professora adjunta da Universidade Federal de Mato Grosso do Sul (UFMS). Especialista em Psicologia Clínica na Abordagem Cognitivo-comportamental pela Universidade Federal de Uberlândia (UFU). Mestra em Psicologia pela UFU. Doutora em Psicologia pela Universidade Federal do Rio Grande do Sul (UFRGS).

Ana Letícia Castellan Rizzon
Psicóloga clínica. Especialista em Terapia do Esquema pela Wainer Psicologia Cognitiva, em Psicoterapia de Casal e Família pela Unisinos e em Psicoterapia Cognitivo-comportamental pela UFRGS.

Ben-Hur Risso
Psicólogo clínico. Formação em Terapia do Esquema pela Wainer Psicologia Cognitiva – NYC Institute for Schema Therapy. Especialista em Terapia Cognitivo-comportamental pelo IWP/FACCAT.

Caroline L. Mallmann
Psicóloga clínica. Formação em Terapia do Esquema pela Wainer Psicologia Cognitiva – NYC Institute for Schema Therapy. Formação em Terapia do Esquema para Crianças pela ISST. Especialista em Terapia Cognitivo-comportamental pela Wainer Psicologia Cognitiva. Mestra em Psicologia Clínica pela Pontifícia Universidade Católica do Rio Grande do Sul (PUCRS). Doutoranda em Psicologia Clínica na PUCRS.

Clarissa Leitune
Psicóloga clínica. Especialista em Terapia de Casal e Família e em Terapia Individual Sistêmica pelo Centro de Estudos da Família e do Indivíduo de Porto Alegre (CEFI), em Psicologia Clínica pelo Conselho Federal de Psicologia (CFP) e em Terapia Cognitivo-comportamental pelo IWP/FACCAT. Especializanda em Terapia do Esquema na Wainer Psicologia Cognitiva – NYC Institute for Schema Therapy.

Diego Villas-Bôas da Rocha
Psicólogo e terapeuta sexual. Formação em Terapia do Esquema pela Wainer Psicologia Cognitiva – NYC Institute for Schema Therapy. Especialista em Sexualidade Humana pela Faculdade de Medicina da Universidade de São Paulo (USP). Vice-coordenador do Comitê de Sexualidade da Sociedade de Psicologia do Rio Grande do Sul (SPRGS) e delegado da Sociedade Brasileira em Estudos em Sexualidade Humana (SBRASH), área de psicologia.

Jacqueline Leão
Psicóloga clínica. Terapeuta e supervisora certificada pela ISST. Formação em Terapia do Esquema, Terapia Cognitivo-comportamental e Gestalt Terapia. Professora do Curso de Formação em Terapia do Esquema do Insere – Psicologia e Educação e da Wainer Psicologia Cognitiva. Diretora do Insere – Psicologia e Educação. Pesquisadora do Núcleo de Estudos sobre a Violência em Alagoas (Nevial) da Universidade Federal de Alagoas (UFAL). Especialista em Psicologia Jurídica pela Faculdade de Alagoas – Estácio do Sá (FAL). Mestra em Sociologia pela UFAL.

Kamilla I. Torquato
Psicóloga. Especialista em Neuropsicologia pelo Instituto de Terapia Cognitivo-comportamental (InTCC). Mestra em Neurociências pela UFRGS.

Luisa Zamagna Maciel
Psicóloga. Terapeuta do esquema certificada pela ISST. Professora da Wainer Psicologia Cognitiva. Sócia da Clínica de Psicologia Ethos. Especialista em Terapia Cognitivo-comportamental pela Wainer Psicologia Cognitiva. Mestra em Psicologia Clínica pela PUCRS.

Marcela Bortolini
Psicóloga clínica. Formação em Terapia do Esquema pela Wainer Psicologia Cognitiva. Professora da Universidade de Santa Cruz do Sul (Unisc). Especialista em Terapia Cognitivo-comportamental pela Wainer Psicologia Cognitiva. Mestra e Doutora em Psicologia pela UFRGS.

Marco Aurélio Mendes
Psicólogo clínico. Terapeuta certificado pela FBTC. Psicoterapeuta e supervisor certificado em Terapia Focada nas Emoções pela International Society for Emotion Focused Therapy (ISEFT). Diretor do Instituto Brasileiro de Terapia Focada nas Emoções e Psicoterapias Integrativas (TFE Brasil). Mestre em Ciências pela Universidade Federal do Rio de Janeiro (UFRJ).

Maria Alice Centanin Bertho
Psicóloga. Mestranda em Psicologia (Comportamento Social e Processos Cognitivos) na UFSCar. Membra do Laboratório de Análise e Prevenção da Violência (Laprev) da UFSCar.

Mariana Squefi
Psicóloga clínica. Professora de Pós-graduação da Wainer Psicologia Cognitiva. Diretora da Nexus Psicologia. Especialista em Terapia Cognitivo-comportamental e Terapia do Esquema pela Wainer Psicologia Cognitiva. Mestra em Psicologia Clínica pela Unisinos.

Rossana Andriola
Psicóloga clínica. Terapeuta do esquema certificada pelo NYC Institute for Schema Therapy. Especialista em Terapia Cognitivo-comportamental pela Wainer Psicologia Cognitiva.

Apresentação

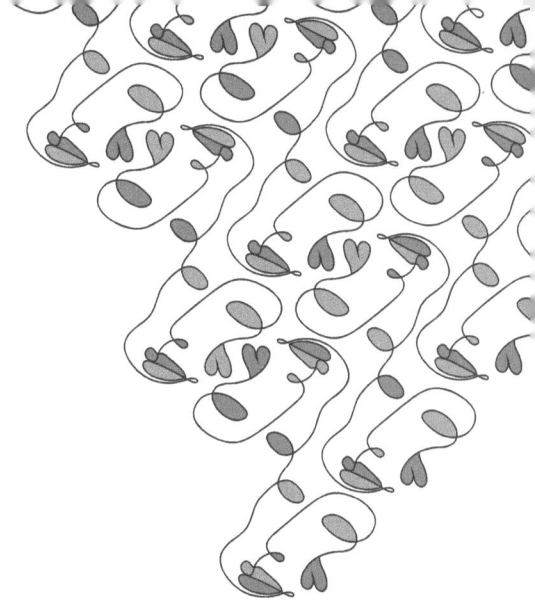

A terapia do esquema (TE) oferece um modelo de avaliação e de intervenção que tem sido aplicado a diversos quadros e condições clínicas. Desenvolvida, inicialmente, para permitir a formulação de caso e a intervenção eficaz com pacientes difíceis e refratários à mudança, a TE logo entusiasmou muitos clínicos que sentiam dificuldades na terapia cognitiva tradicional com pacientes que apresentavam acentuada instabilidade do humor ou da autoimagem, impulsividade marcada, bem como dificuldades interpessoais relevantes.

Quando surgiu, a TE ofereceu "ferramentas" conceituais que permitiram integrar os processos esquemáticos disfuncionais à formulação de caso. A atenção dada a esses processos (que podem ser vistos como mecanismos de defesa do Eu) permitiu que os terapeutas passassem a melhor conceitualizar patologias associadas a elevada rigidez cognitiva (resultante do recurso constante a distorções cognitivas para manter intactos seus esquemas iniciais desadaptativos – EIDs), bem como que compreendessem melhor as estratégias de evitamento dos pacientes (não apenas o evitamento comportamental, mas também o evitamento de informação relacionada com os EIDs e o evitamento ou bloqueio da experiência emocional a eles associada). Esse modelo também chamou atenção para a hipercompensação dos esquemas, que pode consistir em estilos interpessoais em que os direitos dos outros não são frequentemente reconhecidos ou são violados, causando dificuldades no ajustamento relacional do paciente. Finalmente, o modelo da TE propôs que a seleção disfuncional de parceiros pode constituir um processo esquemático disfuncional de manutenção interpessoal dos EIDs. Quando é o caso, um paciente pode revelar tendência a selecionar parceiros que se comportem de determinada forma na relação, confirmando seus EIDs nucleares.

Em uma revisão posterior do modelo, foi proposta a Teoria dos Modos Esquemáticos, a fim de acomodar os casos em que os pacientes pareciam subitamente mudar seu funcionamento, recorrendo a diversas estratégias (cognitivas, emocionais, interpessoais) para lidar com situações ativadoras de seus esquemas, podendo, em um período curto, mudar totalmente seu modo de funcionamento para outros tipos de estratégias. Esse desenvolvimento tem se revelado de suma importância na conceitualização e intervenção em casos de pacientes com grandes dificuldades de regulação emocional e comportamental.

Podemos afirmar que a TE é um "modelo vivo", pois, em seus quase 30 anos de existência, vem refinando-se e adaptando-se a diferentes focos, formatos e contextos de intervenção – recentemente, por exemplo, foi proposta a inclusão de aspectos das terapias contextuais na intervenção em TE. Assim, ela expandiu seu campo de aplicação para diversas patologias, não apenas a transtornos da personalidade, mas também a transtornos alimentares, depressivos, adições e problemas de comportamento, sendo inclusive utilizada no tratamento de agressores. Foi adaptada para ser aplicada com crianças e adolescentes. Além disso, existem hoje protocolos de intervenção em TE para diversas patologias, em formato tanto individual como em grupo. E tem sido aplicada quer em contexto hospitalar, quer em clínica privada, em ambulatório e em programas de internamento, nas escolas ou nas prisões, sendo considerável o volume de estudos de eficácia que sustentam a opção por essa forma de intervenção.

Na origem dos EIDs está a interação entre temperamento e experiências precoces adversas. O modelo salienta a não satisfação de necessidades emocionais nos primeiros tempos do desenvolvimento como fator crucial para a formação de EIDs, sendo que dificuldades relativas ao vínculo com cuidadores e figuras de referência da criança habitualmente estão presentes nos casos com patologia severa. Como sabemos a partir de um vasto conjunto de estudos, as dificuldades relativas à vinculação interferem de forma significativa no modo como os indivíduos se relacionam com os outros quando adultos. Dessa constatação, nasceu a TE para casais, um dos campos em que a TE tem sido aplicada nos últimos anos.

A obra *Terapia do esquema para casais: base teórica e intervenção*, organizada por Kelly Paim e Bruno Luiz Avelino Cardoso, vem apoiar os terapeutas e profissionais da saúde que trabalham com casais e famílias, oferecendo ao público lusófono um manual clínico de excelência. Esta obra conta com a colaboração de diversos autores brasileiros, todos com vasta experiência no uso da TE em contextos de intervenção variados. Para além disso, importa sublinhar a elevada qualificação dos autores, sendo muitos deles psicoterapeutas creditados pela International Society for Schema Therapy (ISST). Assim, este livro não apenas representa um esforço dos organizadores e dos autores dos diversos capítulos, mas constitui um verdadeiro avanço na literatura da TE, especificamente em sua aplicação à área de casais e família.

Esta obra possibilita ao leitor compreender as disfunções relacionais dos casais a partir de uma leitura baseada no modelo da TE, integrando a teoria dos modos e os ciclos interpessoais disfuncionais na formulação de caso. Orienta o clínico no uso de estratégias de avaliação adequadas e o apoia no manejo da relação terapêutica quando intervém na díade relacional. De modo inovador, oferece a compreensão de diversos problemas que afetam a conjugalidade nos tempos atuais – desde o funcionamento dos relacionamentos abusivos, às relações distantes, à transição para a parentalidade e à questão da infidelidade e dos problemas sexuais dos casais –, capacitando os terapeutas para a intervenção nessas áreas.

Em boa hora organizadores e autores reuniram esforços para produzir esta obra. Estou certo de que muitos dos terapeutas que intervêm em TE com diferentes pacientes ficarão gratos, pois, frequentemente, todos se deparam com a necessidade de intervenção em problemáticas conjugais (seja trabalhando com adultos, seja com jovens, seja com crianças) sempre que o funcionamento conjugal/familiar contribui para a manutenção dos problemas. Este livro constitui, ainda, um auxiliar precioso para todos que têm responsabilidades como professores e formadores nesta área, pelo que estou certo que será uma referência em TE.

Daniel Rijo
Psicoterapeuta e supervisor – ISST.
Docente e investigador da Faculdade de Psicologia
e de Ciências da Educação da Universidade de Coimbra, Portugal.

Prefácio

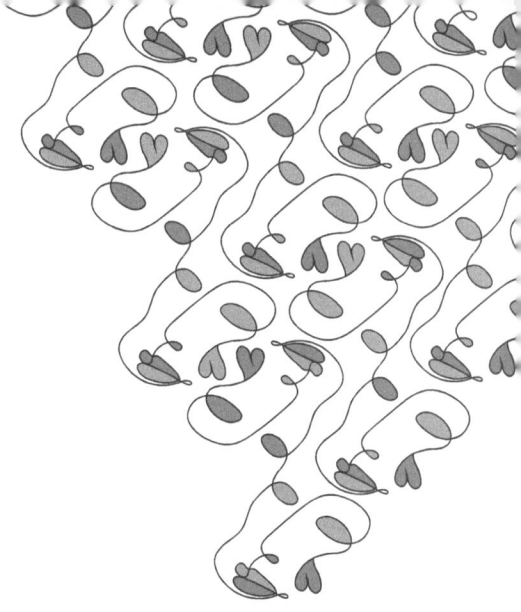

É com muita satisfação que apresentamos o livro *Terapia do esquema para casais: base teórica e intervenção*. A publicação deste livro é um marco importante para a produção de conhecimentos em terapia do esquema (TE) no Brasil. Isso nos deixa muito felizes e nos motiva para seguirmos em frente.

Um dos principais motivos que nos levaram à organização desta obra foi a imensa demanda de psicoterapia relacionada a dificuldades conjugais. Em nossa experiência clínica, dificuldades geradas por problemas na área afetivo-sexual costumam ser causadoras de extremo estresse e, constantemente, monopolizam o foco terapêutico. Sendo assim, a necessidade de atendimento conjugal (ou atendimento individual relativo a relações afetivo-sexuais íntimas) é muito frequente.

A falta de literatura brasileira sobre TE para casais foi outro motivador, pois, mesmo havendo crescente literatura internacional sobre o tema, temos carência de obras nacionais com esse enfoque. Documentar o trabalho desenvolvido por terapeutas brasileiros, com ênfase tanto na base teórica quanto na prática dos atendimentos, torna-se, assim, um passo significativo no fortalecimento da TE para casais no Brasil. Com isso, ficamos extremamente felizes por se tratar do primeiro livro sobre TE para casais em nosso país.

É importante deixar claro que esse cenário de escassez de publicações não representa a qualidade dos terapeutas brasileiros. Reunir profissionais experientes, com *expertise* no atendimento das demandas conjugais em TE, foi uma grande oportunidade. Mesmo que ainda não sejam muitos, alguns terapeutas brasileiros já fazem parte do seleto elenco de profissionais certificados pela International Society of Schema Therapy, além de buscarem qualificação em leituras, cursos e conferências internacionais.

Ficamos honrados com as contribuições de cada coautor a esta obra. A diversidade conceitual e prática contemplada neste livro certamente faz dele um recurso imprescindível para terapeutas e estudiosos de relacionamentos afetivo-sexuais. São abordadas aqui desde as bases conceituais da TE para casais até as várias formas de intervenção com públicos e demandas diversos.

Agradecemos imensamente aos coautores por se dedicarem ao máximo para a elaboração de seus capítulos, dividindo seus conhecimentos e suas experiências clínicas por uma causa maior: multiplicar conhecimento para melhorar a saúde mental da população. Relações conjugais saudáveis são fundamentais para o desenvolvimento de indivíduos saudáveis.

A você, leitor e estudioso dos relacionamentos afetivo-sexuais, desejamos que a leitura deste livro seja rica em conhecimento e lhe permita o aprofundamento nas temáticas aqui apresentadas.

Nosso abraço,

Kelly Paim e Bruno Luiz Avelino Cardoso
Organizadores

Sumário

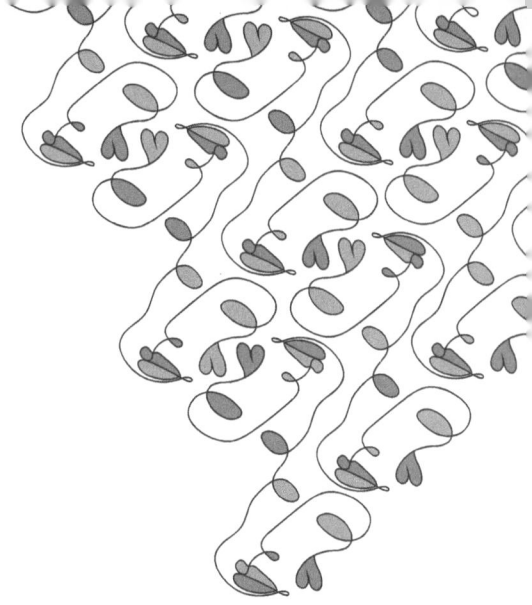

    Apresentação   ix
    Daniel Rijo

    Prefácio   xiii
    Kelly Paim e Bruno Luiz Avelino Cardoso

PARTE I   COMPREENDENDO OS RELACIONAMENTOS

  1   O papel dos esquemas no funcionamento interpessoal   3
      Aline Henriques Reis e Rossana Andriola

  2   Teoria do apego e esquemas conjugais   15
      Marco Aurélio Mendes e Adriana Mussi Lenzi Maia

  3   A química esquemática e as escolhas amorosas   31
      Kelly Paim

  4   Modos esquemáticos individuais e o ciclo de modos conjugal   45
      Kelly Paim e Bruno Luiz Avelino Cardoso

PARTE II   PROCESSO TERAPÊUTICO NO ATENDIMENTO DE CASAIS

  5   Avaliação e contrato terapêutico   63
      Jacqueline Leão

  6   O trabalho com os modos esquemáticos com casais   87
      Adriana Mussi Lenzi Maia

| 7 | Estratégias e técnicas para mudança em terapia do esquema | 101 |

Kelly Paim e Kamilla I. Torquato

| 8 | A relação terapêutica | 121 |

Clarissa Leitune e Ben-Hur Risso

PARTE III PROBLEMAS E DIFICULDADES NAS RELAÇÕES CONJUGAIS

| 9 | Até que a morte nos separe: a contribuição da cultura para a manutenção de esquemas iniciais desadaptativos em relacionamentos abusivos | 143 |

Bruno Luiz Avelino Cardoso, Maria Alice Centanin Bertho e Kelly Paim

| 10 | Juntos, mas separados: do entendimento à intervenção em relacionamentos distantes | 165 |

Kelly Paim, Ana Letícia Castellan Rizzon e Bruno Luiz Avelino Cardoso

| 11 | De casal a pais: contribuições da terapia de esquema na transição para a parentalidade | 183 |

Caroline L. Mallmann, Marcela Bortolini e Mariana Squefi

| 12 | Infidelidade conjugal: novidade do outro, alteridade do eu ou o amor velho que adoeceu? | 199 |

Ana Letícia Castellan Rizzon

| 13 | Entre quatro paredes vale tudo, inclusive não fazer nada? Contribuições da terapia do esquema para a compreensão dos problemas sexuais no casal | 223 |

Diego Villas-Bôas da Rocha e Luisa Zamagna Maciel

Índice 239

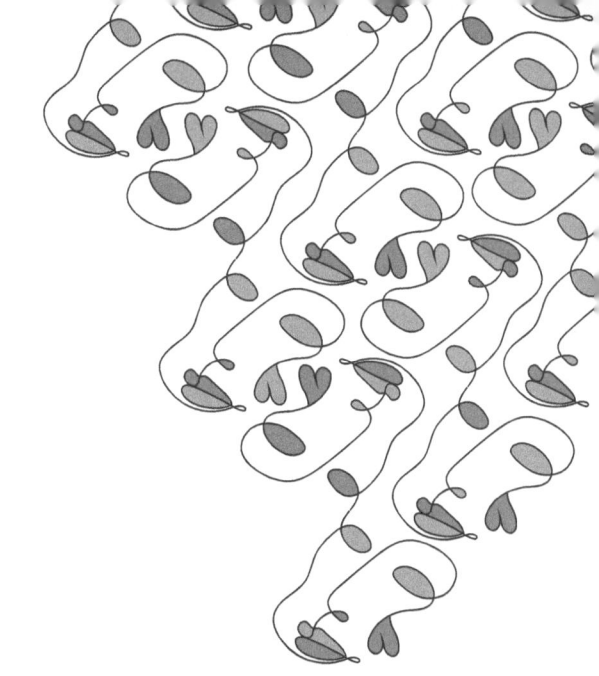

PARTE I

Compreendendo os relacionamentos

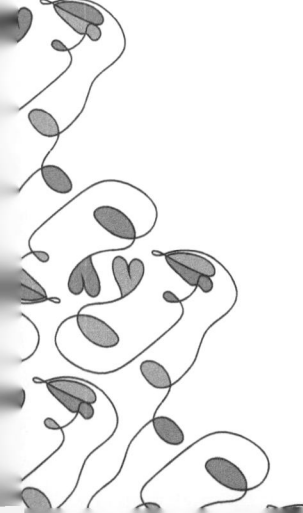

1

O papel dos esquemas no funcionamento interpessoal

Aline Henriques Reis
Rossana Andriola

> *Não cometerei os mesmos erros que você. Não deixarei causar tanta tristeza ao meu coração. Não vou desistir do mesmo jeito que você. Você sofreu tanto... Tenho aprendido da maneira mais difícil nunca deixar as coisas chegarem tão longe. Por sua causa, nunca me afasto muito da calçada. Por sua causa, aprendi a não arriscar para não me machucar. Por sua causa, acho difícil confiar não somente em mim, mas em todos a minha volta. Por sua causa, tenho medo. Perco meu caminho, e você logo aponta o meu erro. Não posso chorar, porque sei que, aos seus olhos, isso é fraqueza. Sou forçada a fingir um sorriso, uma risada todos os dias da minha vida. Meu coração não pode sequer se quebrar quando nem ao menos estava inteiro. [...] Vi você morrer. Ouvi você chorar. Todas as noites, no seu sono. Eu era tão jovem. Você deveria ter pensado melhor antes de se apoiar em mim. Você nunca pensou em ninguém. Você só viu a sua dor, e agora choro no meio da noite, pelo mesmo maldito motivo. [...] Por sua causa, tentei ao máximo me esquecer de tudo. Por sua causa, não sei como me abrir a mais ninguém. Por sua causa, tenho vergonha da minha vida porque ela é vazia. Por sua causa, tenho medo. Por sua causa...*
> Kelly Clarkson – Because of you

Os relacionamentos interpessoais, sem dúvida, são fonte de significado em nossa vida, afinal somos seres sociais. Entretanto, são igualmente um dos motivos que mais levam as pessoas à terapia. A música *Because of you*, de Kelly Clarkson, ilustra bem o sofrimento decorrido de uma relação disfuncional na qual esquemas de desconfiança/abuso, inibição emocional, privação emocional, defectividade/vergonha e subjugação provavelmente foram ativados.

A terapia do esquema (TE) debruça-se sobre esse escopo, ou seja, entende os relacionamentos não só como algo imprescindível para o ser humano, mas como veículo de mudança de esquemas iniciais desadaptativos (EIDs), por meio de uma de suas principais estratégias terapêuticas: a reparentalização limitada. Os EIDs são estruturas mentais formadas por experiências nocivas decorrentes de nossas relações primordiais na infância e adolescência; portanto, a interação com nossas figuras paternas (i.e., pessoas significativas) servirá de guia para relacionamentos posteriores. É por meio dessas interações que traduziremos nossas relações adultas como filtros codificadores para experiências posteriores (Andriola, 2016; Young, Klosko, & Weishaar, 2008).

Um esquema é uma fonte de emoções, vivências, cognições e comportamentos que rege a maneira de ver o mundo e, em consequência, os relacionamentos. Logo, os esquemas influenciam quais dados serão rejeitados, aqueles que serão apreendidos e arquivados e o sentido atribuído a eles. Verifica-se, portanto, que mediam a realidade e a atribuição de significado, impactando respostas emocionais, comportamentais e fisiológicas (Beck & Alford, 2000).

Retornando à letra da música, nota-se que ela contém a percepção de uma pessoa sobre a díade, sobre o outro e sobre si mesma na relação. A visão mostrada traz distorções cognitivas, visto que atribui muitas das dificuldades atuais ao outro, eximindo-se de responsabilidades na relação. Não obstante, também identifica a dor e a fragilidade do consorte. Aparentemente se trata de alguém abusivo e depreciador. Pode-se inferir, dessa pessoa, esquemas de abuso, padrões inflexíveis, inibição emocional, postura punitiva e um estilo de enfrentamento hipercompensatório.

É nesse exato momento que surge uma situação de maior complexidade: não são só os esquemas de um indivíduo atuando, mas, sim, a interação entre os esquemas de duas pessoas, os quais podem resultar em uma relação saudável e reparentalizadora ou, como mostra a situação descrita, em algo tóxico e perpetuador de esquemas. Com isso, a intercomunicação entre os esquemas é um potencializador poderoso, e é por essa razão que se torna prudente atentar à infinita gama de relações que estabelecemos ao longo da vida. Os colegas de aula, posteriormente de trabalho, os amigos, irmãos, entre tantos outros, impactam a história do indivíduo.

Desse modo, o presente capítulo tem como objetivo lançar um olhar para a importância das relações interpessoais, além das parentais e das amorosas. Para tanto, apresenta o modelo teórico da TE, examina como esses relacionamentos colaboram na formação da personalidade, influenciando e comunicando-se com os EIDs tanto em sua gênese como em sua manutenção. Além disso, tem em vista contribuir para a jornada do terapeuta em busca do enredo no qual a criança vulnerável foi moldada. Para tanto, são discutidos resultados de pesquisas que investigaram a relação entre fatores de personalidade e esquemas, bem como variáveis implicadas nos relacionamentos conjugais em associação com os EIDs.

AS RELAÇÕES INTERPESSOAIS NA ORIGEM DOS EIDs

Os cuidadores primários têm valor inexorável na vida de uma criança, pois o ser humano se desenvolve de maneira saudável quando as necessidades emocionais básicas de cada etapa evolutiva são supridas por eles. No entanto, as conexões sociais como um todo também são importantes.

Nesse sentido, existem cinco etapas evolutivas sucessivas que são fundamentais no processo de desenvolvimento da personalidade do indivíduo. Nelas se encontram crenças e regras sobre aspectos fundamentais da vida. Cada uma dessas etapas determina necessidades emocionais específicas que precisam ser satisfeitas. Na primeira etapa, que corresponde à fase inicial da vida, o indivíduo necessita de cuidado, empatia, amor, estabilidade e segurança. Seguindo para o próximo estágio, na segunda etapa, espera-se que as relações possam auxiliar na capacidade de funcionar de forma independente. Já na etapa posterior, a terceira, pressupõe-se que os vínculos ofereçam uma aprendizagem sobre limites adequados e relações de reciprocidade. Na quarta etapa, há a necessidade de liberdade para que a criança/adolescente siga suas próprias inclinações. E, por último, na quinta, a autoexpressão, o relaxamento e o estabelecimento de relacionamentos íntimos devem ser estimulados (Young et al., 2008).

Dessa forma, ao longo da vida, as vinculações sociais que vão se estabelecendo serão constituintes importantes dos padrões do ser e, mais tarde, serão determinantes das relações seguintes. É aí que a química esquemática tem seu início, atraindo para si as pessoas que estão confirmando as crenças que começam a se ativar, reforçando e perpetuando os esquemas (ver Cap. 3).

No envolvimento com o outro, é possível criar expectativas positivas ou negativas, mas provavelmente serão mais sensíveis as informações que se coadunam com o conteúdo esquemático (Baldwin, 1992). Por exemplo, uma pessoa que foi rejeitada pela mãe na infância e passou a morar com o pai, que, alguns anos depois, ainda em sua infância, descobre que não se trata de seu pai biológico e a rejeita após a descoberta. Simultaneamente, os colegas da escola a rejeitam de forma a fazê-la sentir-se excluída da turma. São diversas situações de rejeição e não pertencimento que podem gerar nessa pessoa a ideia de que não é amada e de que ninguém se importará com ela. A partir desses acontecimentos, é possível gerar a expectativa de que não se é digno de amor, de que as pessoas são rejeitadoras ou de que elas não estarão disponíveis. Dessa maneira, é mais provável que essa pessoa interprete interações ambíguas na direção das expectativas que tem, como, por exemplo, passar por alguém conhecido e não ser cumprimentado pode fazê-la recordar-se de informações que se assemelhem a um padrão esquemático ativo. Ou seja, em vez de avaliar os motivos pelos quais o conhecido não a cumprimentou, acredita que ele fez de propósito e que não gosta dela.

No entanto, outro elemento, além dos acontecimentos e dos esquemas, terá um impacto preponderante nas relações interpessoais: o estilo de enfrentamento adotado diante de cada EID. Podemos pensar que os esquemas darão a direção e os estilos de enfrentamento escolhem os caminhos, mas a linha de chegada já é conhecida: reedição de vínculos desadaptativos, pautados pela química esquemática.

Dito isso, é importante que não seja negligenciada qualquer natureza das relações interpessoais. A equação esquemática prevê que são as *repetições* de experiências nocivas que contam para a formação do esquema (Young et al., 2008). Essa repetição pode acontecer não só com os pais/cuidadores e irmãos, mas no grupo de amigos, com os avós, com a professora da escola, com os colegas da aula de música ou talvez com a madrinha preferida. Nem sempre temos acesso a todas essas possibilidades de vinculação, mas não custa explorar quais outras relações significativas dessa criança vulnerável impactaram em sua vida.

É comum que os terapeutas do esquema busquem imagens mentais que expliquem as origens dos EIDs. Essas imagens, em sua grande maioria, têm como protagonistas pais e mães que, de uma forma ou outra, não conseguiram suprir as necessidades emocionais da criança. Logo, um pai que é interpretado, ou melhor, sentido como rejeitador pelo filho pode evocar um esquema de defectividade, por exemplo. É provável que uma sensação de não pertencer seja reforçada por colegas rejeitadores, servindo de força auxiliar para a consolidação desse esquema. Outrossim, esses mesmos personagens poderiam ter reparado esse esquema antes que se solidificasse, promovendo um sentimento de aceitação, o qual a criança não havia experienciado com a figura paterna (Genderen, 2012).

Essa constatação é importante não só pelo valor do conteúdo para o tratamento do adulto em questão, mas como medida de prevenção na formação de EIDs em crianças e adolescentes. Não é novidade que a intensidade e a frequência do *bullying* podem ser extremamente prejudiciais para a formação da personalidade e dos esquemas (Francisco, 2013).

É importante que o terapeuta não negligencie essas experiências em seu paciente. Elas podem tanto dar sentido para as ativações esquemáticas nas relações atuais como servir de porta de entrada para imagens mais remotas e com maior valência, as quais o paciente tem maior dificuldade para acessar. Em outras palavras, um paciente que tem dificuldade em acessar imagens das origens de seus esquemas com pessoas de maior importância na vida, tais como pais e mães, pode se beneficiar da busca por outras relações interpessoais que foram prejudiciais em sua história de vida. Essas imagens iniciais podem desencadear um progresso sucessivo.

Em vista disso, torna-se prudente adicionar às rotinas de avaliação de esquemas não só as relações incipientes com os cuidadores, mas também propor uma excursão ao cenário infantil e adolescente, conhecendo seus variados vínculos afetivos em meio à história de vida. Dessa forma, é possível entender de maneira ampla o *continuum* de vivências que emolduraram os esquemas, bem como a formação da personalidade do indivíduo.

FATORES DA PERSONALIDADE, EIDs E RELACIONAMENTO INTERPESSOAL

Um modelo teórico-explicativo que discorre sobre fatores da personalidade é denominado "Modelo dos cinco fatores" ou teoria do "Big five". De acordo com essa teoria, a personalidade é compreendida como uma rede de traços que conduz à predisposição a ações diante de situações da vida. Os cinco fatores de personalidade propostos pelo modelo são: 1) extroversão/introversão, isto é, dois polos que variam de maior a menor envolvimento com o mundo exterior; 2) socialização/amabilidade, que abrange afetividade, apoio emocional, altruísmo por um lado, ou, no outro extremo, hostilidade, indiferença, inveja e egoísmo; 3) escrupulosidade, que se refere, em um extremo, a traços de personalidade que envolvem honestidade e responsabilidade e, no outro, irresponsabilidade e negligência; 4) neuroticismo/estabilidade emocional, isto é, o nível de reatividade emocional, a tendência a vivenciar afeto positivo ou negativo; e 5) abertura para experiências, que envolve flexibilidade de pensamento, estar disposto para novas vivências e interesses (Hutz et al., 1998).

Em uma tentativa de entender melhor a formação da personalidade em um indivíduo, alguns pesquisadores realizaram estudos correlacionais entre os construtos do modelo dos cinco fatores e os EIDs, auxiliando a clarificar a teia que compõe o nosso ser. Os resultados de algumas dessas pesquisas são apresentados na sequência.

A amabilidade está associada a comportamento cooperativo, estratégias mais adaptativas para solução de conflitos, comportamento cortês e tolerante. Pessoas com altos índices de amabilidade geralmente se envolvem em comportamentos menos conflituosos e mais cooperativos. Análises correlacionais desse construto com EIDs mostraram que os esquemas de privação emocional, desconfiança/abuso, isolamento social/alienação e inibição emocional apresentaram relação negativa significativa com a amabilidade, isto é, pessoas com altos índices nos referidos esquemas apresentam baixos escores quanto à amabilidade (Ehsan & Bahramizadeh, 2011).

Ehsan e Bahramizadeh (2011) analisam que o esquema de desconfiança e abuso abrange dificuldade em confiar e estabelecer intimidade nos relacionamentos, o que mostra coerência com a correlação negativa com amabilidade, indicando que indivíduos mais altruístas e amorosos estariam menos propensos a desenvolver esse esquema. Por sua vez, pessoas com a dimensão de amabilidade teriam menor dificuldade em estabelecer vínculos significativos, explicando a correlação negativa com o esquema de isolamento social. Adicionalmente, vê-se a correlação negativa com o esquema de privação emocional como plausível, considerando-se que esse EID se refere à expectativa de não receber apoio emocional, ao passo que a amabilidade é exatamente a ocorrência de generosidade e afetividade. Finalmente, o esquema de inibição emocional abrange a dificuldade em vivenciar e expressar reações emocionais, que é o oposto do construto amabilidade, revelando novamente a coerência da correlação negativa.

Os traços extroversão/introversão e estabilidade/instabilidade emocional foram também correlacionados com os EIDs. Com exceção dos esquemas de autossacrifício, padrões inflexíveis e grandiosidade/arrogo, todos os EIDs se correlacionaram negativamente com o fator extroversão e todos os EIDs se correlacionaram positivamente a neuroticismo. Pessoas com altos índices de neuroticismo tendem a ser emocionalmente reativas e ter uma visão negativa de si e dos outros, além de interpretar os eventos de maneira mais negativa. Tais características estariam na base de todos os EIDs, revelando a associação positiva. Em contrapartida, a extroversão revela traços de personalidade voltados à interação interpessoal, ao prazer em estar envolvido com pessoas. De acordo com os autores, pessoas extrovertidas ajustam-se com mais facilidade às exigências ambientais e apresentam mais frequentemente felicidade, confiança e maiores níveis de atividade e energia. Como se observou uma correlação negativa com boa parte dos esquemas, verifica-se que essa tendência mais social pode ser vista como um fator de proteção quanto ao desenvolvimento dos EIDs (Bahramizadeh & Ehsan, 2011).

Os resultados dos estudos sugerem que os fatores de personalidade indicativos de afeto positivo e relações sociais amistosas (amabilidade e extroversão) relacionam-se negativamente com os EIDs. Ao passo que um dos fatores de personalidade associado a afeto negativo (neuroticismo) relaciona-se positivamente aos EIDs. Transpondo tais achados para as relações interpessoais, depreende-se que, quanto mais EIDs uma pessoa tem, maiores serão as dificuldades nas interações sociais, maior afastamento em relação às pessoas e mais dificuldade em expressar afeto positivo em relação a elas (menor extroversão e amabilidade). Nesse sentido, a avaliação dos fatores da personalidade associada à análise dos EIDs pode ser indicativa das reações afetivas estabelecidas com mais frequência, bem como do engajamento de cada indivíduo nas relações estabelecidas.

EIDs COMO PREDITORES DE RELACIONAMENTOS SATISFATÓRIOS

Como postulado anteriormente, não é novidade a interferência da dinâmica esquemática nas relações, tanto que a base da TE pressupõe que o tratamento ocorre em grande parte utilizando o relacionamento paciente-terapeuta como potencial reparador. As relações são cruciais tanto na origem como na manutenção dos esquemas (Young et al., 2008).

Por conseguinte, muitas pesquisas indicam essa associação, principalmente quando se trata dos esquemas de abandono, privação emocional, desconfiança/abuso, defectividade/vergonha e isolamento social. Karami (2017) indica que muitos esquemas relacionados a desconexão e rejeição são cruciais para o estabelecimento de relações afetivas. Os resultados do estudo de Güngör (2015) demonstram que os esquemas formados na primeira etapa evolutiva, assim como previsto pelo modelo da TE, estão associados a dificuldades no estabelecimento de vínculo, o que dificulta uma relação satisfatória. A falta de assertividade e estima relacional associada a esses EIDs mostra que há dificuldade em se posicionar e em acreditar em si como capaz de manter a relação. Por meio de uma estratégia de enfrentamento desadaptativa, indivíduos com esses EIDs acabam por comprovar essa premissa. Provavelmente, devido à ideia de que não é merecedor e de que a pessoa não se manterá disponível ou afetuosa.

Os esquemas que envolvem limites prejudicados (grandiosidade e autocontrole/autodisciplina insuficiente) se correlacionaram a variáveis positivas, como satisfação no relacionamento, estima relacional e assertividade. Como não foi um estudo que investigou a díade, é possível inferir que pessoas com esquemas desse domínio possam ter uma percepção positiva de si mesmas na relação, o que pode não ser verdade para a outra pessoa do relacionamento. Depreende-se dessa pesquisa que diferentes esquemas relacionaram-se de maneira diversa com as variáveis investigadas, revelando o papel de mediação dos EIDs na percepção e no comportamento na relação (Güngör, 2015).

A presença de alguns esquemas elucida as dificuldades na conexão interpessoal. Simons, Simons, Lei e Landor (2012) destacam o esquema de desconfiança/abuso que, segundo Young (2003), se refere à ideia de que os outros vão magoar, humilhar ou tirar vantagem como um EID com grande potencial para prejuízos nas interações sociais. Visto que, na resignação, o indivíduo envolve-se com pessoas que não são de confiança ou mantém atitude supervigilante e desconfiada, na estratégia evitativa ocorre um não envolvimento, ou, quando este ocorre, a pessoa não se abre ou não confia no cônjuge. Finalmente, na hipercompensação, a própria pessoa abusada explora ou abusa do parceiro na relação ou age de forma excessivamente ingênua (Young et al., 2008). Em qualquer estilo de enfrentamento adotado para esse esquema, verifica-se a falta de confiança e entrega na relação, o que culmina, geralmente, em um relacionamento distante.

Um conceito proveniente da abordagem sistêmica investiga a diferenciação do *self* no contexto das relações interpessoais. Esse modelo considera duas dimensões: a intrapsíquica, que envolve a capacidade de distinguir emoções de pensamentos, e a dimensão interpessoal, que abrange a capacidade de equilibrar a intimidade e a autonomia nas relações. Esses dois aspectos do *self* podem ser pensados a partir de quatro dimensões: 1) posição do Eu, isto é, ideias e objetivos são percebidos como sendo verdadeiramente da pessoa; 2) reatividade emocional, ou seja, o quanto se é capaz de lidar com uma situação estressante; 3) fusão com os outros, em que o indivíduo tem poucas convicções próprias e busca aceitação e aprovação dos demais; e 4) corte emocional, isto é, distanciamento emocional e físico das relações (Major, Miranda, Rodríguez-González, & Relvas, 2014).

A investigação entre EIDs e a teoria da diferenciação do *self* constatou que os esquemas de privação emocional, autossacrifício e desconfiança/abuso podem prever as dificuldades da pessoa em tomar uma posição, defendendo os próprios direitos e solicitando o atendimento às necessidades pessoais. Como esses esquemas acabam por limitar o quanto a pessoa se sente no direito de ter suas necessidades emocionais garantidas, acabam por perpetuar relacionamentos sem reciprocidade, diminuindo a capacidade de relacionar-se intimamente com outros. Além disso, os esquemas de abandono e dependência/incompetência podem prever fusão com os outros, ou seja, os indivíduos acabam por anular suas necessidades devido a sua necessidade emergente pelo outro. Já os esquemas de emaranhamento/*self*-subdesenvolvido, inibição emocional, padrões inflexíveis e abandono apresentaram associação com corte emocional, o que significa que indicam um distanciamento maior nas relações (Langroudi, Bahramizadeh, & Mehri, 2011).

A pesquisa de Langroudi e colaboradores (2011) não identificou os estilos de enfrentamento que são essenciais para compreender como as pessoas estabelecem ações no contexto interpessoal; logo, algumas associações podem soar estranhas quando analisadas sem levar em conta essa variável. O esquema de abandono, por exemplo, apareceu associado tanto à fusão com outros quanto ao afastamento. Também parece inusitado o emaranhamento aparecer associado à dimensão corte emocional, mas, em um estilo de hipercompensação, faria sentido. Esse modelo da abordagem sistêmica, conforme proposto pelos autores, pode ser avaliado de forma paralela à TE, na medida em que a TE trabalha a perspectiva do desenvolvimento de um apego seguro com os cuidadores primários (ver Cap. 2), passando-se pelo desenvolvimento da autonomia e da individuação.

Outro esquema que deve receber atenção especial, no que tange aos relacionamentos interpessoais, é o de isolamento social. Esse esquema refere-se ao sentimento de ser essencialmente diferente dos outros, conseguindo por vezes estabelecer poucas amizades, pois o indivíduo não se sente parte de algo ou de algum grupo. Portanto, o grupo no qual a criança se insere, ou seja, o entorno além dos cuidadores, é um fator importante para originar e perpetuar esse esquema. Muitas vezes, indivíduos com esquema de isolamento social ativado podem ter uma ótima relação conjugal e um ou outro amigo, mas, em termos relacionais, podem se sentir extremamente excluídos, não pertencentes de algo ou de um grupo social. Tanto a origem quanto o tratamento desse esquema transcorrem na seara das relações cotidianas grupais, o que difere da escolha saudável em termos amorosos, que se tem como um objetivo terapêutico para a reparentalização de outros esquemas (Wainer & Rijo, 2016).

VINHETA CLÍNICA
LETÍCIA

Letícia, 26 anos, casada com Caio, sem filhos. Atua em uma multinacional em alto cargo de gerência, no qual trabalha demais. Letícia traz a queixa de sentir-se sozinha, seu cargo exige certa ascendência, o que dificulta as relações, e o marido também trabalha em excesso, sendo que seus horários nem sempre coincidem.

Letícia tem esquemas de privação emocional, defectividade/vergonha, fracasso, isolamento social, padrões inflexíveis e autossacrifício. O marido é frio, distante emocionalmente e dá extrema importância ao trabalho, o que ativa as sensações de privação emocional de Letícia.

Ela é a terceira de cinco filhos de um casal de médicos renomados. Os pais sempre se interessaram muito por leitura e estudos, assim como os irmãos. Letícia foi diagnosticada com transtorno de déficit de atenção/hiperatividade (TDAH) já na idade adulta e, não tendo descoberto tal diagnóstico na infância, acabou por apresentar muita dificuldade nos estudos, diferentemente de seus irmãos. Sentia-se uma pessoa diferente da família, não se interessava pelos mesmos programas dos irmãos e o gosto pela leitura, adquirido por todos os demais familiares, passava distante dela. Os irmãos ganhavam prêmios na feira de ciência, intercâmbios por terem boas notas. Os colegas praticavam *bullying* devido a seu atraso na execução das tarefas, era sempre a última a copiar a matéria, muitas vezes perdendo o recreio. As atividades extraclasse de Letícia eram esportivas, porém nunca conseguiu se enturmar com as colegas de vôlei, pois eram anos mais velhas do que ela.

Ao longo da vida, foi estabelecendo estratégias obsessivas para lidar com o "atraso" nas tarefas da escola, o que distanciou ainda mais os colegas, já que focava muito nos estudos. Quando chegou à adolescência já não havia mais essas discrepâncias no tempo em que copiava as atividades do quadro, já que suas estratégias hipercompensatórias estavam em prática; porém os colegas estavam em uma fase de sair, namorar, enquanto ela continuava buscando ser melhor em termos intelectuais.

Atualmente, seus padrões inflexíveis a tornaram uma grande executiva, mas, ao mesmo tempo, reforçam seu esquema de isolamento social. De forma hipercompensatória ao esquema de defectividade, coloca-se muitas vezes como melhor do que os demais, o que a afasta ainda mais dos poucos colegas de mesma linha hierárquica e dificulta o compartilhamento de seus anseios, reforçando tanto seu esquema de privação emocional como seu esquema de isolamento social. Está sempre buscando um desafio maior, o que agrada o alto escalão da multinacional em que trabalha, mas também resulta em uma busca pela perpetuação de seu fracasso, ou seja, seu desempenho nunca é bom o suficiente e teme que eles descobrirão que ela é, na verdade, uma fraude.

Toda vez que tenta se enturmar com os colaboradores sente-se diferente, já que sua ascendência sobre eles os distancia. Ao mesmo tempo, nos eventos sociais fora do trabalho sente-se essencialmente diferente da maioria das mulheres, visto que resolveu não ter filhos e suas conversas são muito mais sobre trabalho e metas do que família.

As imagens mentais mais trabalhadas em terapia referem-se às tardes em que passava com os irmãos, todos quietos fazendo as tarefas enquanto ela estava entediada no quarto, fingindo que estava fazendo o mesmo. Até que um dia um irmão descobriu seu caderno em branco e caçoou muito dela.

Como se vê, muitos dos esquemas de Letícia foram originados e/ou reforçados pela experiência entre iguais, sentindo-se inferior e essencialmente diferente. Atualmente perpetua seus esquemas nas relações interpessoais e amorosas devido a suas estratégias desadaptativas. Visto que, em grande parte de sua vida, ela não se sentiu pertencente a um grupo, o foco terapêutico deve levar em conta essa situação. O terapeuta deve incentivar a busca de grupos que não reforcem o esquema de isolamento social de Letícia, o que pode atuar positivamente também em seu esquema de defectividade, fazendo com que se sinta parte, aceita e apreciada nas relações interpessoais. Seria importante também atentar para seu parceiro amoroso atual, o qual reforça o esquema de privação emocional. Para tal, vivências imagísticas que localizam os vínculos originários desse esquema devem ser feitas e, em seguida, a validação desses sentimentos e a reparentalização da necessidade de empatia e cuidado, que podem colaborar para que Letícia se sinta no direito de exigir o atendimento a suas necessidades emocionais ao parceiro.

CONSIDERAÇÕES FINAIS

A TE ressalta a tendência humana de recriar relações familiares do passado em nossa vida atual, o que confirma e mantém os EIDs. Nesse sentido, toda teoria da TE propõe um olhar apurado sobre os relacionamentos.

A abordagem discorre sobre a importância dos cuidadores na fase inicial da vida, assim como de outras pessoas que possam ter influenciado na formação e na perpetuação de crenças e esquemas. Este capítulo se propôs a incentivar o terapeuta a buscar tanto os protagonistas quanto os coadjuvantes dessa história esquemática do paciente. Irmãos, tios, colegas, todos eles podem ser partes importantes desse quebra-cabeça tão rico.

A capacidade de vinculação de um paciente não precisa ser restrita à relação amorosa, pois, embora ela tenha um significado único na vida dele e deva ser motivo de atenção, as demais relações interpessoais contribuem para um ciclo saudável. Além disso, pacientes com maiores déficits no âmbito amoroso podem beneficiar-se ao estabelecer conexões entre pessoas saudáveis de um grupo social. Dessa forma, buscou-se auxiliar os terapeutas por meio de uma percepção mais atenta a todas as ligações interpessoais que contribuem para um *self* saudável do indivíduo.

REFERÊNCIAS

Andriola, R. (2016). Estratégias terapêuticas: Repaternalização limitada e confrontação empática. In R. Wainer, K. Paim, R. Erdos, & R. Andriola. (Orgs.), *Terapia cognitiva focada em esquemas: Integração em psicoterapia* (pp. 67-84). Porto Alegre: Artmed.

Bahramizadeh, H., & Ehsan, H. B. (2011). The evaluation of prediction potential neuroticism and extraversion according to early maladaptive schemas. *Procedia-Social and Behavioral Sciences, 30*, 524-529.

Baldwin, M. W. (1992). Relational schemas and the processing of social information. *Psychological Bulletin, 112*(3), 461-484.

Beck, A. T., & Alford, B. A. (2000). *O poder integrador da terapia cognitiva*. Porto Alegre: Artmed.

Ehsan, H. B., & Bahramizadeh, H. (2011). Early maladaptive schemas and agreeableness in personality five factor model. *Procedia-Social and Behavioral Sciences, 30*, 547-551.

Francisco, M. V. (2013). *A construção social da personalidade de adolescentes expostos ao bullying escolar e os processos de "resiliência em-si": Uma análise histórico-cultural.* (Tese de doutorado, Universidade Estadual Paulista, Faculdade de Ciências e Tecnologia, Programa de Pós-Graduação em Educação, Presidente Prudente). Recuperado de: http://hdl.handle.net/11449/102669.

Genderen, V. H. (2012). Case conceptualization in schema therapy. In M. van Vreeswijk, J. Broersen, & M. Nadort. *The wiley-blackwell handbook of schema therapy: Theory, research, and practice*. Marjon Nardot: John Wiley & sons.

Güngör, H. C. (2015). The predictive role of early maladaptive schemas and attachment styles on romantic relationships. *International Journal of Social Sciences and Education, 5*(2), 417-430.

Hutz, C. S., Nunes, C. H., Silveira, A. D., Serra, J., Anton, M., & Wieczorek, L. S. (1998). O desenvolvimento de marcadores para a avaliação da personalidade no modelo dos cinco grandes fatores. *Psicologia: Reflexão e Crítica, 11*(2), 395-411.

Karami, S. (2017). The contribution of early maladaptive schemas in anticipation of married students' marital conflict. *Palma Journal, 16*(3), 144-147.

Langroudi, M. S., Bahramizadeh, H., & Mehri, Y. (2011). Schema therapy and family systems theory: The relationship between early maladaptive schemas and differentiation of self. *Procedia-Social and Behavioral Sciences, 30*, 634-638.

Major, S., Miranda, C., Rodríguez-González, M., & Relvas, A. P. (2014). Adaptação Portuguesa do Differentiation of Self Inventory-Revised (DSI-R): Um estudo exploratório. *Revista Iberoamericana de Diagnóstico y Evaluación Psicologica, 37*(1), 99-123.

Simons, R. L., Simons, L. G., Lei, M. K., & Landor, A. M. (2012). Relational schemas, hostile romantic relationships, and beliefs about marriage among young African American adults. *Journal of social and personal relationships, 29*(1), 77-101.

Young, J. E. (2003). *Terapia cognitiva para transtornos de personalidade: Uma abordagem focada no esquema*. Porto Alegre: Artmed.

Young, J. E., Klosko, J. S., & Weishaar, M. E. (2008). *Terapia do esquema: Guia de técnicas cognitivo-comportamentais inovadoras*. Porto Alegre: Artmed.

Wainer, R., & Rijo, D. (2016) O modelo teórico: Esquemas iniciais desadaptativos, estilos de enfrentamento e modos esquemáticos. In R. Wainer, K. Paim, R. Erdos, & R. Andriola. (Orgs.), *Terapia cognitiva focada em esquemas: Integração em Psicoterapia*. (pp. 49-63). Porto Alegre: Artmed.

Leituras recomendadas

Atkinson, T. (2012). Schema therapy for couples: Healing partners in a relationship. In M. van Vreeswijk, J. Broersen, & M. Nadort. *The wiley-blackwell handbook of schema therapy: Theory, research, and practice* (pp. 323-339). Marjon Nardot: John Wiley & sons.

Dattilio, F. M., & Padesky, C. A. (1998). *Terapia cognitiva com casais*. Porto Alegre: Artmed.

Dumitrescu, D., & Rusu, A. S. (2012). Relationship between early maladaptive schemas, couple satisfaction and individual mate value: An evolutionary psychological approach. *Journal of Cognitive & Behavioral Psychotherapies, 12*(1), 63-76.

Eken, E. (2017). The role of early maladaptive schemas on romantic relationships: A review study. *People: International Journal of Social Sciences, 3*(3), 108-123.

Hatami, M., & Fadayi, M. (2015). Effectiveness of schema therapy in intimacy, marital conflict and early maladaptive schemas of women suing for divorce. *International Journal of Advanced Biological and Biomedical Research, 3*(3), 285-290.

Hayes, C., & Parsonnet, L. (2016). Issue: Couples and relationships. *The Schema Therapy Bulletin, 3*, 1-28.

Kebritchi, A., & Mohammadkhani, S. (2016). The role of marital burnout and early maladaptive schemas in marital satisfaction between young couples. *International Journal of Medical Research & Health Sciences, 5*(12), 239-246.

Stevens, B. A., & Roediger, E. (2017). Attraction, romance, and schema chemistry. In B. A. Stevens & E. Roediger (Orgs.), *Breaking negative relationship patterns: A schema therapy self help and support book* (pp. 40-52). West Sussex: John Wiley & Sons.

Thimm, J. C. (2013). Early maladaptive schemas and interpersonal problems: A circumplex analysis of the YSQ-SF. *International journal of psychology and psychological therapy, 13*(1), 113-124.

Yousefi, N., Etemadi, A. Z. R. A., Bahrami, F., Ahmadi, A., & Fatehi-Zadeh, M. (2010). Comparing early maladaptive schemas among divorced and non-divorced couples as predictors of divorce. *Iranian Journal of Psychiatry and Clinical Psychology, 16*(1), 21-33.

2

Teoria do apego e esquemas conjugais

Marco Aurélio Mendes
Adriana Mussi Lenzi Maia

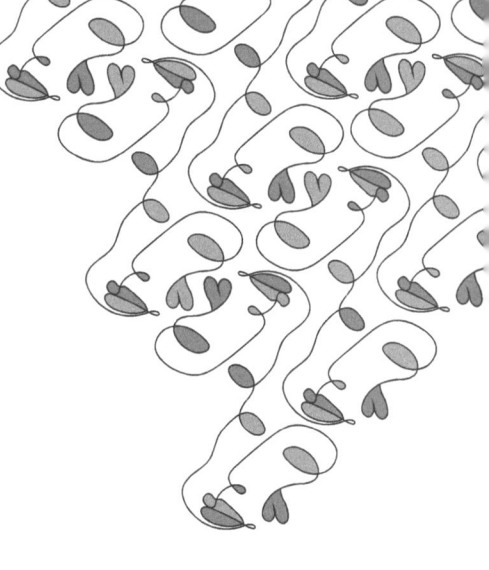

> *Minha dor é perceber que apesar de termos feito tudo o que fizemos,*
> *ainda somos os mesmos e vivemos como os nossos pais.*
>
> Belchior – Como nossos pais

A teoria do apego é, atualmente, o grande paradigma da psicologia do desenvolvimento. Construída a partir das ideias do psicanalista e psiquiatra John Bowlby, que contou com o apoio precioso da psicóloga Mary Ainsworth, essa teoria vem colaborando para pesquisas e estudos em diferentes áreas: neurociências (Buchheim, George, Gündel, & Viviani, 2017), psicoterapia (Young, Klosko, & Weishaar, 2008), psicologia social (Grossman, Grossman, & Waters, 2005), bem como orientação de pais, famílias e relacionamentos conjugais (Mendes & Pereira, 2018; Ramsauer et al., 2014). Poucas propostas na psicologia, área repleta de subjetividade, de opiniões e visões tão distintas, conseguiram atingir o consenso alcançado pela teoria do apego.

Dentre suas principais contribuições, destacam-se 1) a propensão dos seres humanos a formar vínculos afetivos com figuras especiais desde o início da vida, 2) a tendência à formação de padrões estáveis de relacionamento interpessoal a partir dessas relações iniciais e 3) a utilização das relações sociais como forma de regulação emocional (Bowlby, 1984a; Mikulincer & Shaver, 2016). Essas conclusões impactaram a compreensão das relações conjugais como uma extensão dos vínculos do início da infância, bem como do tipo de comportamento de apego formado na vida adulta, em função da qualidade desses mesmos laços afetivos. Assim como as relações vinculares iniciais, as conjugais também são governadas pelo mesmo sistema comportamental, o sistema de apego. As emoções centrais para o sistema de apego, como o medo intenso da perda da conexão afetiva e o prazer e a satisfação quando do restabelecimento dos vínculos, aparecerão também nas relações conjugais, tornando a compreensão dos conceitos da teoria do apego um ponto de partida para aqueles que pretendem conhecer a dinâmica das emoções em casais.

Este capítulo tem como objetivo relacionar a teoria do apego com a terapia do esquema (TE) para casais, utilizando-se, para tal, da descrição dos conceitos centrais da psicologia do desenvolvimento proposta por Bowlby (1984a, 1984b) e Ainsworth (1985), como também da descrição dos padrões de interações relacionais que são construídos na infância. Pretende-se, ainda, descrever os mecanismos de manutenção e modificação desses padrões durante a vida e relacioná-los às escolhas afetivas dos indivíduos na vida adulta.

TEORIA DO APEGO: A CONSTRUÇÃO DE UM NOVO PARADIGMA NA PSICOLOGIA DO DESENVOLVIMENTO

Apesar do rápido avanço das ideias de Freud no início do século XX, a teoria psicanalítica entrou em intensa revisão, especialmente após a Primeira Guerra Mundial, em função da fragilidade de alguns conceitos, o que levou a controvérsias e disputas internas intensas entre os pesquisadores da área (Kenny, 2016). Foi em meio a esse turbilhão de ideias que o jovem médico John Bowlby começou a estudar mais profundamente a psiquiatria infantil e a psicanálise. Insatisfeito com o caráter excessivamente subjetivo da psicanálise e com a superficialidade do behaviorismo da época, Bowlby buscou a construção de uma nova teoria para explicar os vínculos entre as crianças e suas mães/cuidadores, utilizando-se de uma perspectiva sistêmica, associando a própria psicanálise e o behaviorismo a outras perspectivas teóricas, como a etologia e a psicologia cognitiva (Bowlby, 1984a, 1984b).

Havia concordância entre psicanalistas e behavioristas da época sobre o papel central da alimentação para a formação e manutenção dos vínculos entre os bebês e suas mães/cuidadores. Bowlby começou a investigar outros fatores explicativos para as fortes emoções que apareciam quando da ocorrência de rupturas dos laços afetivos (Bowlby, 1984b). Os trabalhos de Harlow com mamíferos, nos quais foi descrita a necessidade de contato constante entre a mãe e o filhote mesmo após a nutrição, foram fundamentais para a elucidação desses fatores (Bowlby, 1984a).

Bowlby (1984a) propôs a existência de sistemas comportamentais inatos em mamíferos que regulam os vínculos entre os filhotes e suas mães. Desse modo, a palavra apego (*attachment*), geralmente entendida como ligação ou posse, foi utilizada para descrever esse sistema, pois ele governa o comportamento de aproximação e contato. As duplas mãe-bebê que permaneceram próximas no ambiente de adaptação evolutiva da nossa espécie nas selvas e savanas tiveram maior probabilidade de sobrevivência, fazendo com que essas características fossem selecionadas e com que esse sistema se estabelecesse em nossa filogenia (Marvin, Britner, & Russell, 2016).

O sistema de apego é, portanto, o sistema comportamental que regula o comportamento de aproximação e contato, tendo como função original a proteção contra predadores. Quando o equilíbrio entre o organismo e o ambiente é quebrado, quando o bebê se sente ameaçado ou incomodado por diversas variáveis, como fome, frio, calor, ou está em um ambiente escuro, com ruídos fortes ou agudos, a homeostase é quebrada, ativando-se o sistema de apego. Ao ser ativado, o sistema de apego leva a comportamentos que têm como objetivo atrair a atenção da mãe ou cuidador principal, chamado por Bowlby (1984a) de figura de apego. A estratégia básica do sistema de apego, estratégia de apego primária, é a aproximação entre a figura de apego e a criança. Sendo assim, a figura de apego pode ser considerada a primeira instância de regulação da criança, já que esta é incapaz de se autorregular no início da vida. Essa regulação se inicia pela resposta da figura de apego aos ritmos fisiológicos da criança (sono, alimentação, excreção), aos afetos experienciados por ela (desprazer, cansaço) e às emoções (medo, raiva) (Bowlby, 1984a). Apesar de o termo regulação emocional descrever o processo por meio do qual tentamos influenciar nossas emoções, ele também tem sido usado para se referir a interferência e intervenção de figuras externas para a regulação da criança (Gross, 2015; Schore, 2016).

A alimentação não seria, portanto, a única explicação para esses fortes laços afetivos. Como já mencionado, a natureza selecionou comportamentos que favoreceram a aproximação entre a mãe e o bebê. Tocar, olhar, trocar carícias, receber limites quando da exploração de um ambiente novo com possibilidades de perigo, receber orientação e proteção adequada, passaram, assim, a ser tão importantes quanto a fome, constituindo-se em necessidades básicas da espécie humana, fundamentais para o desenvolvimento saudável.

MODELOS INTERNOS DE FUNCIONAMENTO

O conceito de modelos internos de funcionamento (MIFs) é considerado o componente central de toda a teoria do apego (Mikulincer & Shaver, 2016; Schore, 2016). Os MIFs referem-se à capacidade de organizar mapas do ambiente, do nosso funcionamento e de terceiros, representando internamente o mundo externo, bem como expectativas e possibilidades. Eles se iniciam predominantemente de forma afetiva, por meio de reações corporais e fisiológicas, para gradativamente incluírem cognições, expectativas e crenças, acompanhando o desenvolvimento cognitivo da criança (Mendes & Pereira, 2018).

Os MIFS são estabelecidos a partir da ativação e finalização do sistema de apego, da qualidade da relação com a figura de apego e da recorrência de experiências prototípicas presentes no dia a dia das crianças. Sentir fome/comer, chorar/ser confortado, chamar/ser atendido, apontar para um objeto/ter alguém olhando para o objeto apontado, brincar, trocar carícias, são exemplos de experiências prototípicas que auxiliam na formação de uma realidade compartilhada, de um senso de estar junto, de uma unidade entre a figura de apego e a criança (Schore, 2016; Mendes & Pereira, 2018).

Uma vez estabelecidos, os MIFs operam de forma automática e inconsciente, atuando como filtros da realidade, acionando também modelos implícitos e *scripts* de como devemos nos relacionar interpessoalmente, governando nosso comportamento. Uma criança com experiências compartilhadas agradáveis e saudáveis, que se vê reconhecida e regulada pela figura de apego, constrói modelos funcionais de segurança e de expectativas positivas sobre o mundo. Os roteiros ou *scripts* se organizam a partir dos MIFs como, por exemplo, "[...] se algo acontecer comigo, tenho alguém para me ajudar" (Waters & Waters, 2006). Eles são uma tendência para a vida futura, apesar de poderem ser revistos e flexibilizados, tirando da teoria do apego qualquer caráter rígido e excessivamente determinista.

ESTILOS DE APEGO NA INFÂNCIA

A psicóloga americana Mary Ainsworth é considerada por Bowlby a coautora da teoria do apego (Bowlby, 1984a). Ainsworth realizou pesquisas de observação com crianças em Uganda (África) e que foram depois continuadas em Baltimore (Estados Unidos), trazendo para a teoria do apego a possibilidade de observação empírica e, assim, maior respeitabilidade da comunidade acadêmica e científica. Ainsworth (1985) observou que a maioria das crianças utilizava a mãe/figura de apego como uma base segura (*secure base*), a partir da qual a primeira explorava o ambiente. Seguidores de Ainsworth utilizaram a expressão porto seguro ou lugar seguro (*safe haven*) se referindo ao retorno da criança para o contato da figura de apego como forma de conforto, cuidado e proteção. Observaram também o retorno da criança mesmo quando não existia nenhuma ameaça no ambiente, como se ela pudesse de alguma maneira "recarregar-se" de segurança na presença da figura de apego e, dessa forma, continuar a explorar o ambiente (Mendes & Pereira, 2018; Mikulincer & Shaver, 2016).

Ainsworth (1985) considerava que a figura de apego deveria estar sensivelmente disponível para saber quando influenciar ou acompanhar o ritmo da criança, sabendo focar nas necessidades dos filhos e não em suas próprias necessidades e seus desejos. Essa autora denominou de sensibilidade parental a capacidade da figura de apego perceber, interpretar corretamente e responder pronta e adequadamente aos sinais emitidos pela criança.

Ainsworth (1985) observou a interação das figuras de apego com as crianças em laboratório, no estudo que ficou conhecido como situação-estranha. A criança e sua figura de apego eram colocadas em uma sala com brinquedos e uma série de variáveis e observações eram realizadas, como a interação da criança com a figura de apego, com pessoas estranhas, a exploração do ambiente pela criança, sua reação após a breve saída da figura de apego da sala e sua reação ao retorno desta. A partir da observação rigorosa e detalhada das crianças, foram realizadas classificações sobre seu comportamento em relação as suas figuras de apego, chamadas por Ainsworth de estilos de apego. Esses estilos são padrões de comportamento resultantes dos MIFs que a criança constrói a partir de suas interações recorrentes com a figura de apego e com o ambiente inicial, formando um esquema afetivo-cognitivo sobre si, sobre os outros e sobre o ambiente (Ainsworth, 1985; Marvin et al., 2016).

Os MIFs tendem a refletir o tipo de experiência recorrente que a criança tem com a figura de apego. Se as figuras de apego são calorosas, responsivas e disponíveis, a criança aprende a confiar em terceiros, bem como em sua própria capacidade de realização, na medida em que é validada adequadamente. Isso é manifestado por seu comportamento de buscar o outro caso seja necessário solicitar auxílio, explorar o ambiente e correr riscos de maneira adequada, formando um estilo de apego seguro. Caso as figuras de apego sejam rejeitadoras, insensíveis e invalidantes, as crianças aprendem que não podem contar com auxílio e proteção, levando a comportamentos que podem ser demandantes, incoerentes ou, ainda, excessivamente "autossuficientes", formando estilos de apego inseguros e desorganizados (Fraley & Shaver, 2016).

Ainsworth (1985) descreveu três estilos de apego básicos na infância: seguro, inseguro resistente (também chamado de ansioso-ambivalente) e inseguro evitativo (também chamado apenas de evitativo) (Bowlby, 1984a). Main e Solomon (1986) propuseram uma quarta categoria, hoje amplamente aceita, para descrever o comportamento de crianças que não se enquadravam nas categorias anteriores, chamada por eles de estilo de apego desorganizado (ver Tab. 2.1).

TABELA 2.1 Estilos de apego na infância

Estilo de apego	Descrição do comportamento
Apego seguro	Bebês bastante ativos que utilizam a figura de apego como uma base segura para explorar o ambiente; interagem mais com a figura de apego do que com estranhos. Protestam ativamente na separação e buscam contato prontamente quando a figura de apego retorna ao ambiente, sendo logo regulados afetivamente em sua presença.
Apego inseguro evitativo	Não usam a figura de apego como base segura, como se não dessem importância a ela, em uma espécie de "autossuficiência". Demonstram pouca ativação emocional ao serem deixadas sozinhas e também não recorrem à mãe quando esta retorna após estar ausente do ambiente, não parecendo ter preferência por ela. Podem interagir com um estranho mais do que com a figura de apego.
Apego inseguro resistente	Exploram pouco o ambiente, com bastante temor a pessoas estranhas. A maior parte dos bebês protesta bastante quando a mãe se ausenta. Quando ela retorna ao ambiente reagem com birra, raiva, choro. A figura de apego tem dificuldades para regular emocionalmente a criança, como se esta apresentasse uma necessidade infinita de contato.

Fonte: Ainsworth (1985), Bowlby (1984a), Main e Solomon (1986).

Uma vez estabelecidos, os MIFs filtram a realidade de acordo com expectativas preexistentes. Bretherton e Munholland (2016) descrevem que os componentes afetivos, cognitivos e comportamentais dos MIFs se tornam altamente enraizados, filtrando a realidade de acordo com expectativas preexistentes, com os modelos de reação aprendidos com as figuras de apego, bem como com as adaptações e defesas que a criança precisa aprender para sobreviver em ambientes negligentes e abusivos. Nesse sentido, os MIFs operam fora da consciência e de maneira automática, tendendo a se perpetuar ao longo da vida (Mendes & Falcone, 2014).

ESTILOS DE APEGO NAS RELAÇÕES ADULTAS

A continuidade dos estilos de apego ao longo da vida tem sido apontada por teóricos do apego contemporâneos, corroborando, do ponto de vista científico, algo que geralmente é observado (Fraley & Shaver, 2016; Grossman et al., 2005; Mikulincer & Shaver, 2016). Essa continuidade ocorre em função da persistência dos MIFs. Os modelos de expectativas e as interpretações que realizamos sobre o nosso comportamento e o comportamento de terceiros influenciam a maneira pela qual nos relacionamos interpessoalmente. O nosso comportamento, por sua vez, também influencia a forma pela qual as pessoas se relacionam conosco, formando, assim, um ciclo contínuo de interação. Além disso, os MIFs são mecanismos afetivo-cognitivos inconscientes que influenciam o desenvolvimento da personalidade, o sistema de crenças e a regulação emocional, sendo, portanto, uma variável relacional central (Mikulincer & Shaver, 2016).

O sistema de apego formado na infância, ativado pela necessidade de proteção e pelo prazer da companhia do outro, e a relação da criança com a figura de apego têm várias características semelhantes às que encontramos nas relações conjugais. Sentir-se seguro quando o parceiro está perto e é responsivo e sentir-se inseguro quando ele está inacessível; ter prazer no contato íntimo, como olhar, tocar, rir, chorar; manifestar um desejo de ser confortado e acolhido pelo outro; o aparecimento da raiva, da ansiedade, da hipersensibilidade aos sinais de separação emitidos pelo seu parceiro, bem como de alegria, prazer e satisfação na reunião, na troca de experiência e a preocupação natural, fascinação com o parceiro, a fala infantil e suave. Além dessas semelhanças, a separação e a falta de responsividade entre parceiros, assim como na relação de apego na infância, podem intensificar o comportamento de proximidade constante ao parceiro, bem como podem levar a comportamentos defensivos de afastamento para evitar o desprazer e a dor. Sendo assim, a teoria do apego constitui-se também em um modelo para a compreensão das relações afetivas e românticas adultas (Mendes & Pereira, 2018).

É importante ressaltar que nem toda relação afetiva é uma relação de apego. Ao rever a teoria proposta por Bowlby (1984a) e Ainsworth (1985), fica claramente destacada a existência de quatro características que distinguem uma relação de apego de outras formas de relacionamento: 1) a manutenção da proximidade, ou seja, não ser apenas algo temporário, 2) o estresse na separação, 3) ter o parceiro como um porto seguro e 4) como uma base segura. Essas características precisam estar presentes para que uma relação seja considerada uma relação de apego, seja entre parceiros românticos ou amigos. Uma parceria que tem como base apenas o prazer sexual ou o interesse financeiro não é uma relação de apego. Assim como nas relações entre criança e figura de apego, nem sempre a relação entre parceiros afetivos terá uma qualidade positiva.

Apesar de tanto Bowlby (1984b) quanto Ainsworth (1985) descreverem em seus trabalhos a relação entre apego na infância e relacionamentos afetivos adultos, Hazan e Shaver (1987) foram os primeiros a escrever detalhadamente sobre o apego adulto. Eles sugeriram que a dinâmica das emoções e do comportamento nas relações criança-cuidador e dos pares românticos é governada pelo mesmo sistema biológico, o sistema de apego, e, portanto, as diferenças individuais resultantes da relação entre criança-cuidador são similares às observadas na relação romântica.

Os estilos de apego na infância, construídos a partir dos MIFs, acabam sendo reforçados na interação social. Se uma criança tem um estilo inseguro evitativo, é bem provável que tenha dificuldades de interação social com outros pares, permanecendo isolada, sendo muitas vezes rotulada como "esquisita". Além disso, como já mencionado, os MIFs aplicam filtros ao ambiente, construindo a realidade a partir das expectativas anteriores. Em função disso, Hazan e Shaver (1987) propuseram que os três estilos descritos por Ainsworth (1985) (seguro, ansioso ambivalente, evitativo) também seriam manifestados nas relações afetivas e, especialmente, nas relações românticas. Com o uso de medidas obtidas por meio de inventários simples, Hazan e Shaver (1987) observaram prevalência semelhante entre os estilos de apego encontrados em crianças e na população adulta.

Hazan e Zeifman (1999) definiram três sistemas comportamentais inatos dos vínculos de pares românticos: apego, cuidado e sexo. Para os autores, o amor seria um estado dinâmico envolvendo as necessidades sexuais, de cuidados e as capacidades de apego de ambos os parceiros. Nesses relacionamentos, as qualidades e o histórico do apego de ambos os parceiros se refletem em uma combinação única, influenciando emoções, comportamentos e resultados.

Bartholomew e Horowitz (1991), por sua vez, propuseram outra classificação para os estilos de apego adulto, organizando um modelo dimensional. Assim, apresentaram quatro classificações de apego adulto (seguro, preocupado, evitativo temeroso e evitativo rejeitador), obtidas a partir de duas categorias: ansiedade e evitação. A dimensão da ansiedade se refere ao modelo de si mesmo, ou seja, o senso de valor pessoal que é construído internamente, relativo à autoestima e à capacidade de resolver situações relacionadas ao perigo. A dimensão da evitação, por sua vez, se refere à busca de terceiros para a regulação emocional e auxílio, envolvendo, portanto, um modelo dos outros como capazes ou não de dar atenção e prestar auxílio (Fig. 2.1).

```
                    BAIXA
                   EVITAÇÃO
                      ▲
    SEGURO           │          PREOCUPADO
         ↖           │           ↗
           ↖         │         ↗
             ↖       │       ↗
   BAIXA        ↖    │    ↗          ALTA
   ANSIEDADE ◄──────┼──────► ANSIEDADE
             ↙       │       ↘
           ↙         │         ↘
         ↙           │           ↘
   EVITATIVO         │          EVITATIVO
   REJEITADOR        │          TEMEROSO
                      ▼
                    ALTA
                   EVITAÇÃO
```

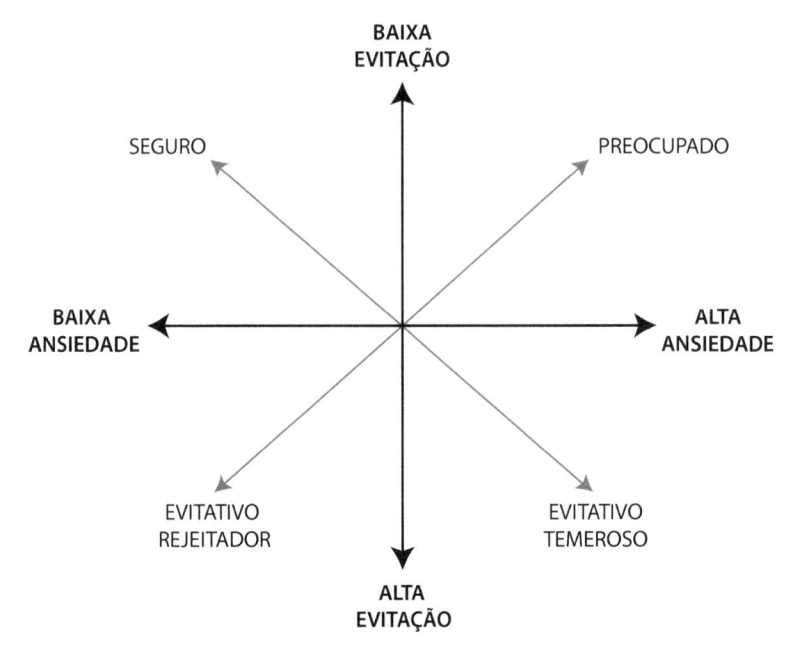

FIGURA 2.1 Estilos de apego em adultos.
Fonte: Bartholomew e Horowitz (1991).

Neste modelo (Fig. 2.1), indivíduos com baixa ansiedade se veem com valor pessoal elevado, acreditando-se capacitados para resolver situações. Ao se depararem com desafios, conseguem se autorregular emocionalmente e buscam seus recursos internos para superar as dificuldades. Indivíduos com alta ansiedade têm valor pessoal reduzido e, diante de situações rotineiras ou desafiantes, acreditam que não serão capazes de resolvê-las, ficando excessivamente ativados do ponto de vista emocional. Por sua vez, indivíduos com baixa evitação têm modelos de terceiros como confiáveis e disponíveis e, assim, estão propensos a buscar auxílio e contato. Já aqueles com alta evitação não buscam ajuda por temerem a rejeição (Bartholomew & Horowitz, 1991; Feeney, 2016).

As classificações dos estilos de apego são, então, obtidas a partir do cruzamento dessas dimensões, refletindo um *continuum* das categorias descritas. Um indivíduo com estilo de apego seguro seria alguém com baixa ansiedade à perda do outro e ao abandono e baixa evitação à intimidade, apresentando, respectivamente, um modelo do *self* como alguém com valor e que sabe procurar terceiros quando necessita de apoio, ficando bastante confortável em relações íntimas. Alguém com estilo preocupado teria alta ansiedade ao abandono e baixa evitação de intimidade, com uma visão de si mesmo como frágil e incapaz, buscando desesperadamente o outro para auxílio e se apegando de forma excessiva. Alta ansiedade e alta evitação, por sua vez, se referem ao indivíduo que receia pedir auxílio em função da possibilidade dolorosa de ser rejeitado, classificando-se, assim, o estilo evitativo temeroso. Já o último quadrante seria referente ao estilo evitativo rejeitador, com um valor pessoal elevado, baixa ansiedade ao abandono e visão do outro como desnecessário, com alta evitação da intimidade, levando a comportamentos de contradependência ou pseudoautossuficiência (Bartholomew & Horowitz, 1991).

Mikulincer e Shaver (2016) enfatizaram o papel fundamental dos MIFs para a compreensão das estratégias relacionais de aproximação e afastamento como estratégias de regulação emocional. Segundo os autores, essas estratégias seriam responsáveis pelas diferenças dos estilos de apego em adultos, tendo uma correspondência com as propostas de Hazan e Shaver (1987) e Bartholomew e Horowitz (1991).

As estratégias de hiperativação do sistema de apego em adultos correspondem às desenvolvidas no estilo de apego inseguro resistente na infância e no estilo de apego ansioso em adultos. Costumam ser altamente resistentes à modificação devido ao histórico de reforçamento intermitente, com a figura de apego reforçando o comportamento de protesto da criança algumas vezes e outras não. Em adultos, há uma hipervigilância aos sinais de ameaça, preocupações, expressões de desespero, reasseguramentos, dúvidas e o temor constante de que a figura de apego não estará presente, levando à dependência, "grude" e necessidade de agradar (Feeney, 2016; Mikulincer & Shaver, 2016).

As estratégias de desativação do sistema de apego em adultos correspondem às encontradas no estilo de apego inseguro evitativo na infância e no estilo de apego evitativo em adultos. Aparecem como resultado de experiências na infância nas quais as figuras de apego não foram calorosamente responsivas, apresentando frieza, distância ou agressividade, levando à incapacidade de confiança e à construção de isolamento. Em adultos, as estratégias de desativação podem resultar em inibição das ameaças potenciais, na impossibilidade de expressar a vulnerabilidade, descartando a necessidade da presença de terceiros e levando a pessoa a ter uma tendência a rejeitar a intimidade (Feeney, 2016; Mikulincer & Shaver, 2016).

MUDANÇAS NOS ESTILOS DE APEGO

Não obstante a ideia de continuidade em função da estabilidade dos MIFs, o sistema de apego ou os estilos de apego não são conceitos rígidos e fixos. A cada momento podemos formar novas relações que tenham as características das relações de apego. Existe uma hierarquia dos MIFs: modelos mais globais no mais alto grau da hierarquia e modelos mais específicos. Os modelos mais globais referem-se a formas mais automáticas e à maneira que o indivíduo encontra para se relacionar com as pessoas em geral. Os modelos mais específicos dizem respeito a como o indivíduo se relaciona com alguém de uma maneira particular (Feeney, 2016).

João, por exemplo, pode ser uma pessoa desconfiada e insegura, mas consegue ser bastante aberto e disponível quando se relaciona com Alberto, sendo respeitado e tratado com dedicação e carinho. A relação com Alberto pode fazer com que João reveja os MIFs de si mesmo e dos outros. Ele pode, agora, aprender a confiar e flexibilizar seus MIFs sobre os outros e se sente validado, aumentando seu senso de valor pessoal e flexibilizando também seus MIFs sobre si mesmo. Geralmente, chegamos a uma relação com os nossos modelos mais globais ativados e, aos poucos, construímos modelos específicos que, como mencionado, podem influenciar os modelos mais globais, modificando-os.

Pode-se pensar em Josy (vinheta clínica), segundo as lentes oferecidas pela teoria do apego, como uma criança que desenvolveu o estilo de apego inseguro resistente. A ansiedade da mãe e a superproteção acabaram criando um MIF como alguém fraco, incapaz, que precisa de ajuda e que não consegue lidar com as situações sozinha. Esse estilo foi sendo perpetuado ao longo de sua vida, com o uso de estratégias de hiperativação, buscando sempre auxílio de terceiros, com muita ansiedade quando está em situações consideradas por ela como desafiadoras. "Gruda-se" demais aos parceiros, tendo um modelo de si com alta ansiedade e baixa evitação, caracterizando um estilo de apego ansioso/preocupado. A cada abandono ou abuso, sempre acredita que pode fazer algo mais e que a falha é sua, nunca do outro.

VINHETA CLÍNICA
JOSY – PAIXÃO E INSEGURANÇA

Josy, 30 anos, é analista de sistemas, independente financeiramente e mora com os pais. Recentemente conheceu Roberto, sendo essa relação uma paixão à primeira vista. Josy se entregou totalmente ao novo parceiro, e os dois primeiros anos foram de grande prazer e alegria. Nos últimos tempos, a relação começou a passar por dificuldades. Roberto não responde às mensagens imediatamente, humilha Josy em frente a amigos, tratando-a de forma desqualificante e depreciativa. As amigas de Josy não entendem por que ela não se separa e a aconselham constantemente a deixar Roberto. Josy fica extremamente insegura e procura atender a todos os pedidos dele para que este não se desligue dela, o que acaba reforçando o comportamento distanciado de Roberto. Liga a todo momento para ele e explode emocionalmente quando ele não responde a suas mensagens.

Josy é a filha mais nova, tendo mais quatro irmãos. Durante sua infância, sua mãe apresentava comportamento bastante ansioso, sempre preocupada com doenças, com quaisquer brincadeiras, invalidando as iniciativas de autonomia por parte da criança. O pai, por sua vez, trabalhava bastante viajando e não estava muito presente. Josy era uma criança extremamente insegura, muito assustada, nunca tendo dormido na casa de amigas ou mesmo viajado sem a mãe até a vida adulta. Quando a mãe demorava para chegar da rua, Josy se desesperava, chorando muito, e ligava insistentemente para o telefone dela, reclamando muito quando esta voltava para casa. Todos os seus namorados se queixavam da possessividade, do "grude", e que ela os sufocava.

MODELOS INTERNOS DE FUNCIONAMENTO, ESQUEMAS E NECESSIDADES EMOCIONAIS

Segundo Young e colaboradores (2008), o conceito de esquemas iniciais desadaptativos (EIDs) coincide e sobrepõe-se ao conceito de MIFs proposto por Bowlby (1988). EIDs são desenvolvidos quando necessidades emocionais centrais na infância não são atendidas adequadamente (Arntz & Jacob, 2013).

As figuras de apego primárias são responsáveis por regular emocionalmente e por satisfazer as necessidades da criança. Assim, essas relações se tornam fundamentais na formação dos esquemas sobre nós mesmos, os outros e o ambiente. O resultado da frustração do atendimento dessas necessidades é apontado como o fator principal na explicação da origem dos problemas psicológicos e interpessoais (Young et al., 2008). A qualidade do apego na infância e a consequente formação de esquemas resultam, na vida adulta, em padrões de comportamento e reações afetivas que dificultam aos parceiros reconhecer, experienciar e preencher suas próprias necessidades.

Os esquemas criam um modelo implícito e inconsciente que guia o nosso comportamento e afeta nossas emoções, pensamentos e comportamentos. Além disso, enviesam nossa percepção e construção da realidade. Os esquemas nas relações adultas levam os parceiros a recriar as condições da infância em que foram construídos, perpetuando temas subjacentes ao sofrimento apresentado nas interações insatisfatórias no presente e padrões de relacionamento disfuncionais (Young et al., 2008).

Dessa forma, a escolha de um parceiro que "atualiza" os nossos estilos de apego da infância é vista como algo natural. Assim, a criança que se agarrava excessivamente à figura de apego rejeitadora (ou a criança que aprende a aceitar a falta de afeto, pois de nada adianta solicitar) quando adulta poderá se envolver em relações nas quais a rejeição, a humilhação e a frieza são "naturais". Essa suposta naturalidade decorre da familiaridade com as situações do passado, determinando não apenas a escolha dos parceiros, mas a manutenção de relações insatisfatórias (Mendes & Falcone, 2014).

Para Bradbury e Fincham (1990), os modelos de apego são esquemas cognitivos relativamente duradouros que influenciam e são influenciados pelas interações. Utilizando seus MIFs desadaptativos (esquemas), os parceiros desenvolvem expectativas e percepções um sobre o outro, acionando comportamentos fortemente impregnados de emoção. A conexão segura nas relações está associada ao modelo do outro como digno de confiança e capaz de fornecer segurança e ao modelo de si como capaz de ser amado e merecedor de cuidados. Necessidades de segurança e apego não atendidas de forma satisfatória permanecem na vida adulta e determinam o funcionamento e a dinâmica das relações conjugais. Quando os relacionamentos oferecem uma sensação de conexão segura, os parceiros são mais capazes de buscar e dar apoio ao outro e de lidar com os conflitos e desentendimentos de forma positiva. Falhas na satisfação das necessidades de segurança, estabilidade, afeto e proximidade estão relacionadas às vulnerabilidades esquemáticas responsáveis pelos danos mais prejudiciais à relação.

Utilizando como referência a teoria do apego, Young e colaboradores (2008) estabeleceram cinco categorias amplas de necessidades emocionais, denominadas domínios de esquemas, com a descrição dos esquemas correspondentes à frustração de cada uma delas. O primeiro domínio, da desconexão e rejeição, aponta as dificuldades de apego e a falta de segurança e de confiabilidade nas relações interpessoais como os temas subjacentes às queixas conjugais. A seguir são apresentadas as necessidades emocionais correspondentes ao desenvolvimento de esquemas nefastos ao relacionamento interpessoal quando não atendidas (Tab. 2.2).

TABELA 2.2 Necessidades emocionais e esquemas iniciais desadaptativos

Necessidades adultas	Esquemas relacionados
Encontrar e manter relacionamentos com pessoas estáveis e com quem possam contar quando preciso.	*Abandono/instabilidade*
Encontrar relacionamentos em que a confiança, a honestidade e o senso de lealdade estejam presentes sem situações de abuso.	*Desconfiança/abuso*
Formar relações íntimas, incluindo compartilhar sentimentos, pensamentos, amor e afeto.	*Privação emocional*
Autoaceitação e autocompaixão, sentir-se amável e genuinamente transparente com o outro.	*Defectividade/vergonha*
Procurar e conectar-se com os outros, encontrar semelhanças e sensação de pertencimento.	*Isolamento social*
Saber lidar com tarefas, problemas e decisões diárias por si mesmo, mantendo a conexão com os outros e solicitando auxílio quando necessário.	*Dependência/incompetência*
Ter um senso realista de segurança e preocupação razoável com gerenciamento de riscos e ações apropriadas.	*Vulnerabilidade ao dano ou à doença*
Ser aceito em suas convicções e direcionamentos por pessoas significativas, que respeitam seus limites e diferenças.	*Emaranhamento/self subdesenvolvido*
Obter apoio e orientação no desenvolvimento da competência em áreas de realização pessoal.	*Fracasso*

(Continua)

(Continuação)

Necessidades adultas	Esquemas relacionados
Considerar empaticamente e respeitar a perspectiva dos outros, com igualdade de valor entre suas necessidades e direitos.	*Arrogo/grandiosidade*
Ser capaz de adiar a gratificação imediata na conquista de seus objetivos e limites na expressão impulsiva de emoções.	*Autocontrole/autodisciplina insuficientes*
Liberdade de expressão e assertividade ao demonstrar necessidades, opiniões e sentimentos, sem temer ser punido ou rejeitado.	*Subjugação*
Equilibrar a importância do atendimento a suas necessidades e às dos outros, com cuidados balanceados e direcionamentos.	*Autossacrifício*
Expressar e falar sobre emoções livremente e se comportar de forma espontânea.	*Inibição emocional*
Desenvolver padrões e expectativas realistas, com equilíbrio entre desempenho e outras necessidades na vida.	*Padrões inflexíveis*

Esses esquemas produzem dinâmicas de infelicidade e grande sofrimento emocional nos casais e, ao serem manifestados, direcionam padrões específicos de comportamento, denominados estilos ou respostas de enfrentamento desadaptativos. Essas respostas, aprendidas emocionalmente nas relações primárias, repetem-se de modo automático, a fim de evitar emoções negativas, mas aprisionam os parceiros em antigos padrões, desfavorecendo estratégias mais adaptativas e perpetuando seus esquemas (Simeone-DiFrancesco, Roediger, & Stevens, 2015; Young et al., 2008).

Muitos problemas nos relacionamentos de casal, provenientes desses comportamentos de enfrentamento desadaptativos, tal como a crítica excessiva ou a discussão, o afastamento ou desligamento emocional e os comportamentos controladores ou manipuladores, são resultantes de sinais de alerta ao sistema de apego, como medo do abandono, desejo de intimidade e necessidade de segurança. Os padrões de resposta às vulnerabilidades ou ativação dos esquemas desadaptativos levam os casais a ciclos previsíveis e destrutivos de embates que resultam em desconexão e distanciamento (Simeone-DiFrancesco et al., 2015). Esses ciclos de ativação esquemática e os embates de estratégias desadaptativas tornam-se o foco da atuação do terapeuta de esquemas com casais e serão descritos detalhadamente no Capítulo 4 deste livro.

CONSIDERAÇÕES FINAIS

A essência da TE com casais envolve auxiliar os parceiros a harmonizar suas necessidades emocionais, sendo capazes de identificá-las mais claramente e se ajudar na busca para satisfazê-las de forma mais adequada. Nesse sentido, a reavaliação de seus MIFs obsoletos, a compreensão da origem desses modelos e o estabelecimento de suas relações com os problemas conjugais atuais devem ser destacados.

O terapeuta, ao oferecer um modelo funcional confiável e sendo fonte de apego emocional seguro dentro dos limites apropriados a uma relação terapêutica, favorece mudanças na experiência interna e externa da realidade dos cônjuges, com o potencial de gerar novos padrões de regulação dos afetos, de intimidade e reciprocidade. Essa conexão cria um ambiente propício para o reprocessamento de informações e afetos, a comunicação assertiva, o desenvolvimento da aceitação das diferenças, a construção de maneiras adequadas de lidar com essas diferenças, bem como a resolução de problemas de forma construtiva. Os princípios da aplicação da teoria do apego à terapia de casal, assim como a experiência emocional vivenciada entre terapeuta e pacientes durante as sessões de psicoterapia, são, desse modo, incorporados pelo terapeuta do esquema com o objetivo de modificar a valência esquemática na qualidade das relações amorosas.

REFERÊNCIAS

Ainsworth, M. D. (1985). Attachments across the lifespan. *Bulletin of the New York Academy of Medicine*, *61*(9), 792-812.

Arntz, A., & Jacob, G. (2013). *Schema therapy in practice*. Malden: WileyBlackwell.

Bartholomew, K., & Horowitz, L. M. (1991). Attachment styles among young adults: a test of a four-category model. *Journal of Personality and Social Psychology*, *61*(2), 226-244.

Bowlby, J. (1984a). *Apego e perda: Apego* (3. ed., vol. 1). São Paulo: Martins Fontes.

Bowlby, J. (1984b). *Apego e perda: Separação, angústia e raiva* (3. ed., vol. 3). São Paulo: Martins Fontes.

Bowlby, J. (1988). *A secure base: Parent-child attachment and healthy human development*. New York: Basic Books.

Bradbury, T. N., & Fincham, F. D. (1990). *The psychology of marriage: basic issues and applications*. New York: Guilford.

Brehterton, I., & Munholland, K. A. (2016). The internal Working Model construct in light of contemporary neuroimaging research. In J. Cassisy, & P. R. Shaver (Orgs.), *Handbook of attachment* (pp. 63-90). New York: Guilford.

Buchheim, A., George, C., Gündel, H., & Viviani, R. (2017). Editorial: Neuroscience of Human Attachment. *Frontiers in human neuroscience*, *11*, 136.

Feeney, J. A. (2016). adult romantic attachment: Developments in the study of couple relationships. In J. Cassisy, & P. R. Shaver (Orgs.), *Handbook of attachment* (pp 435-463). New York: Guilford.

Fraley, C. R., & Sahver, P. R. (2016). Attachment, loss, and Grief: Bowlby's views, new developments, and current controversies. In J. Cassisy, & P. R. Shaver (Orgs.), *Handbook of attachment* (pp. 40-62). New York: Guilford.

Gross, J. J. (2015). Emotion regulation: Current status and future prospects. *Psychological Inquiry*, 26(1), 1-26.

Grossman, K. E., Grossman, K., & Waters, E. (2005). *Attachment from Infancy to Adulthood: the major longitudinal studies*. New York: Guilford.

Hazan, C., & Shaver, P. (1987). Romantic love conceptualized as an attachment process. *Journal of Personality and Social Psychology*, 52(3), 511-524.

Hazan, C., & Zeifman, D. (1999). Pair bonds as attachments: Evaluating the evidence. In J. Cassidy, & P. R. Shaver (Orgs.), *Handbook of attachment theory, research and clinical applications* (pp. 336-354). New York: Guilford.

Kenny, D. T. (2016). A brief history of psychoanalysis: From Freud to fantasy to folly. *Psychotherapy and Counselling Journal of Australia*. Recuperado de http://pacja.org.au/?p=2952

Main, M., & Solomon, J. (1986). Discovery of a new, insecure disorganized/disoriented attachment pattern. In T. B. Brazelton, & M. Yogman (Orgs.), *Affective development in infancy* (pp. 95–124). Norwood: Ablex.

Marvin, R. S., Britner, P. A., & Russell, B. S. (2016). Normative development: The ontogeny of attachment in childhood. In J. Cassisy, & P. R. Shaver (Orgs.), *Handbook of attachment* (pp. 273-90). New York: Guilford.

Mendes, M. A., & Falcone, E. M O. (2014). Estratégias experienciais. In W. V. Melo (Org.), *Estratégias psicoterápicas e a terceira onda em terapia cognitiva* (pp. 186-208). Novo Hamburgo: Synopsys.

Mendes, M. A., & Pereira, A. L. S. (2018). Estratégias de regulação emocional em psicoterapia. In Federação Brasileira de Terapias Cognitivas, C. B. Neufeld, E. M. O. Falcone, & B. P. Rangé (Orgs.), PROCOGNITIVA *Programa de Atualização em Terapia Cognitivo-Comportamental: Ciclo 5* (v. 1, pp. 9-53). Porto Alegre: Artmed Panamericana. (Sistema de Educação Continuada a Distância).

Mikulincer, M., & Shaver, P. R. (2016). Normative development: the ontogeny of attachment in childhood. In J. Cassisy, & P. R. Shaver (Orgs.), *Handbook of attachment* (pp. 507-33). New York: Guilford.

Ramsauer, B., Lotzin, A., Mühlhan, C., Romer, G., Nolte, T., Fonagy, P., & Powell, B. (2014). A randomized controlled trial comparing Circle of Security Intervention and treatment as usual as interventions to increase attachment security in infants of mentally ill mothers: Study Protocol. *BMC psychiatry*, 14, 24.

Schore, A.N. (2016). *Affect regulation and the origin of the self: the neurobiology of emotional development*. New York: Routledge.

Simeone-DiFrancesco, C., Roediger, E., & Stevens, B. A. (2015). *Schema Therapy with Couples: a practitioner's guide to healing relationships*. West Sussex: John Willey & Sons.

Waters, H. S., & Waters, E. (2006). The attachment working models concept: among other things, we build script-like representations of secure base experiences. *Attachment and Human Development*, 8(3), 185-197.

Young, J. E., Klosko, J. S., & Weishaar, M. E. (2008). *Terapia do esquema: guia de técnicas cognitivo-comportamentais inovadoras*. Porto Alegre: Artmed.

3

A química esquemática e as escolhas amorosas

Kelly Paim

Nos naufrágios que o destino
Vem tentando me pregar
Vou nadando meus caminhos devagar
Desde os tempos de menino
Aprendi a navegar
Com as bússolas que eu mesmo inventar
Hoje eu sei as armadilhas
E os segredos desse mar...
Kleiton & Kledir – Navega coração

Os modelos mentais de como amar e ser amado são construídos a partir das experiências com os cuidadores e com outras figuras representativas no desenvolvimento do sujeito. Tais modelos são utilizados como base para vivenciar as futuras relações íntimas. De acordo com Young e Klosko (1994), a busca do indivíduo pela manutenção de padrões aprendidos nas relações primárias é um componente fundamental na escolha amorosa.

As escolhas amorosas e a permanência em relacionamentos danosos tendem a estar baseadas na sensação que é experimentada pela ativação de um ou mais esquemas iniciais desadaptativos (EIDs), e ocorre em um nível mais emocional e pouco racional (Atkinson, 2012). Essa sensação é chamada de química esquemática e pode estar relacionada a problemas como: 1) escolhas amorosas tendenciosas e padronizadas, 2) repetição de sensações esquemáticas de manutenção e transgeracionalidade dos EIDs e 3) deterioração dos relacionamentos (Behary & Young, 2011; Paim, 2016; Simeone-DiFrancesco, Roedger, & Stevens, 2015).

Em terapia do esquema (TE), compreender a dinâmica conjugal a partir da química esquemática que ocorre no relacionamento é fundamental para traçar intervenções que favoreçam a satisfação conjugal e o desenvolvimento emocional dos pacientes. Desse modo, o presente capítulo aborda aspectos basilares para a compreensão da química esquemática e as escolhas amorosas. Para tanto, serão apresentados tópicos centrais, como aprendizagem emocional, atração e ilusão.

A QUÍMICA ESQUEMÁTICA E PADRÕES DE ESCOLHAS AMOROSAS

Os relacionamentos íntimos são afetados por fatores inconscientes, e o que pode ser considerado uma escolha racional torna-se mais complexo quando entendido sob a influência da química esquemática. Essa química é gerada pela ativação de memórias emocionais dolorosas, bem como das crenças e regras relacionadas aos EIDs. De acordo com Simeone-DiFrancesco e colaboradores (2015), Stevens (2016) e Young, Klosko e Weishaar (2003), os casais geralmente escolhem um ao outro com base em seus esquemas, revivendo emoções familiares ou evocando situações angustiantes. Quanto mais fortes são os EIDs, mais as escolhas amorosas são influenciadas por eles.

De acordo com Stevens e Roediger (2017), a escolha dos parceiros íntimos seria semelhante à escolha de produtos apresentados nos comercias: as pessoas tendem a comprar aquilo a que estão familiarizadas, sem se atentar necessariamente à qualidade do produto. Ou seja, os produtos apresentados nesses meios de comunicação não são necessariamente excelentes e compatíveis com as reais expectativas dos compradores, mas, pela familiarização, muitos acabam por adquiri-los. Quanto mais os comerciais aparecem nas telas de televisões, computadores, *outdoors*, entre outros meios de comunicação, mais os consumidores sentem-se atraídos para a compra.

As escolhas amorosas, nessa perspectiva, são consideradas como "armadilhas de vida", ou seja, decisões baseadas em EIDs e que acabam por servir como manutenção de padrões esquemáticos (McGinn & Young, 2012; Young & Klosko, 1994). Indisponibilidade do parceiro desejado, relações que reproduzam sensações de rejeição, abuso, insegurança no vínculo, vivências emaranhadas com dependência emocional e funcional são alguns exemplos de vivências que mantêm EIDs. Questões semelhantes são vistas no caso de Samuel, que vivenciou experiências na infância muito estressantes devido ao diagnóstico de transtorno bipolar do pai. Desde muito pequeno, presenciou os episódios de disfuncionalidade do pai, quando a família ficava totalmente desestruturada por conta dos sintomas graves que este apresentava. A mãe de Samuel sempre cuidou do marido, resolvendo os problemas que ele criava para si e para a família. Samuel sentia-se sozinho com os próprios problemas, já que o pai sempre exigiu maior atenção e cuidado.

Os principais EIDs desenvolvidos por Samuel, pelas vivências familiares ao longo do seu desenvolvimento emocional, foram: privação emocional, subjugação, autossacrifício e emaranhamento. Na vida adulta, ele costuma sentir-se atraído por mulheres com um nível de vulnerabilidade emocional que exija cuidado e apoio. Inicialmente, Samuel vivencia uma sensação prazerosa por sentir-se importante para a parceira, cuidando, dando conselhos e ajudando-a a resolver problemas diários. Entretanto, com o passar do tempo, a sensação prazerosa dá lugar à sensação de peso, cansaço e falta de espaço para as suas demandas pessoais, exatamente como ele se sentia na infância.

Existem comportamentos repetitivos e compulsivos nos relacionamentos, como uma tendência dos adultos a reproduzir eventos traumáticos da infância e carências de necessidades não supridas no início da vida. Quando a dinâmica da atração está fora da consciência, é inevitável que os padrões destrutivos e traumáticos continuem a se repetir, com pouca ou nenhuma compreensão (Stevens & Roediger, 2017). O trauma inicial pode ter sido causado por negligência, violência, abandono ou abuso ou, em alguns casos, por uma combinação de muitos desses fatores (Young et al., 2003). Assim, Samuel, sobrecarregado por repetidas crises emocionais do pai com transtorno psiquiátrico, escolhe repetidamente parceiras com alto risco para reproduzir essas antigas demandas. Ele é envolvido, em geral, por pensamentos como: "Ela é alguém que realmente precisa de mim".

É fácil repetir padrões e difícil mudá-los (Stevens & Roediger, 2017). Samuel desabafa com a terapeuta: "Como pude ser tão cego? Meu pai era uma pessoa que só nos dava trabalho e preocupações e, agora, minha namorada sofre de depressão e depende de mim para fazer as coisas". A terapeuta o questiona: "Quando vocês iniciaram o namoro a situação era diferente ou já havia alguma indicação de que isso poderia acontecer?". Samuel pensa por algum tempo e responde: "Bem, quando a conheci ela estava numa crise depressiva, mas pensei que as coisas mudariam com o início da nossa relação".

A TE também entende que existem EIDs que são interligados, ou seja, que costumam ser extremamente compatíveis, embora pouco saudáveis. Nesses casos, a química esquemática funciona como encaixe (Stevens, 2016; Stevens & Roediger, 2017). Alguns exemplos de EIDs compatíveis e com forte química esquemática são destacados a seguir.

Defectividade/vergonha – grandiosidade/arrogo

A sensação de desvalor, típica do esquema de defectividade/vergonha, tende a ser repetida com a escolha de parceiros que apresentam um senso de superioridade em relação aos outros. Vivências de um ambiente familiar crítico, exigente e de valorização condicional são típicas na história de pessoas com esse esquema (Young et al., 2003). Nas relações amorosas adultas acontece uma reprodução das sensações infantis, como se aqueles com esse esquema não fossem merecedores de valorização por serem quem são; sendo assim, a única alternativa para terem valor seria buscando um parceiro valioso e superior (Behary, 2011). Por exemplo, Deise percebe-se "defeituosa" e sem atrativos, mas quando Guilherme, um homem visivelmente poderoso e confiante, mostra algum interesse por ela, a sensação de valor emerge em Deise. Entretanto, o valor dela passa a estar baseado na aprovação de Guilherme. Este, por sua vez, sente-se superior e especial em relação aos outros, inclusive a Deise. A arrogância de Guilherme é reforçada pela sensação de desvalor de Deise e, ao se sentir superior, a trata com desdém e crítica. O esquema de defectividade de Deise também se perpetua nessa dinâmica ao se sentir indigna de amor e valorização.

Grandiosidade/arrogo – subjugação

Com crenças de superioridade e merecimento, as pessoas com esquema de grandiosidade/arrogo tendem a exigir direitos especiais. Sendo assim, costumam sentir atração por relações que mantenham o senso de poder e superioridade. Esse esquema tende a influenciar as escolhas amorosas de forma que os indivíduos reproduzem um ambiente indulgente e com foco em suas próprias necessidades. Parceiros com esquema de subjugação são fortemente compatíveis, pois costumam ser totalmente direcionados à satisfação dos outros. Nessa díade, há a busca de dominação do esquema de grandiosidade, que reforça a subjugação do parceiro (Young & Klosko, 1994). Por exemplo, Helena acredita merecer tratamento especial e procura alguém que possa satisfazer todas as suas vontades. Ao encontrar Matias, ela chegou perto da relação que desejava, já que ele (com esquema de subjugação) abria mão das próprias necessidades para satisfazê-la. No entanto, Helena acreditava que poderia ter uma relação amorosa que fosse ainda melhor para ela, o que a levava a questionar constantemente a relação com Matias, que, com medo de perdê-la, subjugava-se cada vez mais.

Dependência/incompetência – padrões inflexíveis

A insegurança sobre a própria capacidade de tomar decisões corretas ou, até mesmo, de gerenciar a própria vida, típicas do esquema de dependência/incompetência, fortalece a compatibilidade com o impulso rígido e controlador gerado pelo esquema de padrões inflexíveis em uma díade fortemente atraente. As vivências na relação amorosa reproduzem sensações infantis de dependência e incompetência, reforçando crenças típicas do esquema, como: "sou incapaz de cuidar de mim mesmo", "sempre tomo as decisões erradas, então não posso decidir nada", "preciso que alguém me oriente para fazer tarefas do meu cotidiano", "não confio na minha capacidade de julgamento". A fácil implementação de fortes regras na dinâmica conjugal entre parceiros com esquema dependência/incompetência e padrões inflexíveis é o que torna possível o "encaixe" nessa díade. Por exemplo, Lisandra nunca acreditou que conseguiria ter uma vida adulta com responsabilidades, mas a relação com Emerson a deixou tranquila. Emerson era extremamente controlador, então, no início da relação, ajudava a parceira como se fosse um professor ou, até mesmo, um coordenador das atividades dela. Com o passar do tempo, a dinâmica do casal fez com que Lisandra ficasse cada vez mais insegura sobre tomar decisões sozinha, o que reforçava a crença de Emerson de que precisava fazer tudo sozinho para que as coisas saíssem da melhor forma possível, o que é fundamental para ele.

Privação emocional – inibição emocional

O esquema de privação emocional contempla sensações de desamparo, solidão e desconexão emocional, com expectativas negativas sobre o atendimento de suas necessidades emocionais nos relacionamentos. As vivências precoces nas relações com os cuidadores geralmente incluem: distanciamento e frieza emocional dos pais, negligências, problemas familiares que exigem atenção dos cuidadores e carência de apoio. Ao se relacionar com parceiros com esquema de inibição emocional, as pessoas com esquema de privação emocional revivem sensações de distanciamento afetivo. Como complementariedade dessa díade, a resignação ao esquema de privação emocional mantém a dinâmica relacional da inibição emocional. Por exemplo, Tiago tem muita dificuldade para se entregar a uma relação, pois sempre sente que não será entendido em suas necessidades, muito menos atendido. Na relação com Luciana, essas expectativas de frustração são mantidas, já que a namorada tem muita dificuldade de expressar qualquer tipo de emoção, sentimento ou empatia. O jeito racional e pouco espontâneo dela, combinado à dificuldade de Tiago em expressar suas necessidades, faz com que eles mantenham uma relação desconectada e distante, repetindo os padrões de suas famílias de origem.

Autocontrole/autodisciplina insuficiente – autossacrifício

A busca pela revivência de um ambiente indulgente, formador do esquema de autocontrole/autodisciplina insuficiente, em que todos os desejos foram atendidos e a tolerância à frustração não foi desenvolvida, pode levar à atração por parceiros com esquema de autossacrifício. Nessa dinâmica, um parceiro tende a ser displicente com as tarefas e rotinas, enquanto o outro assume todos os cuidados de forma serviçal. Por exemplo, Virgínia e Aurora vivem uma relação estável há dois anos, morando juntas desde o início da relação. Virgínia tende a fazer tudo que se refere a atividades domésticas e, além disso, a dar conta das despesas financeiras conjugais, já que Aurora não costuma permanecer por mais de três meses em um mesmo emprego. Aurora alega que precisa se concentrar na faculdade, embora não consiga manter a disciplina para estudar. Virgínia entende que se sacrificar para ajudar

Aurora é o que tem que ser feito, afinal, foi o que ela sempre fez para cuidar de sua família de origem, pois sua mãe sempre foi muito doente. Aurora, por sua vez, reproduz a falta de limites vivenciada em uma família de origem muito permissiva.

Desconfiança/abuso – subjugação

A díade "dominante/dominado" é a compatibilidade do esquema de desconfiança/abuso e subjugação. A dinâmica dessa combinação reproduz vivências abusivas. A expectativa de que o parceiro lhe trairá e/ou fará algum mal leva o indivíduo com esquema de desconfiança/abuso a manter um controle sobre o parceiro como estratégia hipercompensatória. A compatibilidade com o esquema de subjugação acontece na medida em que a preocupação em não desagradar o outro é a principal característica deste EID. Por exemplo, Isadora iniciou um relacionamento com João Pedro por ele lhe parecer cuidadoso e preocupado. Ela lembra que não se importava em abrir mão de suas necessidades para deixá-lo mais tranquilo e relaxado. João Pedro referia que só conseguiria se sentir seguro se Isadora vivesse só para ele. Ela tentava, mas em qualquer "deslize", ele se tornava instável e agressivo. Quando Isadora conversava com um colega da faculdade, por exemplo, ele achava estranho e acreditava que ela estava lhe traindo. Dessa forma, Isadora repetia a subjugação vivenciada em um padrão abusivo com o pai, em que contrariá-lo levaria a uma punição. João Paulo controlava a parceira para não sentir o medo do abuso e da traição; entretanto, era dependente da subjugação dela para se sentir seguro. João Pedro, dessa forma, não consegue viver uma relação de confiança genuína.

Padrões inflexíveis/padrões inflexíveis

Com experiências parentais extremamente exigentes e vivências de amor condicionado a desempenho, uma díade de parceiros com esquema de padrões inflexíveis é comum. A dinâmica produtiva de ambos leva a uma dificuldade de relaxamento e expressão afetiva. Críticas exageradas entre o casal podem reforçar autocríticas e reproduzir sensações de pressões internas de desempenho. Valentina e Getúlio são extremamente organizados, rígidos e exigentes. No dia a dia do casal, o foco principal está mais no desempenho de tarefas e menos na troca afetiva. Os momentos de relaxamento e espontaneidade emocional são raros entre eles, o que reproduz o ambiente de pressão e amor condicional vivido por ambos em suas famílias de origem.

A compatibilidade de EIDs pode proporcionar relacionamentos satisfatórios, especialmente se houver um bom ajuste das necessidades subjacentes de ambos os parceiros, mas tende a resultar em patologias latentes (Whisman & Uebelacker, 2007). Para Stevens e Roediger (2017), geralmente as relações com compatibilidade de EIDs, chamadas por eles de relacionamentos complementares, incluem alguma rigidez, ou seja, só funcionam se mantiverem a dinâmica de forma rígida. Assim, se um dos parceiros tenta mudar os padrões, a situação se torna instável. Por exemplo, no caso citado anteriormente, após o nascimento do primeiro filho do casal, Valentina passou a dar prioridade aos momentos de troca afetiva com a família, deixando de lado a organização da casa e o desempenho profissional. Essa mudança gerou um desequilíbrio na díade, o que levou a insatisfações e conflitos. Embora traga desconforto e conflito inicial, a instabilidade pode ser vista como uma oportunidade de mudança para o casal, momento em que os parceiros podem ressignificar regras e padrões relacionais familiares.

ATRAÇÃO E ILUSÃO

Stevens e Roediger (2017) consideram dois componentes importantes para a compreensão da química esquemática: atração e ilusão. A atração refere-se ao interesse imediato ou às ativações emocionais momentâneas que direcionam o foco atencional e o investimento de energia ao outro. Já a ilusão corresponde às expectativas de satisfação idealizadas atribuídas à pessoa desejada.

Atração

A atração é um fenômeno que acontece, segundo Stevens (2016), no limite da consciência, ou seja, envolve aspectos mais inconscientes do que conscientes. Para esse autor, por trás da atração, estão as aprendizagens emocionais que agem como se fossem pessoas misteriosas, cheias de segredos e pouco conhecidas, mas de alguma forma familiares e muito atraentes. A aprendizagem emocional carece de palavras e cognições, mas sempre estará em um plano de fundo das experiências humanas. Mesmo que de forma pouco consciente, os indivíduos têm listas bem específicas quanto às características que as pessoas devem ter para que possam amá-las. Essas expectativas são baseadas em memórias emocionais e crenças profundas que compõem os EIDs (Stevens & Roediger, 2017).

Por exemplo, Alex, que quando criança não tinha permissão para ficar com raiva, escondeu essa emoção proibida por trás de uma defesa de repressão e negação. Ele cresceu com quase nenhuma consciência de seu impulso de ira e lembra claramente do quanto se sentia desconfortável quando expressava qualquer manifestação de raiva em um ambiente familiar de tanto controle emocional. Em suas escolhas amorosas, ele se sentiu muito à vontade com a primeira namorada, Amanda, uma pessoa que também reprimia a raiva: "Ela é exatamente o meu tipo de pessoa, me sinto à vontade com ela". Com o passar do tempo, Alex passou a se sentir oprimido e controlado na relação. Ele também passou a ter explosões de raiva com Amanda, com posterior sentimento de vergonha e culpa por isso. Em contrapartida, Alex passou a ficar muito atraído por Ana, uma colega de trabalho que costumava expressar raiva de forma bem explosiva e intensa.

No exemplo sobre as escolhas amorosas de Alex, é possível perceber que ele se sente atraído tanto por um padrão que repete os seus modelos de relações internalizados (resignação esquemática) quanto pelo oposto (hipercompensação esquemática). A manifestação da raiva é um viés atencional de Alex no que se refere à escolha das parceiras, e a química esquemática o leva a escolher pessoas que, de alguma forma, ativarão sensações conhecidas de desconforto diante das emoções.

Um exemplo que pode resultar em prejuízos também pode ser visto no caso de Joana. Ela cresceu sofrendo constantes críticas e humilhações na relação com o pai. Além de se sentir muito desvalorizada e inferiorizada por ele, a imagem que ela sempre teve do pai era de um homem inteligente e com extremo sucesso profissional. Joana costuma, em suas escolhas amorosas, buscar pessoas que não tenham sucesso profissional e que ela não admire intelectualmente (evitação esquemática), e não consegue entender os motivos pelos quais sente uma extrema aversão por homens muito inteligentes. Em algum momento da vida, ela se apaixonou pelo colega de trabalho mais crítico e exigente da equipe. Essa relação foi muito destrutiva e reforçadora das sensações do esquema de defectividade de Joana.

Sem ter consciência dos componentes inconscientes de suas escolhas amorosas, Joana evitava relações com pessoas que poderiam trazer à tona sensações do esquema de defectividade e as memórias das vivências de humilhação e crítica do pai. Entretanto, algumas caraterísticas que lembravam o pai crítico e punitivo também eram evitadas em suas relações, como, por exemplo, a inteligência e o sucesso. Já a forte atração pelo colega crítico foi na direção da resignação ao padrão esquemático conhecido, em que passou a reviver fortes ativações esquemáticas.

Ilusão

Enquanto a atração impulsiona o olhar para o que é atraente e/ou intrigante, a ilusão, outro componente da química esquemática, dá um tom mistificado e idealizado para o amor romântico (Stevens & Roediger, 2017). A ilusão tende a intensificar a dinâmica emocionalmente intensa e muitas vezes destrutiva dos relacionamentos.

O amor romântico envolve expectativas irreais de satisfação total e resolução de todas as dificuldades. O simples fato de se "fundir" com alguém é entendido como uma possibilidade de "cura" de todas as feridas. As expectativas irrealistas sobre os relacionamentos são, na maioria das culturas, influenciadas pelas expectativas e regras sociais, estimuladas desde as histórias infantis até os filmes com maiores bilheterias. Então, existem pensamentos mágicos sobre o amor romântico, o que gera frustrações e insatisfações diante de relações reais. A manutenção esquemática ocorre na medida em que a pessoa continua esperando da relação o que ela não terá, revivendo sensações de insatisfação e dor semelhantes a sensações já sentidas em outras relações importantes na vida (Young & Behary, 1998).

Entre os componentes que podem estar relacionados à ilusão estão expectativas distorcidas da relação e do parceiro; a busca por atender a demandas não cumpridas na relação com os cuidadores, incluindo a busca pelo amor incondicional; a idealização do parceiro; a indiferenciação de paixão e comprometimento amoroso (Behary & Young, 2011). Tais componentes podem ser fatores de confusão entre as relações adultas e as relações crianças/cuidadores. Embora pareça óbvio racionalmente, em nível emocional, muitas vezes as pessoas não fazem a diferenciação entre as vivências infantis e adultas nos relacionamentos (Paim, 2016).

A ação da ilusão nos relacionamentos é percebida na vivência amorosa de Carla. Ela espera conhecer um homem maravilhoso que se apaixone perdidamente por ela. Ao encontrar André, Carla entende que seu desejo foi atendido. Ele é extremamente gentil e espontâneo no interesse por ela. Com o passar de meses, eles estabelecem uma relação estável. Entretanto, toda a admiração e sensação boa que Carla tem na relação não é suficiente para que se sinta segura. A insegurança por perder a valorização de André toma conta de Carla, que desabafa em terapia: "Hoje pela manhã notei uma diferença na forma como André falou comigo, parece que ele não me valoriza mais como antes. Não vou ficar com ele se for para ser assim, uma relação precisa ser mais". A expectativa exagerada de Carla pode a estar levando para o caminho da perpetuação esquemática, sendo que a busca por uma relação perfeita e sem qualquer frustração pode ser uma hipercompensação do esquema. A busca pela perfeição nas relações faz com que os parceiros se afastem da intimidade verdadeira (Young et al., 2003).

APLICABILIDADE CLÍNICA

A química esquemática e as escolhas dos relacionamentos podem ser foco de intervenção terapêutica. É fundamental que o terapeuta ajude o paciente a rever os padrões de atração e as expectativas quanto às relações afetivo-sexuais. Assim, torna-se possível impedir a perpetuação esquemática, ajudando o paciente a fundamentar seus relacionamentos menos na química esquemática e mais no modo adulto saudável e no modo criança feliz (Behary & Young, 2011).

O trabalho com a química esquemática no processo terapêutico pode abrir um novo espaço para o desenvolvimento pessoal, levando a maior flexibilidade de padrões de escolha, como ocorrido no próximo exemplo clínico: Ricardo era excessivamente intenso nos relacionamentos. Seu último parceiro justificou o término referindo que Ricardo era "muito carente" e que se sentia "sufocado". Ricardo iniciou terapia e identificou um esquema de abandono e de privação emocional. Ele recordou um relacionamento conturbado com a mãe, que tinha vários vícios. Ricardo lembrou de cenas de intensa ativação emocional durante seu processo psicoterápico, conseguindo vários ganhos com a reparentalização limitada. A terapia fez diferença significativa na vida amorosa de Ricardo, que, ao conhecer Vinícius, relatou ao terapeuta: "Acho que estou lidando muito melhor com esse relacionamento. Ainda me sinto carente, e isso me aflige quando ele está fora em viagens de negócios, mas aprendi a me acalmar. E o melhor: não estimulo mais uma escalada de emoções negativas com telefonemas e mensagens de texto. Posso parar, observar minhas reações e começar a me responsabilizar por minhas necessidades. Sei que Vinícius faz o que pode e sei que ele realmente se importa comigo, mas há sempre algo que tenho que gerenciar por mim mesmo. Mas o mais importante é que eu não o estou afastando pelas minhas exigências irracionais. Sinto que há uma estabilidade em nosso relacionamento que eu não percebia em relações anteriores".

A conscientização sobre os EIDs é uma parte importante do que pode ser uma base para uma maneira diferente de encarar os relacionamentos. Entender essa dinâmica pode mudar padrões desadaptativos estabelecidos. Sendo assim, mesmo que os EIDs influenciem negativamente os padrões de escolha conjugal e a dinâmica que a relação estabelece, o enfraquecimento dos esquemas pode alterar a vulnerabilidade de relacionamentos adultos. É importante ressaltar que o processo terapêutico pode, inclusive, mudar o foco de atração e a parte disfuncional do amor romântico (Stevens & Roediger, 2017).

Entendendo as memórias emocionais

As memórias emocionais oriundas das experiências infantis são uma oportunidade de acesso aos EIDs, como é possível observar no próximo exemplo. Artur não entende os motivos que o levam a escolher mulheres com forte reatividade emocional. Sua queixa principal é que os relacionamentos tornam-se emocionalmente abusivos, pois se sente agredido verbalmente e, algumas vezes, até fisicamente por suas namoradas. Este é um padrão em sua vida, e ele não consegue entender como é possível. Ele está iniciando uma relação com Jussara e já percebe a repetição das mesmas sensações.

A terapeuta explora as sensações geradas nos relacionamentos, iniciando pelo mais recente e, posteriormente, buscando padrões entre todos os outros. A partir dos questionamentos feitos para entender o funcionamento esquemático de Artur, a terapeuta o direciona à detecção de sensações corporais, emoções e cognições geradas por conflitos na relação (Greenberg, 2004). Além disso, explora gatilhos ativadores de tais reações.

É importante que a terapeuta ajude Artur a escolher uma situação prototípica, ou seja, uma situação que represente seu funcionamento esquemático (Pearson, Deeprose, Wallace-Hadrill, Heyes, & Holmes, 2013; Young, 2012). O conflito escolhido ajuda terapeuta e paciente a entender as ativações esquemáticas geradas e a relação com as memórias emocionais já existentes em Artur. A terapeuta explica ao paciente que irá conduzi-lo em uma técnica experiencial, ressaltando que objetivo seria o entendimento dos esquemas ativados na situação, e pergunta se Arthur aceitaria o exercício. Ao receber o consentimento do paciente, a terapeuta pede que ele feche os olhos e se conecte com a cena, como se estivesse ocorrendo no presente, e o orienta: "O que você está vendo? O que está acontecendo agora? O que a Jussara fez que lhe trouxe incômodo? O que ela está sentindo? O que ela está pensando? Como está a expressão dela? O que ela faz? O que você está pensando? O que você está sentindo no momento? Onde você sente isso no seu corpo? O que você tem vontade de fazer? O que você gostaria que fosse diferente? Se concentre na sua sensação. Permita que ela se amplie. Apague esta imagem agora e busque outra imagem, da sua infância e adolescência, com essa mesma sensação. Onde você está? Quantos anos você tem? Quem está com você? O que ele/ela está fazendo? O que ele/ela está pensando? Qual a expressão dele/dela? O que você criança está sentindo? O que você criança está pensando? O que você criança faz? O que você criança gostaria que fosse diferente?".

Artur se conecta com uma memória de explosão de raiva do pai em relação a ele, quando tinha 5 anos. O pai sempre foi uma pessoa inacessível emocionalmente, exceto pela expressão de raiva e irritação. O gatilho mais significativo para ativação da memória infantil era o olhar de raiva da namorada, combinado a um tom de voz ríspido e ofensivo. O esquema identificado foi o de defectividade, ocasionando sensação de desvalor, rejeição e de que há algo errado consigo que o impossibilita de ser amado.

Entendendo o padrão de atração

O processo terapêutico em TE pode ajudar o paciente a identificar (cognitiva e emocionalmente) seu padrão de atração de forma mais profunda. Algumas questões norteadoras para o terapeuta explorar tal padrão são: quais foram os maiores sofrimentos do(a) paciente nas relações com os cuidadores? Como se sente atraído de alguma forma por esse sofrimento nas relações adultas? Como isso está lhe causando problemas, repetindo padrões comportamentais que lhe trouxeram sofrimento na infância? Como está desprezando certas pessoas por terem características que associa com pessoas que lhe causaram sofrimento quando era criança, mesmo que essas características não sejam perigosas? Está aberto para conhecer pessoas com características positivas, mas que não são fortemente atraentes em um primeiro momento? Artur, o paciente do exemplo anterior, conseguiu entender que a reatividade e a expressão agressiva e crítica do padrão de mulheres que lhe atrai estão ligadas às memórias das vivências com o pai. O olhar e a expressão crítica são estímulos atraentes para ele.

Outro exemplo pode ser visto na história de Sandra. Ela tem esquemas de fracasso e subjugação e costuma ser atraída por homens com esquemas de padrões inflexíveis e postura punitiva. Ela conversou sobre isso com o terapeuta, e ele a ajudou a identificar as memórias de infância de uma mãe impossível de agradar e um pai ausente. Um objetivo terapêutico que a ajudou muito foi o treinamento de assertividade. Assim, os ganhos terapêuticos foram generalizados em sua vida, contribuindo também para seu desempenho como gerente de um escritório de uma empresa de médio porte. Ela não era mais tão complacente com todas as vontades da chefia e até de sua equipe. Quando conheceu Roger, foi, inicialmente, fortemente atraída, mas depois refletiu: "Ele era uma armadilha para o velho esquema. Eu estava atraída por sua autoconfiança, mas depois percebi como ele era controlador. Logo me irritei com seu jeito, e o interesse que eu tinha foi desaparecendo rapidamente. Acho que isso significa que algo está mudando em mim".

Explorando a ilusão

O terapeuta do esquema pode aproveitar a ilusão do paciente ante os relacionamentos para mergulhar nas expectativas infantis ligadas a relações adultas. É importante que o paciente se sinta à vontade para dividir com o terapeuta tudo o que espera da pessoa de interesse. Algumas intervenções para explorar a ilusão são: o que você espera dele(a)? O que você gostaria que ele(a) fizesse? O que você desejaria ter nessa relação? O que ele(a) poderia fazer a mais por você? O que ele(a) poderia lhe dar a mais?

Com a exploração da ilusão, é possível identificar necessidades emocionais infantis não supridas. Com isso, a terapia pode ter uma oportunidade de instrumentalizar o paciente na reelaboração de memórias, reparentalização limitada e busca mais assertiva pelo suprimento de necessidades infantis e adultas. Por exemplo, Diego e Vivian são casados há oito anos. Ele sempre foi uma pessoa introspectiva e retraída emocionalmente, mas, mesmo assim, quando o esquema de defectividade de Vivian está ativado, ela espera que Diego lhe faça declarações de amor com intensa expressividade emocional. Vivian relata ao terapeuta: "Eu espero por oito anos algo que nunca tive na vida, que nunca consegui de ninguém, eu só quero um pouco de valorização e amor". Nesse caso, ela espera algo que Diego não dará (por seu perfil de personalidade, não por não valorizar a esposa). Ao sentir-se pressionado e criticado por Vivian, Diego se afasta, como uma evitação a sua sensação de não pertencimento, característica do esquema de isolamento social.

O terapeuta ajuda Vivian a relacionar a sensação de desvalorização com vivências de sua família de origem. Os pais eram muito exigentes e nunca expressavam elogios ou outras formas que a fizessem se sentir valorizada. Desse modo, exigindo que Diego faça o que os pais não fizeram, Vivian acaba por realizar uma profecia autoconfirmatória, termo utilizado por Young e colaboradores (2003) para referir-se a todos os pensamentos, sentimentos e comportamentos que mantêm o esquema em funcionamento. Com a terapia, Vivian conseguiu ter maior consciência sobre o quanto as memórias de privações na infância influenciavam suas sensações e reações na relação conjugal.

CONSIDERAÇÕES FINAIS

Os mapas internos do amor não são fáceis de entender, entretanto, é preciso ajudar os pacientes a descobrir o que esses mapas preestabelecidos estão ditando, para que, assim, haja maior libertação de suas demandas esquemáticas e, consequentemente, da perpetuação dos EIDs nas relações. O direcionamento das escolhas amorosas pode ser influenciado por uma química que corresponde a sensações dos EIDs.

A química esquemática envolve um foco atencional em aspectos relacionados às memórias emocionais das relações primárias. Os dois componentes principais dessa química são: 1) a atração por pessoas que de alguma forma mantenham sensações familiares e 2) a ilusão, contendo expectativas distorcidas sobre o que uma relação adulta pode oferecer.

Na prática clínica, o terapeuta pode ajudar os pacientes a entender as memórias emocionais ligadas à atração e explorar as necessidades emocionais infantis não supridas, que estão presentes na ilusão. Ao enfraquecer os esquemas no processo psicoterápico, o paciente estará muito mais livre para escolher um bom parceiro(a) e menos hipersensível emocionalmente nas relações.

Ao perceber que é possível amar e ser amado de forma diferente na vida adulta, uma ressignificação cognitiva e emocional acontece. Para tanto, é preciso que o paciente aceite algo que pode, à primeira vista, ser desafiador e assustadoramente desconhecido: que ser satisfeito emocionalmente em uma relação íntima e importante é possível.

REFERÊNCIAS

Atkinson, T. (2012). Schema therapy for couples: Healing partners in a relationship. In M. Vreeswijk, J. Broersen, & M. Nadort. (Orgs.), *The Wiley-Blackwell Handbook of schema therapy* (pp. 323-339). Oxford: John Wiley & Sons.

Behary, W. T. (2011). *Ele se acha o centro do universo*. Rio de Janeiro: Best Seller.

Behary, W., & Young, J. (2011). *Terapia dos esquemas para casais: curando parceiros na relação*. Porto Alegre. Material Didático utilizado na III Jornada WP.

Greenberg, L. S. (2004). Emotion-focused therapy. *Clinical Psychology & Psychotherapy: an international journal of theory & practice, 11*(1), 3-16.

McGinn, L. K., & Young, J. E. (2012). Terapia focada no esquema. In P. M. Salkovskis. (Orgs.), *Fronteiras da terapia cognitiva* (pp. 179-200). São Paulo: Casa do Psicólogo.

Paim, K. (2016). A terapia do esquema para casais. In R. Wainer, K. Paim, R. Erdos, & R. Andriola. (Orgs.), *Terapia cognitiva focada em esquemas: integração em psicoterapia* (pp. 204-220). Porto Alegre: Artmed.

Pearson, D. G., Deeprose, C., Wallace-Hadrill, S. M., Heyes, S. B., & Holmes, E. A. (2013). Assessing mental imagery in clinical psychology: A review of imagery measures and a guiding framework. *Clinical Psychology Review, 33*(1), 1-23.

Simeone-DiFrancesco, C., Roediger, E., & Stevens, B. A. (2015). *Schema therapy with couples: A practitioner's guide to healing relationships*. Washington: John Wiley & Sons.

Stevens, B. A. (2016). *Emotional learning: the way we are wired for intimacy*. Fremantle: Vivid.

Stevens, B., & Roediger, E. (2017). *Breaking negative relationship patterns: A schema therapy self-help and support book*. Washington: John Wiley & Sons.

Whisman M. A., & Uebelacker L. A. (2007). Maladaptive schemas and core beliefs in treatment and research with couples. In L. P. Riso, P.L. du Toit D. Stein, & J. E. Young, (Orgs), *Cognitive schemas and core beliefs in psychological problems a scientist-practitioner guide* (pp. 199-220). Washington: American Psychological Association.

Young, J. (2012). *Schema therapy with couples*. American Psychological Association Series IV. 1 DVD.

Young, J. E., & Behary, W. T. (1998). Schema-focused therapy for personality disorders. In N. Tarrier, A. Wells, & G. Haddock. (Orgs.), *Treating complex cases: the cognitive behavioural approach* (pp. 340-376). New York: John Wiley & Sons.

Young, J. E., & Klosko, J. S. (1994). *Reinventing your life: the breakthrough program to end negative behavior and feel great again*. New York: Reprint.

Young, J. E., Klosko, J. S., & Weishaar, M. E. (2003). *Schema therapy: a practitioner's guide*. New York: Guilford.

4
Modos esquemáticos individuais e o ciclo de modos conjugal

Kelly Paim
Bruno Luiz Avelino Cardoso

> *Não sei quem sou, que alma tenho.*
> *Quando falo com sinceridade não sei com que sinceridade falo.*
> *Sou variamente outro do que um eu que não sei se existe (se é esses outros)...*
> *Sinto crenças que não tenho.*
> *Enlevam-me ânsias que repudio.*
> *A minha perpétua atenção sobre mim perpetuamente me ponta*
> *traições de alma a um carácter que talvez eu não tenha,*
> *nem ela julga que eu tenho.*
> *Sinto-me múltiplo.*
> *Sou como um quarto com inúmeros espelhos fantásticos*
> *que torcem para reflexões falsas*
> *uma única anterior realidade que não está em nenhuma e está em todas.*
> *Como o panteísta se sente árvore (?) e até a flor,*
> *eu sinto-me vários seres.*
> *Sinto-me viver vidas alheias, em mim, incompletamente,*
> *como se o meu ser participasse de todos os homens,*
> *incompletamente de cada (?),*
> *por uma suma de não-eus sintetizados num eu postiço.*
> Fernando Pessoa

Os relacionamentos conjugais são, em muitos casos, ativadores de dores emocionais já existentes nos parceiros. Isso acontece porque as relações íntimas adultas funcionam como uma espécie de máquina do tempo, trazendo à tona memórias emocionais das relações experienciadas no passado com os cuidadores de cada parceiro (Paim, Algarves, & Cardoso, no prelo). A aprendizagem emocional nas relações primárias é fator significativo para as futuras vivências interpessoais (Stevens, 2016).

Esse tipo de aprendizagem sobre questões como, por exemplo, dor e perigo nas vivências precoces, revisitadas nas relações adultas, levam a comportamentos irracionais e até mesmo destrutivos. A bagagem dos esquemas (como um conjunto de memórias, crenças, regras e sensações emocionais profundas) carregada pelos cônjuges é trazida para a relação amorosa (Paim, 2016; Scribel, Sana, & Benedetto, 2007; Young, 2012), bem como as estratégias de enfrentamento aprendidas e utilizadas por eles durante toda a vida.

Complementando o entendimento teórico do funcionamento da personalidade e o trabalho terapêutico da terapia do esquema (TE), Young, Klosko e Weishaar (2003) incluíram o conceito de modos esquemáticos (MEs) na abordagem. Os MEs são estados momentâneos do indivíduo, os quais ativam, simultaneamente, os esquemas iniciais desadaptativos (EIDs) e as estratégias de enfrentamento desadaptativas (McGinn & Young, 2012). "Enquanto os esquemas mentais, entre eles os EIDs, são traços da personalidade, os MEs são como estados ativados em situações momentâneas" (Wainer & Wainer, 2016, p. 148). De forma geral, os MEs são as expressões visíveis dos estados internos que incluem padrões emocionais, sensoriais e comportamentais (adaptativos ou desadaptativos), vivenciados em determinada situação, como se esses estados momentâneos fossem diferentes formas do eu (*self*).

A transição dos modos saudáveis para os modos desadaptativos é vivenciada com mais intensidade nas relações interpessoais, em especial nas relações amorosas, já que há a "revivência" das experiências e sensações precoces doloridas por ativação de memórias. Com isso, para o entendimento da dinâmica conjugal e do ciclo do modo destrutivo estabelecido na relação, a utilização do conceito de ME é indicada (Simeone-DiFrancesco, Roedger, & Stevens, 2015).

Acionados quando alguma necessidade emocional não é suprida, o modo criança e o modo pais disfuncionais internalizados dão origem a uma série de ativações de outros modos de enfrentamento desadaptativos, explicando os comportamentos mantenedores de uma dinâmica conjugal destrutiva. A utilização de um modo de enfrentamento desadaptativo também ativa no(a) parceiro(a) a sensação esquemática e, consequentemente, o uso de outro ME desadaptativo (Behary & Young, 2011).

Com base nesses aspectos, o presente capítulo ilustra os MEs individuais e os prejuízos trazidos por eles para os relacionamentos amorosos. A dinâmica do casal, que envolve ciclos de modos com interações destrutivas que mantêm os EIDs individuais, também será abordada e ilustrada por meio de uma vinheta clínica. Já a descrição do trabalho terapêutico de casais usando os MEs será feita no Capítulo 6.

MODOS ESQUEMÁTICOS

Young e colaboradores (2003) propõem quatro categorias amplas, nas quais os MEs estão agrupados: 1) modos criança, 2) modos pais disfuncionais internalizados, 3) modos de enfrentamento desadaptativos e 4) modos adaptativos. A seguir, cada categoria de modos será descrita conforme suas características, manifestações e seus diferentes subtipos. Além dos principais subtipos de MEs, apresentados no Quadro 4.1, também serão descritos os subtipos mais recentes indicados na literatura (Simeone-DiFrancesco et al., 2015).

Modos criança

Os modos criança correspondem às sensações primárias de insatisfações das necessidades infantis, bem como às reações infantis direcionadas à busca das necessidades (Young et al., 2003). Não obstante haja componentes cognitivos e comportamentais, a característica principal dessa categoria de MEs é a intensa presença de emoções derivadas de ativações subcorticais que fluem do sistema límbico (Simeone-DiFrancesco et al., 2015). A seguir, serão descritos os principais MEs, conforme Young e colaboradores (2003) e Simeone-DiFrancesco e colaboradores (2015).

QUADRO 4.1 As quatro categorias de agrupamento e os principais modos esquemáticos

Modos criança	Modos pais disfuncionais internalizados	Modos de enfrentamento desadaptativos	Modos adaptativos
1. *Criança vulnerável* Criança abandonada-abusada Criança solitária-inferior Criança dependente 2. *Criança zangada* 3. *Criança enfurecida* 4. *Criança impulsiva/ indisciplinada*	1. Pais punitivos 2. Pais exigentes	1. *Capitulador complacente* 2. *Hipercompensador* Autoengrandecedor Provocador e ataque Desconfiado/ supercontrolador Perfeccionista Predador e manipulador 3. *Modos evitativos* Protetor desligado Protetor autoaliviador Protetor zangado Protetor evitativo	1. *Adulto saudável* 2. *Criança feliz*

Fonte: Arntz (2012), Simeone-DiFrancesco e colaboradores (2015), van Genderen, Rijkeboer e Arntz (2012).

No *modo criança vulnerável* existe a forte sensação de exclusão, rejeição e perigo na relação, bem como a insegurança na conexão e no vínculo; por isso, ocorrem demonstrações desesperadas de emoções e medos (Stevens & Roediger, 2017). Esse ME aparece como um estado emocional e comportamental como se a pessoa realmente fosse uma criança solitária que é valorizada apenas na medida em que é atendida por seus pais. Como as necessidades emocionais mais importantes da criança realmente não foram satisfeitas no passado, elas geralmente se sentem vazias, sozinhas, socialmente inaceitáveis, indignas de amor. Quando esse modo está ativo, a pessoa relata crenças de que ninguém suprirá suas necessidades emocionais e, com isso, tende a acreditar que os outros as abandonarão, abusarão ou rejeitarão. Arntz (2012) destacou mais alguns modos subjacentes ao ME criança vulnerável: criança abandonada-abusada (sente-se vulnerável ao abandono e abuso), criança solitária-inferior (sente-se sozinha e sem valor) e dependente (sente-se incapaz).

Já no *modo criança zangada*, o sujeito sente-se injustiçado por faltas emocionais sentidas nas relações e acaba demonstrando raiva de forma intensa. Percepções de traição, abandono e desvalorização são expressas com agressividade, até mesmo com violência física e verbal. O modo criança zangada traz à tona sensações de irritação, raiva e frustração porque as necessidades emocionais (ou físicas) essenciais da criança vulnerável (no passado) não foram atendidas. Ela expressará a raiva reprimida de maneira intensa e pode fazer exigências aos outros.

Também há o *modo criança enfurecida*. Nesse ME, a pessoa experimenta o estado emocional de uma criança com intenso sentimento de raiva que fere pessoas ou danifica objetos. A expressão da raiva fica fora de controle e tem como objetivo central destruir e/ou causar algum dano aos que estão lhe trazendo algum tipo de prejuízo (Simeone-DiFrancesco et al., 2015).

O *modo criança impulsiva/indisciplinada* é caracterizado pela busca impulsiva dos desejos e/ou necessidades infantis não satisfeitos. De forma egoísta e descontrolada, o indivíduo busca sentir-se mais seguro na relação, apresentando comportamentos impulsivos e precipitados, até mesmo trazendo risco para si e para os outros (Wainer & Wainer, 2016). A criança impulsiva age sobre desejos ou impulsos não essenciais, buscando seguir o próprio caminho, sem levar em conta as possíveis consequências para si mesmo ou para os demais. Muitas vezes, existe dificuldade em retardar a gratificação de curto prazo e a pessoa pode parecer "mimada", como se não fosse possível forçar-se a terminar tarefas rotineiras ou chatas, ficando frustrada rapidamente e desistindo (Farrell, Shaw, & Shaw, 2012).

Modos pai/mãe disfuncionais internalizados

Os modos parentais disfuncionais são atribuições internalizadas de pessoas significativas. Esse tipo de modo inclui crenças centrais e pensamentos automáticos negativos recorrentes que podem ser vistos como introjeções parentais tóxicas experimentadas como "vozes internas" negativas (Farrell et al., 2012; Young et al., 2003).

O *modo pais punitivos internalizados* é caracterizado por autopunições e autocrítica exagerada, há uma repetição de padrões parentais abusivos, agora internalizados no indivíduo. Seus julgamentos demonstram intolerância com erros e consideram que estes devem ser punidos, repetindo a forma com que o(a) pai/mãe ou outra pessoa significativa usava quando lhe criticava/punia. Nos relacionamentos, esse padrão internalizado pode estar presente em autopunições e posturas punitivas em relação ao cônjuge (Stevens & Roediger, 2017). O tom desse modo é duro, crítico e implacável, utilizado quando há qualquer expressão de necessidade. Sinais e sintomas incluem aversão de si mesmo, autocrítica, automutilação, fantasias suicidas e comportamento autodestrutivo.

No *modo pais exigentes internalizados,* há uma pressão intensa para a manutenção de padrões excessivamente elevados. Young e colaboradores (2003) destacam que as internalizações existentes nesse ME são de figuras exigentes que forçam a criança a cumprir padrões elevados de desempenho ou demandas. A criança sente que precisa ser perfeita, atingir um nível muito alto e/ou manter tudo em ordem. Também é característica desse ME a luta por *status*, exigência extrema por humildade, cobrança por sempre atender às necessidades dos outros e ser eficiente sem perder tempo. Nesse ME, não é permitido demonstrar afeto, vulnerabilidades ou espontaneidade.

Modos de enfrentamento desadaptativos

Os modos de enfrentamento desadaptativos são desenvolvidos na infância para amenizar sensações de privação e emoções nocivas para a criança. Geralmente, esses MEs ajudaram a criança a adaptar-se ao ambiente (relações primárias, circunstâncias da vida e aspectos socioculturais), incluindo, principalmente, a adaptação às necessidades não supridas fundamentais para o desenvolvimento saudável da personalidade. Como consequência, tais modos continuam sendo utilizados ao longo da vida como forma de lidar com as dores emocionais do modo criança vulnerável, tornando-se desadaptativos. É importante ressaltar que, quando os modos de enfrentamento estão ativados, geralmente a pessoa se sente "adulta" e protegida, pois não está em contato com as emoções infantis. Entretanto, esses modos, usados de forma automática, rígida e padronizada, costumam trazer prejuízos e afastamento das necessidades emocionais (Young et al., 2003).

O *modo capitulador complacente* é desenvolvido para evitar possíveis agressões ou outras consequências nocivas. Quando esse modo é acionado, o sujeito submete-se aos desejos dos outros, desconsiderando os seus próprios. Ele suprime suas necessidades e emoções por medo de sofrer represálias, entrar em conflitos e/ou ser rejeitado. A característica mais marcante é a obediência extrema, que também tende a se repetir na relação conjugal (Simeone-DiFrancesco et al., 2015). Nos relacionamentos afetivos, o cônjuge busca identificar o que o parceiro almeja e age de acordo, permitindo, inclusive, abuso e maus-tratos e/ou não tomando medidas para satisfazer necessidades saudáveis (Khosravi, Attari, & Rezaei, 2011; Paim & Falcke, 2014).

O *modo hipercompensador* é outro tipo de modo de enfrentamento desadaptativo. Trata-se de uma estratégia em que, por meio de "exageros", se busca aliviar o desconforto da ativação dos EIDs. Os comportamentos mais típicos são o autoengrandecimento e o provocador/ataque.

O tipo *autoengrandecedor* se comporta de maneira autoritária, competitiva, grandiosa e abusiva e busca *status* excessivamente. Os sujeitos com esse ME ativo mostram pouca empatia pelas necessidades ou sentimentos dos outros, demonstrando superioridade e exigência de tratamento especial (Wainer & Wainer, 2016; Young et al., 2003). Além disso, não acreditam que devam seguir as regras que se aplicam a todos os demais e costumam se vangloriar ou se comportar de maneira expansiva para inflar seu senso de identidade, inadequação ou dúvida (Arntz, 2012).

No tipo *provocador e ataque*, o temor de ser controlado ou ferido faz com que o indivíduo se antecipe, buscando controlar os comportamentos dos outros por meio de ameaças ou agressões. De acordo com Simeone-DiFrancesco e colaboradores (2015), as relações afetivas costumam ser muito prejudicadas quando esse ME está ativado, pois há a utilização intensa de ameaças, intimidações e todos os tipos de agressão para forçar o controle sobre o outro. Dessa forma, o uso desse modo tem características sádicas, e a posição dominante é sempre estabelecida para dar certo alívio, sensação de estar no controle e seguro. A desconfiança exagerada também pode ser usada na tentativa de proteção contra possíveis ameaças. Assim, por meio da verificação insistente das intenções por trás do comportamento do parceiro, o indivíduo busca o alívio das sensações infantis de insegurança. Quando esse modo está ativo, é comum que o sujeito não seja espontâneo e tenha grande dificuldade para falar de aspectos mais íntimos de sua vida.

Outros subtipos do modo hipercompensador são descritos na literatura (Simeone-DiFrancesco et al., 2015). O *desconfiado/supercontrolador* utiliza excessivamente uma hipervigilância paranoide de controle para se proteger. O *perfeccionista* usa estratégias obsessivas para evitar erros e aliviar culpa. O *predador* e o *manipulador* empregam estratégias antissociais na busca de seus objetivos hipercompensatórios, podendo até mesmo assumir um "falso *self*" para isso.

Ainda nos modos de enfrentamento desadaptativos, indicam-se os *modos evitativos* que visam a fuga de emoções desconfortáveis. O indivíduo pode usar a distração, a racionalidade extrema e até mesmo a dissociação (Young et al., 2003). Na dinâmica conjugal, a utilização do modo evitativo por um cônjuge pode gerar no outro a insegurança no vínculo e, consequentemente, a ativação de modos infantis.

O *protetor desligado* é um modo evitativo em que o indivíduo se retira psicologicamente da dor das sensações do modo criança. Acontece como um desligamento de todas as emoções, funcionando de maneira quase robótica. Os sinais e sintomas incluem despersonalização, sensação de vazio, tédio, abuso de substâncias, compulsão alimentar, automutilação e queixas psicossomáticas. Há uma esquiva das próprias necessidades internas, emoções e pensamentos (Arntz, 2012).

O *protetor autoaliviador* interrompe suas emoções ao se engajar em atividades que, de alguma forma, acalmam, estimulam ou distraem os sentimentos. Esses comportamentos, segundo Simeone-DiFrancesco e colaboradores (2015), geralmente são adotados de forma compulsiva ou viciante e podem incluir trabalho excessivo (*workaholic*), busca excessiva por jogos de azar, ingresso em esportes perigosos, experiências sexuais perigosas, uso excessivo de internet/eletrônicos/jogos de computador e abuso de drogas.

Existem outras variações dos modos de enfrentamento evitativos. O *protetor zangado* expressa raiva para proteger a criança vulnerável (van Genderen et al., 2012). A raiva também pode ser expressa indiretamente por meio de irritação constante, mau humor, queixas, retraimento e comportamentos de oposição (Bernstein, Arntz, & de Vos 2012). Arntz (2012) também indica um modo *protetor evitativo*, que usa a evitação situacional e comportamental como estratégia de sobrevivência – por exemplo, uma adolescente que se sente ameaçada pelas críticas dos colegas de aula e, por isso, se recusa a frequentar a escola.

Modos adaptativos

Além dos modos desadaptativos, Young e colaboradores (2003) também indicaram modos adaptativos ou saudáveis: o modo adulto saudável e o modo criança feliz.

O *modo adulto saudável* reflete a busca de relações e atividades positivas para si, identificando e lidando de forma saudável com pensamentos e sentimentos desconfortáveis. "O paciente consegue identificar suas necessidades emocionais não atendidas e, de modo organizado e racional, busca meios para tentar as suprir na medida do possível. Demonstra tolerância à frustração e capacidade de planejamento" (Wainer & Wainer, 2016, p. 153). O adulto saudável desempenha funções adultas apropriadas, como trabalhar, cuidar dos filhos, assumir responsabilidades e se comprometer. Nesse modo, também há a busca por atividades adultas agradáveis, como sexo seguro, interesses intelectuais, culturais, manutenção de saúde e autocuidados, entre outras atividades saudáveis. Há um bom equilíbrio entre as próprias necessidades e as dos outros (Arntz, 2012).

O *modo criança feliz* é um ME adaptativo em que o indivíduo sente-se amado, conectado, contente, valorizado, nutrido, confiante, compreendido, validado e satisfeito. Com a ativação desse modo, a pessoa mostra-se autoconfiante e encorajada para agir de forma autônoma e competente, expressando suas emoções e afetos espontaneamente, assim como uma criança feliz e segura (Farrell et al., 2012). Com esse modo acionado na relação, os cônjuges não precisam utilizar modos de enfrentamento desadaptativos, pois a criança feliz sente-se em paz porque suas principais necessidades emocionais estão atendidas.

Modos adicionais são continuamente sugeridos e discutidos na literatura da TE. A Figura 4.1 mostra alguns desses modos, conforme Simeone-DiFrancesco e colaboradores (2015).

O CICLO DE MODOS CONJUGAL

Os ME desadaptativos ficam mais claros quando se trabalha com casais instáveis, pois tornam-se visíveis na dinâmica relacional conjugal. A TE busca uma formulação de caso aprimorada e integrada ao tratamento, oferecendo uma perspectiva de compreensão rica da díade conjugal (Young, 2012).

O terapeuta precisa realizar uma avaliação dos principais MEs utilizados pelos cônjuges. Para isso, o ponto de partida é a demanda trazida pelo casal em suas queixas; então, o terapeuta busca um padrão comum de ativações emocionais e comportamentais utilizados pelo casal na resolução de conflitos (Behary & Young, 2011).

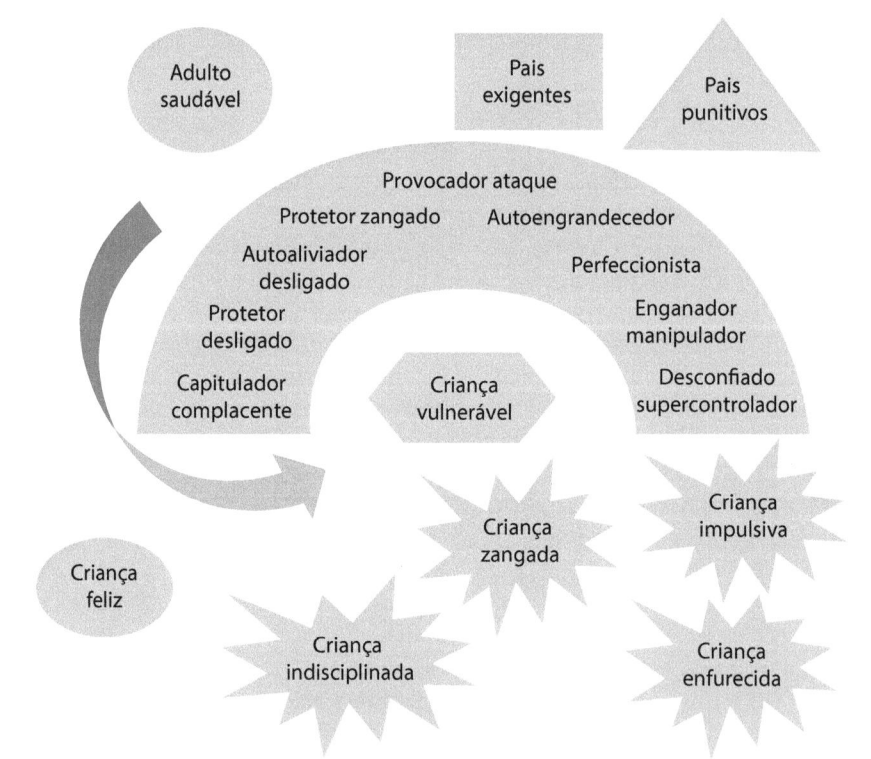

FIGURA 4.1 Diagrama dos MEs mais sugeridos na literatura.
Fonte: Simeone-DiFrancesco e colaboradores (2015).

Em geral, haverá um gatilho comum que ativa o modo criança vulnerável e, automaticamente, os modos de enfrentamento desadaptativos (Paim, 2016). É importante ressaltar que nem sempre o casal perceberá as sensações do modo criança, apenas tentará aliviar as sensações e os sentimentos aversivos desse modo com modos de enfrentamento.

Os modos de enfrentamento na relação podem ser experimentados das seguintes formas: 1) no *modo capitulador complacente*, um parceiro apenas aceita as palavras críticas ou exigências do modo pai internalizado, muitas vezes acionado pelas palavras críticas do parceiro, acreditando nelas e agindo de maneira a manter as crenças desadaptativas sobre si e sobre as relações; 2) nos *modos evitativos*, os parceiros tentam se proteger da maior intensidade da ativação do modo criança vulnerável, mantendo-se ocupados, jogando no computador ou se concentrando excessivamente nos filhos, em vez de em si mesmos. Geralmente, os modos evitativos tendem a deixar o outro parceiro com uma sensação de insegurança no vínculo devido à desconexão entre o casal; 3) já nos *modos hipercompensadores*, o parceiro costuma agir de forma autoengrandecedora, controladora, intimidadora, atacando, lutando ou argumentando. O parceiro que usa os modos hipercompensadores de forma mais frequente e rígida sempre tem o objetivo de ter o controle (Paim, 2014).

Os modos de enfrentamento desadaptativos levam a possíveis interações diádicas, e cada interação se torna um ciclo que perpetua o uso dos mecanismos de enfrentamento desadaptativos. Para fins didáticos, a seguir, serão descritos padrões de interação entre dois modos de enfrentamento. Entretanto, às vezes, pode haver variações de múltiplos modos de enfrentamento no mesmo ciclo, como parceiros que podem passar rapidamente entre diferentes modos de enfrentamento desadaptativos. Segundo Simeone-DiFrancesco e colaboradores (2015), a mudança dos modos de enfrentamento desadaptativos acontece à medida que o modo criança muda, juntamente com as mudanças das cognições do modo pais disfuncionais, o que poderia levar a cadeias de ativações de MEs. Simeone-DiFrancesco e colaboradores (2015) descrevem cinco padrões básicos de ciclos de enfrentamento entre dois modos de enfrentamento (sendo que eles podem ser alongados com outras interações diádicas inseridas no ciclo), são eles:

1. Ciclo hipercompensador/hipercompensador: ambos os parceiros atacam, controlam ou diminuem o outro para aliviar as sensações de vulnerabilidade e insegurança, trazendo a sensação momentânea de controle, poder ou segurança. Exemplo: ao perceberem que a mensalidade da escola da filha não foi paga no último mês, Renan e Luana culpam um ao outro e trazem para a discussão xingamentos e frases depreciativas. Diminuir o outro faz com que aliviem sensações mais primárias de desvalorização e desamparo. Esse tipo de ciclo torna a dinâmica conjugal extremamente instável.

2. Ciclo hipercompensador/autoaliviador desligado: um dos parceiros ataca e/ou se autoengrandece, ativando o modo autoaliviador desligado do outro, buscando atividades estimulantes a ponto de se desligar das emoções geradas no conflito. Exemplo: Vivian critica duramente Raul por ele ter esquecido do dia de comemoração do aniversário de casamento. Então, ele se retira para o quarto e começa a jogar no computador. Os casais com esse ciclo costumam apresentar instabilidade moderada.
3. Ciclo hipercompensador/protetor desligado: um dos parceiros ataca, controla, manipula ou faz exigências excessivas, enquanto o outro parece aceitar, mas, na verdade, se desconecta emocionalmente da relação e de qualquer emoção. Exemplo: Ana (em um modo de enfrentamento hipercompensador ativado para suprir as exigências do modo pais internalizados) critica exageradamente Miguel por ele se atrasar para o jantar. Miguel aceita passivamente os ataques durante o jantar, enquanto permanece totalmente desligado das emoções e desconectado da situação. Esse ciclo pode, de certa forma, manter a estabilidade, mas não é satisfatório para nenhum dos parceiros e acaba por manter os EIDs individuais.
4. Ciclo evitação/evitação (com variações nos tipos de modos evitativos): casais distanciados emocionalmente costumam usar esse ciclo. Há desconexão e individualidade significativa na relação. Com essa dinâmica, há estabilidade na relação, mas também um risco de insatisfação abrupta e intensa ao se conectarem com as faltas após um longo período desconectados. Exemplo: Vitor e Matheus vivem vidas paralelas sob o mesmo teto, de maneira mais ou menos distanciada. Vitor passa a maior parte de seu tempo livre jogando no computador, e Matheus trabalha praticamente o tempo todo.
5. Ciclo hipercompensador/capitulador complacente: um dos parceiros é dominante e o outro é passivo para evitar retaliações (agressões, frustrações, rejeições e abandono). Esse ciclo estabiliza um relacionamento, a menos que o parceiro submisso se desconecte (ciclo 3) ou comece a lutar (ciclo 1), ou até que o parceiro dominante fique entediado e saia do relacionamento; entretanto, pode levar a padrões abusivos. Exemplo: Verônica não fala sobre o seu desejo de fazer academia sozinha, pois Renato não aceita que ela fique exposta aos olhares de outros homens em um ambiente que, segundo ele, é promíscuo. Verônica desistiu de ir à academia para evitar as expressões agressivas de Renato.

A TE tem o objetivo de identificar os ciclos de modos mais utilizados na relação e que estejam trazendo prejuízos e insatisfações. Arntz e Jacob (2013) ressaltam que os parceiros devem identificar os modos de enfrentamento de forma mais consciente e torná-los mais flexíveis. É necessário que a reação às ativações dos MEs em cada parceiro e o ciclo esquemático do casal sejam detalhadamente compreendidos. O ciclo de modos é desenhado na sessão, com setas que mostram a dinâmica interativa entre os cônjuges (Paim, 2016). Um exemplo ilustrativo de ciclo de MEs pode ser observado na Figura 4.2.

VINHETA CLÍNICA

BIANCA E CAIO

A esposa chama-se Bianca, tem 43 anos, é advogada, tem um filho de 8 anos de um relacionamento anterior e nunca conseguiu manter um relacionamento estável. Caio, 37 anos, vendedor, tem um filho de 16 anos com a ex-esposa, com quem manteve um relacionamento de sete anos com muitas brigas, agressões e inseguranças. Bianca e Caio estão juntos há dois anos, sendo que há um ano estão morando na mesma casa. Eles se conheceram em uma atividade em comum e, desde o início, viveram intensamente o relacionamento. Bianca e Caio alegam que, desde o primeiro momento, sentem uma necessidade intensa de estarem juntos, mas que, ao mesmo tempo, sempre brigaram bastante, incluindo agressões verbais, destruição de objetos e comportamentos de risco, como, por exemplo, puxar o freio de mão com o carro em movimento.

Assim que Bianca terminou sua fala, a terapeuta disse a Caio que também gostaria de ouvi-lo e que percebia que ele estava desconfortável naquela situação. [*Na TE, o terapeuta aproveita os desconfortos e as estratégias defensivas observados na sessão tanto para avaliação da dinâmica conjugal como para instigar uma mudança interpessoal, em que ele é o modelo de relação saudável com um olhar empático e atendendo às emoções de cada cônjuge*]. Caio respirou fundo e disse que a terapeuta tinha razão, que, para ele, era bastante difícil confiar nas pessoas e falar sobre questões tão íntimas. A terapeuta mostrou-se compreensiva e o deixou à vontade para sinalizar os momentos em que estivesse sentindo dificuldade.

Já na primeira sessão foi possível perceber os modos de enfrentamento desadaptativos individuais e como eles estabeleciam um ciclo de modos conjugal. Caio buscava o controle e o ataque para aliviar a sensação de vulnerabilidade de seu modo criança. Ele contou que tinha medo de rejeição e traição. Ao ser questionado sobre as origens do medo em sua história de vida, Caio conta que sempre sofreu em um ambiente violento e abusivo. O pai de Caio era bastante ausente e, quando estava com a família, era extremamente crítico e agressivo, demonstrando uma intensa instabilidade emocional. A mãe, por sua vez, era muito fria do ponto de vista emocional e totalmente resignada às agressões do marido. Caio saiu de casa aos 15 anos para morar com tios e trabalhar. Ao lembrar das imagens infantis, ele consegue, aos poucos, relacionar as emoções infantis com as inseguranças atuais. Quando a esposa o critica, ameaça terminar o relacionamento e o manda embora de casa, Caio sente-se rejeitado, atacado, sozinho e desesperado. Com isso, usa a agressão para tentar obter controle e ficar mais protegido; entretanto, o controle e as agressões só deixam Bianca mais raivosa e descontrolada.

Bianca, na segunda sessão, ainda um momento de avaliação, conta sua história de vida. Ela lembra que sofreu com a violência doméstica e que, quando Caio tem uma postura mais agressiva, ela fica raivosa e descontrolada. Quando a terapeuta faz um exercício de imagem mental, pedindo detalhes de uma cena infantil com a mesma emoção sentida nas brigas com Caio, Bianca rapidamente consegue se conectar a uma cena em que escutava de seu quarto, sentindo muito medo, o pai ameaçando e agredindo a mãe. Nesse momento, com o detalhamento da imagem, o medo da criança vulnerável é sentido. Bianca muitas vezes usa o modo capitulador complacente para se proteger da sensação de medo e perigo, mas em alguns momentos também usa o modo hipercompensador provocador e ataque, humilhando e diminuindo Caio.

Além da identificação dos EIDs no modo criança vulnerável de cada cônjuge, neste momento a terapeuta auxilia o casal a perceber como cada um se defende dos medos infantis, partindo de uma situação-gatilho atual, mas buscando padrões de respostas esquemáticas. Ao final da segunda sessão, o ciclo de modos do casal já é compreendido, como visto na Figura 4.2. O casal apresenta um ciclo hipercompensador/capitulador complacente, mas também flutua pelo ciclo hipercompensador/hipercompensador.

Com famílias de origem com padrões de relacionamento abusivos e punitivos e com experiências de extrema demanda emocional na infância, Bianca e Caio têm, certamente, vozes internalizadas de figuras parentais punitivas e exigentes. A identificação de crenças e regras mantenedoras da transgeracionalidade de padrões abusivos na relação é de extrema importância no caso. Algumas regras do modo pais punitivos internalizados identificadas em Caio: "eu não presto mesmo", "mereço sofrer", "mereço ser traído", "as pessoas que se amam batem e traem", "as pessoas merecem apanhar". No processo terapêutico, o combate aos modos parentais disfuncionais acontece, ajudando o casal a conseguir sentir raiva e defender-se dos padrões abusivos sofridos na infância e na adolescência, para que, assim, possam afastar da relação qualquer punição e violência, em vez de reproduzi-las.

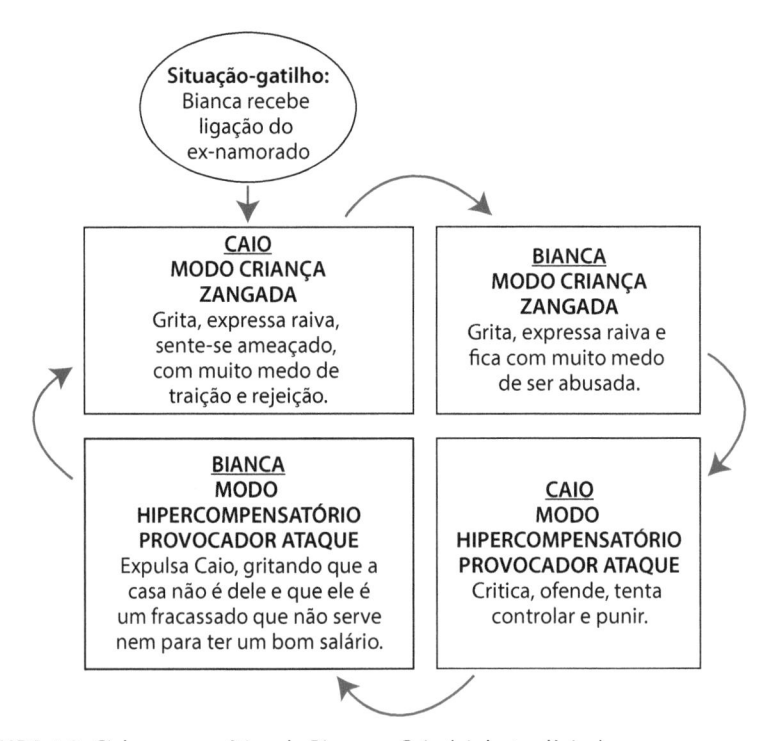

Situação-gatilho: Bianca recebe ligação do ex-namorado

CAIO MODO CRIANÇA ZANGADA
Grita, expressa raiva, sente-se ameaçado, com muito medo de traição e rejeição.

BIANCA MODO CRIANÇA ZANGADA
Grita, expressa raiva e fica com muito medo de ser abusada.

BIANCA MODO HIPERCOMPENSATÓRIO PROVOCADOR ATAQUE
Expulsa Caio, gritando que a casa não é dele e que ele é um fracassado que não serve nem para ter um bom salário.

CAIO MODO HIPERCOMPENSATÓRIO PROVOCADOR ATAQUE
Critica, ofende, tenta controlar e punir.

FIGURA 4.2 Ciclo esquemático de Bianca e Caio (vinheta clínica).

O terapeuta ajuda cada parceiro a buscar a relação dos modos atuais utilizados na vida conjugal, com experiências nocivas nas relações primárias, sensações infantis vivenciadas e estratégias infantis empregadas. Nessa direção, o trabalho com casais visa o enfraquecimento dos modos de enfrentamento desadaptativos dos cônjuges para que consigam sentir, entender e ressignificar a dor do modo criança vulnerável.

CONSIDERAÇÕES FINAIS

O conceito de MEs tem como objetivo facilitar a compreensão dos casos no que se refere ao funcionamento esquemático individual e à dinâmica conjugal. Os MEs são estados (emocional, cognitivo, sensorial, motivacional e comportamental) usados pelo indivíduo em determinado momento e que são ativados por gatilhos, especialmente quando há a sensação de que alguma necessidade emocional não foi suprida.

Os modos criança estão intimamente relacionados a emoções primárias e sensações corporais, e suas características indicam que as necessidades emocionais centrais não são atendidas ou estão ameaçadas. Os modos pais disfuncionais internalizados são atribuições internalizadas de pessoas significativas punitivas, abusivas e exigentes, gerando crenças centrais e pensamentos automáticos recorrentes autodepreciativos, punitivos e exigentes. Os modos de enfrentamento desadaptativos são reações de enfrentamento protetivas, desenvolvidas em experiências na infância em um ambiente tóxico e invalidante. Os modos de enfrentamento são usados para aliviar emoções (dos modos criança) e avaliações negativas (do modo pais internalizados).

A busca incessante para satisfazer necessidades emocionais acaba por definir de forma inconsciente os relacionamentos interpessoais adultos. A criança buscou formas possivelmente adaptativas na época como a melhor maneira de lidar com o ambiente. Então, em cada situação semelhante, ela foi seguindo o padrão de enfrentamento aprendido. Infelizmente, esses modos de enfrentamento vão se tornando mais rígidos por meio da repetição. Assim, a inflexibilidade dos padrões se torna mais desadaptativa ao longo do tempo.

A interação dos MEs desadaptativos entre os cônjuges estabelece a dinâmica conjugal com uma espécie de ciclo de modos destrutivos. A TE para casais visa ajudar os parceiros a driblar os seus modos de enfrentamento desadaptativos que causam distanciamento do suprimento das necessidades emocionais. Com técnicas cognitivas, comportamentais, experienciais e interpessoais (como as exploradas nos Caps. 6 e 7), o terapeuta identifica o modo criança vulnerável de cada cônjuge para que, assim, consigam expressar de forma mais eficaz suas necessidades emocionais. Com o fortalecimento do modo adulto saudável, as necessidades emocionais individuais e conjugais poderão ser atendidas sem frustrações exageradas causadas pelas dores dos EIDs.

REFERÊNCIAS

Arntz, A., & Jacob, G. (2013). *Schema therapy in practice: An introductory guide to the schema mode approach*. Oxford: John Wiley & Sons.

Artntz, A. (2012). Schema therapy for cluster C personality disorders. In M. Vreeswijk, J. Broersen, & M. Nadort (Orgs.), *The Wiley-Blackwell Handbook of Schema Therapy, research and practice* (pp. 397-414). Oxford: John Wiley & Sons.

Behary, B., & Young, J. (2011). *Terapia dos esquemas para casais: Curando parceiros na relação*. Porto Alegre. Material Didático utilizado na III Jornada WP.

Bernstein, D. P., Arntz, A, & de Vos, M. (2007). Schema focused therapy in forensic settings: Theorical model and recommendations for best clinical practice. *International Journal of Forensic Mental Health*, 6(2), 169-183.

Farrell, J. M., Shaw, I., & Shaw, I. A. (2012). *Group schema therapy for borderline personality disorder: A step-by-step treatment manual with patient workbook*. West Sussex: John Wiley & Sons.

Khosravi, Z., Attari, A., & Rezaei, S. (2011). Intimate partner violence in relation to early maladaptive schemas in a group of outpatient Iranian women. *Procedia – Social and Behavioral Sciences, 30*, 1374-1377.

McGinn, L. K., & Young, J. E. (2012). Terapia focada no esquema. In P. M. Salkovskis, (Org.), *Fronteiras da terapia cognitiva* (pp. 179-200). São Paulo: Casa do Psicólogo.

Paim, K. (2014). *Experiências na família de origem, esquemas iniciais desadaptativos e violência conjugal* (Dissertação de Mestrado, Programa de Pós-Graduação em Psicologia Clínica, Universidade do Vale do Sinos, São Leopoldo).

Paim, K. (2016). A Terapia do esquema para casais. In R. Wainer, K. Paim, R. Erdos, & R. Andriola (Orgs.), *Terapia cognitiva focada em esquemas: integração em psicoterapia* (pp. 205-220). Porto Alegre: Artmed.

Paim, K., Algarves, C. P., & Cardoso, B. L. A. (No prelo). Bases teóricas e aplicação da terapia do esquema para casais. In B. L. A. Cardoso, & K. Paim (Orgs.), *Terapias cognitivo-comportamentais para casais e famílias: bases teóricas, pesquisas e intervenções*. Novo Hamburgo: Sinopsys.

Scribel, M. C., Sana, M. R., & Benedetto, A. (2007). Os esquemas na estruturação do vínculo conjugal. *Revista Brasileira de Terapias Cognitivas*, 3(2), 35-42.

Simeone-DiFrancesco, C., Roediger, E., & Stevens, B. A. (2015). *Schema therapy with couples: a practitioner's guide to healing relationships*. West Sussex: John Wiley & Sons.

Stevens, B. A. (2016). *Emotional learning: the way we are wired for intimacy*. Fremantle: Vivid.

Stevens, B. A., & Roediger, E. (2017). *Breaking negative relationship patterns: a schema therapy self-help and support book*. West Sussex: John Wiley & Sons.

Van Genderen, H., Rijkeboer, M., & Arntz, A. (2012). Theoretical model: Schemas, coping styles and modes. In M. van Vreeswijk, J. Broersen, & M. Nadort (Eds.), *The Wiley-Blackwell Handbook of Schema Therapy, research and practice*. (pp. 27-40). Oxford: Wiley-Blackwell.

Wainer, R., & Wainer G. (2016). O trabalho com modos esquemáticos. In R. Wainer, K. Paim, R. Erdos,, & R. Andriola. (Orgs.), *Terapia cognitiva focada em esquemas: Integração em psicoterapia* (pp. 147-168). Porto Alegre: Artmed.

Young, J. (2012). *Schema therapy with couples*. American Psychological Association Series IV. 1 DVD.

Young, J. E., Klosko, J. S., & Weishaar, M. E. (2003). *Schema therapy: A practitioner's guide*. New York: Guilford.

Leituras recomendadas

Atkinson, T. (2012). Schema therapy for couples: Healing partners in a relationship. In M. Vreeswijk, J. Broersen, & M. Nadort (Orgs.), *The Wiley-Blackwell Handbook of Schema Therapy, research and practice* (pp. 323-339). Oxford: John Wiley & Sons.

Cohen, L. J., Tanis, T., Bhattacharjee, R., Nesci, C., Halmi, W., & Galynker, I. (2013). Are there differential relationships between different types of childhood maltreatment and different types of adult personality pathology?. *Psychiatry Research, 215*(1),192-201.

McCarthy, M., C., & Lumley, M. N. (2012). Sources of emotional maltreatment and the differential development of unconditional and conditional schemas. *Cognitive Behavior Therapy, 41*(4), 288-297.

Nabinger, A. B. (2016). Psicoterapia e neurobiologia dos esquemas. In R. Wainer, K. Paim, R. Erdos, & R. Andriola. (Orgs.), *Terapia cognitiva focada em esquemas: Integração em psicoterapia* (pp. 27-38). Porto Alegre: Artmed.

Yoosefi, N., Etemadi, O., Bahramil F., Fatehizade, M. A., & Ahmadi, S. A. (2010). An investigation on early maladaptive schema in marital relationship as predictors of divorce. *Journal of Divorce and Remarriage, 51*(5), 269-292.

Young, J. E. (1990). *Cognitive therapy for personality disorders: A schema-focused approach*. Sarasota: Professional Resource.

Young, J. E., & Behary, W. T. (1998). Schema-focused therapy for personality disorders. In N. Tarrier, A. Wells, & G. Haddock (Eds.), *Treating complex cases: The cognitive behavioural approach* (pp. 340-376). New York: John Wiley & Sons.

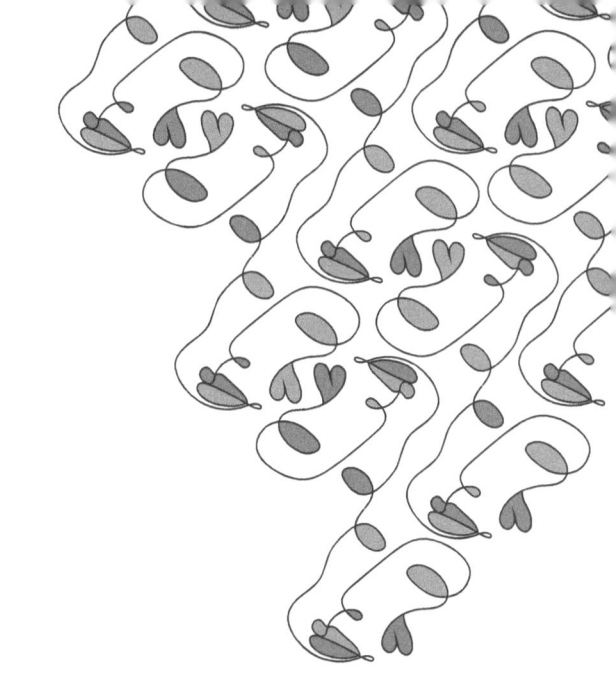

PARTE II

Processo terapêutico no atendimento de casais

5

Avaliação e contrato terapêutico

Jacqueline Leão

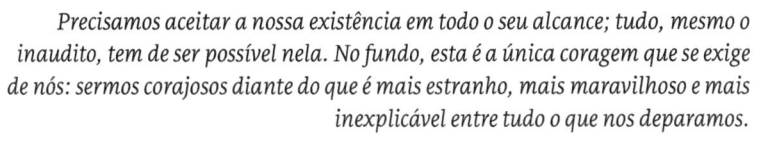

> *Precisamos aceitar a nossa existência em todo o seu alcance; tudo, mesmo o inaudito, tem de ser possível nela. No fundo, esta é a única coragem que se exige de nós: sermos corajosos diante do que é mais estranho, mais maravilhoso e mais inexplicável entre tudo o que nos deparamos.*
>
> Rainer Maria Rilke

A avaliação de caso em terapia do esquema (TE) para casais é um processo colaborativo entre os parceiros e o terapeuta, tendo como objetivo identificar a dinâmica disfuncional que leva o casal a conflitos, bem como a origem e os gatilhos dessa dinâmica. Sob a perspectiva dos esquemas iniciais desadaptativos (EIDs) e dos modos esquemáticos (MEs), desenvolvidos a partir das necessidades emocionais não atendidas na infância, a TE busca compreender os consequentes estilos relacionais e os padrões que se estabelecem para o casal, possibilitando a cada um o reconhecimento de suas reações e a compreensão da origem do seu funcionamento psicológico cognitivo e comportamental, bem como de seu parceiro (Atkinson, 2012; Vreeswijk, Broesen, & Spinhoven, 2015).

O modelo psicoterapêutico integrativo de Jeffrey Young conta com ferramentas específicas de avaliação dos EIDs, estilos de enfrentamento e MEs, assim como outras possibilidades de avaliação, oportunizando a compreensão aprofundada das dinâmicas emocionais, comportamentais e cognitivas que se estabelecem como padrões cíclicos entre os parceiros. O escopo avaliativo em TE oferece um direcionamento expansivo para os terapeutas de casais, apontando os temas centrais desadaptativos subjacentes aos conflitos relacionais e propiciando, ao psicoterapeuta, o estabelecimento de estratégias para que o casal possa desenvolver maneiras assertivas, amorosas e compassivas de buscar e alcançar suas necessidades emocionais e, ao mesmo tempo, um senso de autonomia equilibrado (Simeone-DiFrancesco, Roediger, & Stevens, 2015).

A avaliação é feita por meio de um conjunto de estratégias que reúne informações a partir da história de vida e do relacionamento, e do funcionamento na relação terapêutica. Genogramas, inventários e outras ferramentas ora são indicados para avaliar, ora são utilizados como intervenções terapêuticas – como os trabalhos de imagens e os baralhos de psicoeducação e esquemas, e o baralho de MEs.

Na terapia individual em TE, o terapeuta, por meio da reparentalização limitada, passa a ser a "base segura" do paciente, nutrindo suas necessidades emocionais não atendidas primariamente. Na terapia de casais, o terapeuta, além de reparentalizar cada parceiro, os modela para que sejam a "base segura" um do outro (Atkinson, 2012). Para tal, faz-se necessário avaliar as necessidades emocionais de cada um que precisam ser atendidas.

Este capítulo tem como objetivo discutir o processo de avaliação – suas ferramentas e possibilidades – e enfocar o contrato terapêutico, fatores que fundamentam a psicoeducação dos parceiros, de maneira que possam compreender a dinâmica relacional em termos de esquemas e as causas subjacentes aos problemas que se apresentam. Uma avaliação minuciosa evita consequências prejudiciais à evolução da terapia e servirá como bússola para a escolha de intervenções na fase de mudança (Paim & Coppetti, 2016). Ao final do capítulo, será apresentado o protocolo Path em TE – uma ferramenta experiencial de conceitualização de caso e integração da avaliação e do processo terapêutico para casais.

O CONTRATO TERAPÊUTICO

O processo terapêutico em TE para casais é uma experiência de profundo envolvimento no autoconhecimento que ativa fortes emoções e MEs no seu transcorrer, e, por esse motivo, pode ser sentido em alguns momentos como ameaçador. Em terapia de casais, isso acontece em dupla – ou em trio, posto que o psicoterapeuta não está isento de ter seus EIDs também ativados, portanto, o *setting* terapêutico poderá ser um palco de emoções intensas e precisa ser um lugar seguro.

Sendo assim, o contrato terapêutico, além de estabelecer regras e limites, cria normas para tornar o processo terapêutico seguro às vulnerabilidades de ambos os parceiros e para que padrões abusivos não sejam reproduzidos em terapia. Dessa maneira, uma regra inegociável é que agressões e abusos não são permitidos ou tolerados – o que inclui agressão ativa ou passiva (Simeone-DiFrancesco et al., 2015).

Outro fator importante que deve fazer parte do contrato terapêutico diz respeito ao compromisso do casal com o processo terapêutico, e isso significa colocar o relacionamento em primeiro lugar. Essa questão leva à necessidade de o terapeuta questionar a respeito de relacionamentos extraconjugais e de estes, caso existam, serem interrompidos.

A infidelidade impede um real compromisso com a relação, compromete a habilidade de se engajar positivamente com o parceiro e sabota o processo terapêutico (ver Cap. 12). É importante que o terapeuta esteja atento a possíveis sinais de não interrupção de infidelidade –como não engajamento no processo ou negação explícita em fazê-lo. Nesse caso, a terapia deve ser interrompida (Lev & McKay, 2017; Paim & Copetti, 2016; Simeone-DiFrancesco et al., 2015). A TE é um processo ativo, tanto para o terapeuta quanto para o casal. Estar aberto, receptivo e pronto para investir emocional e experiencialmente faz parte do comprometimento com o processo terapêutico.

A confidencialidade é a terceira regra a ser estabelecida. Para que haja confiança, estabilidade e segurança, não pode haver segredos. Portanto, deve ficar claro que tudo o que é dito nas sessões individuais deverá ser compartilhado entre os parceiros. Caso um deles solicite sigilo ao terapeuta a respeito de algo dito nas sessões individuais, este deverá solicitar que a informação seja compartilhada com a outra pessoa como condição para que o processo psicoterapêutico continue. O terapeuta pode dar um prazo para que isso seja feito (Simeone-DiFrancesco et al., 2015).

O contrato tem o objetivo de garantir segurança, esclarecer as regras do processo terapêutico e, também, quando necessário, reparentalizar os parceiros no sentido do asseguramento de proteção, segurança e limites. Aspectos referentes aos atendimentos individuais, horários, faltas, honorários, forma e data de pagamento devem ser esclarecidos e estabelecidos, e fazem parte do contrato. A segurança, o compromisso e a confiabilidade são regras de conduta que formam o amálgama da base segura no processo terapêutico. O contrato terapêutico também é uma modelagem de conduta e de valores para a vida conjugal do casal, posto que enaltece e prioriza esses valores (Atkinson, 2015; Vreeswijk et al., 2015; Simeone-DiFrancesco et al., 2015).

INÍCIO DA TERAPIA E AUTOBIOGRAFIA DO RELACIONAMENTO

A avaliação em TE é um processo que tem início desde o primeiro acesso do terapeuta ao casal. A primeira sessão já oferece sinais que podem indicar EIDs e MEs por meio de informações como: quem decidiu buscar terapia, as queixas, o comportamento, onde decidem sentar e a que distância física – tanto entre o casal, como entre o casal e o terapeuta –, expressões faciais, capacidade empática e *insights* e quais as expectativas de cada um a respeito da terapia de casais. É importante que o terapeuta tenha uma postura empática, equilibre a atenção entre ambos os parceiros e obtenha a perspectiva de cada um deles sobre as queixas e questões atuais, sempre validando as perspectivas individuais (Paim & Copetti, 2016).

É fundamental investigar se há histórico anterior ou atual de transtorno psiquiátrico ou de violência, se existe abuso de substâncias ou dependência química e se realizam tratamentos individuais. Caso haja necessidade, deve-se fazer o encaminhamento para instituições ou profissionais especializados. Nesse caso, o tratamento individual é um fator condicionante para a continuidade do processo terapêutico de casais.

Após essas questões iniciais, a investigação deve explorar a autobiografia do relacionamento. Essa avaliação deve ser feita individualmente e precisa descrever de forma detalhada a história do relacionamento desde o momento inicial, apontando aspectos positivos e negativos, necessidades emocionais atendidas ou não, queixas e progressão dos problemas relacionais e conflitos, a decisão de ter filhos ou não (Lev & McKay, 2017).

O terapeuta pode ajudar fazendo perguntas como: O que vocês lembram a respeito do primeiro encontro de vocês? O que te atraiu nele(a)? Qual foi primeira impressão que você teve a respeito do outro? O que os convenceu a se comprometerem como casal? Quando as tensões entre vocês tiveram início e como lidaram com elas? Como foi a cerimônia de casamento e a lua de mel? Como foi a adaptação no primeiro ano de casamento, que ajustes precisaram fazer? Como foi a experiência da chegada do primeiro filho? Quais os bons momentos vividos durante casamento? Que tipo de lazer vocês gostam de ter juntos? Quais as diferenças no relacionamento entre o momento atual e o primeiro ano de casamento? Que objetivos vocês compartilham hoje? Como era a vida sexual durante os primeiros anos e como é agora? (Atkinson, 2012; Paim, 2016).

Avaliar qual o modelo interacional vivido pelos pais de cada parceiro, assim como observar como o casal percebe os relacionamentos das pessoas à volta também é importante no momento de investigação. As respostas a essas perguntas podem indicar padrões transgeracionais no modelo de relacionamento do casal. Compreender padrões familiares traz à consciência o fato de que existem forças psicológicas que dão forma às dinâmicas familiares e relacionais (Paim, 2016; Lev & McKay, 2017).

HISTÓRIA DE VIDA E GENOGRAMA

O genograma é uma ferramenta que traz uma fotografia da dinâmica familiar através das gerações, incluindo a visão da influência dos indivíduos uns sobre os outros, identificando dinâmicas, padrões, EIDs e MEs repetitivos entre gerações. O genograma representa visualmente essas repetições e pode trazer informações nunca percebidas antes, como a identificação de temas disfuncionais presentes na família, como negligência, violência doméstica, abuso físico, sexual ou psicológico, comportamento antissocial, abuso de álcool ou drogas, transtornos psiquiátricos, conflitos, emaranhamentos, rompimentos emocionais e divórcios, instabilidade financeira, suicídio, acidentes, defeitos genéticos, doenças psicossomáticas, transições e acontecimentos estressores significantes. Cada um desses fatores ou situações pode gerar padrões emocionais, comportamentais e cognitivos que comprometam o relacionamento (Simeone-DiFrancesco et al., 2015).

A aplicação do genograma torna claro como os vínculos se estabeleceram na família, assim como relações emaranhadas, controladoras ou ditatoriais, quem obteve sucesso e quais os critérios familiares de sucesso (financeiro, acadêmico, esportivo?), como se deu a relação entre irmãos (existiu algum preferido?), quem é o bode expiatório da família? Quais as regras, tabus, segredos, assuntos proibidos, *scripts* familiares? Que mensagens eram frequentes? O que ouviu a seu respeito? O que aprendeu a respeito de si e do mundo a partir do que ouviu? A partir da dinâmica familiar, é possível indicar as necessidades emocionais não atendidas e os EIDs desenvolvidos através das gerações (Stevens & Roediger, 2017).

O compartilhamento da construção do genograma entre os parceiros promove uma experiência de profunda intimidade e empatia. Ter uma visão gráfica das origens, experiências dolorosas e da dinâmica familiar do parceiro traz a compreensão emocional de seu funcionamento, suas dificuldades e limitações dos padrões estabelecidos que deságuam na relação conjugal e a consciência de que, em muitas situações, não há volatilidade por trás de determinados comportamentos que parecem intencionais, mas, sim, a repetição de padrões e esquemas que são ativados de modo automático, demandando estilos de funcionamento e MEs desenvolvidos como defesas para dores emocionais (Lev & McKay, 2017).

IDENTIFICANDO ESQUEMAS DOS PARCEIROS E ESQUEMAS DE CASAL

A TE, desenvolvida por Jeffrey Young, oferece um mapa que identifica os padrões desadaptativos de funcionamento construídos na infância e na adolescência e revela o quanto somos suscetíveis a eles e o quanto eles afetam as relações. Esquemas são estruturas cognitivas extremamente enraizadas, constituídos por crenças e histórias que construímos a nosso respeito e a respeito de nossos relacionamentos, que nos ajudam a organizar as informações e experiências, e a interpretar eventos e o mundo a nossa volta (Jacob, van Genderen, & Seebauer, 2015; Lev & McKay, 2017; Young, Klosko, & Weishaar, 2003).

O modelo de Young leva o indivíduo a reconhecer, de maneira autocompassiva, a origem de suas reações automáticas a determinadas situações ativadoras de emoções intensas e dolorosas, assim como leva o indivíduo a empatizar com a história do parceiro, com suas dores e defesas. Reconhecer os EIDs possibilita a conscientização das expectativas negativas criadas a respeito de si, do que se espera dos relacionamentos e do mundo. Também é fundamental que o terapeuta identifique nos parceiros as sensações de ameaças, conflitos e estressores que ativam as defesas para evitar a dor emocional, traduzidas em comportamentos desadaptativos – os estilos de enfrentamentos e MEs.

Conhecer e compreender a origem dos EIDs do parceiro traz à tona, para o casal, o fato de que a maneira como cada um lida com as dificuldades do dia a dia tem origem em suas histórias vinculares, em experiências tóxicas vividas na infância e na adolescência. Ainda é possível proporcionar a compreensão de que as reações são inconscientes e automáticas e são defesas emocionais à dor causada pela ativação das memórias conscientes ou inconscientes relacionadas a essas vivências. Portanto, um dos primeiros passos na terapia de casais é avaliar os EIDs de cada parceiro, o que poderá ser feito a partir das possibilidades apresentadas neste capítulo.

IDENTIFICANDO ESQUEMAS NA RELAÇÃO TERAPÊUTICA

Vários são os instrumentos e as possibilidades de avaliação dos esquemas dos parceiros, e esta é feita de maneira múltipla, contínua e em colaboração com o casal. O ponto inicial é a relação terapêutica – uma importante ferramenta de avaliação que identifica gatilhos, pensamentos, comportamentos e sensações esquemáticas a partir das reações emocionais tanto do paciente como do terapeuta (Leão & Maia, 2017; Paim & Copetti, 2016; Young et al., 2003, ver Cap. 8).

A transferência e a contratransferência, em termos de TE, a ativação mútua de esquemas (que acontece entre os parceiros e entre os parceiros e o terapeuta) é parte integrante do processo terapêutico, oferecendo a oportunidade de identificação dos EIDs e MEs do casal. Esse fato suscita a imperativa necessidade de o terapeuta conhecer suas próprias vulnerabilidades esquemáticas para poder transcendê-las (Roediger, Stevens, & Brockman, 2018).

De fato, necessidades não atendidas, EIDs, estilos de enfrentamento e MEs estarão presentes e visíveis por meio da relação terapêutica a partir dos esquemas ativados no paciente ante o terapeuta. A análise da relação terapêutica assinala seus conteúdos e como o paciente evita, compensa ou atenua a ativação de seus EIDs, assim como a ativação dos esquemas do terapeuta ante os pacientes pode indicar as questões esquemáticas dos parceiros. Como assinalam Simeone-DiFrancesco e colaboradores (2015), a relação terapêutica deve ser uma ferramenta terapêutica que permita perceber no paciente sentimentos reprimidos e não expressados. A ativação dos esquemas a partir da relação terapêutica pode desencadear alguns dos comportamentos elencados por Young e colaboradores (2003), descritos no Quadro 5.1.

A avaliação do funcionamento esquemático a partir da relação terapêutica exige que o terapeuta esteja atento a duas fontes de informação: o estado mental com o qual os parceiros se apresentam na sessão e a ativação esquemática entre os parceiros e entre eles e o terapeuta. Tudo o que acontece na sessão terapêutica é objeto de terapia e favorecerá a avaliação de esquemas, modos e necessidades básicas não atendidas, direcionando as consequentes intervenções durante a terapia (Leão & Maia, 2017).

QUADRO 5.1 Ativação dos EIDs a partir da relação terapêutica

> ***Privação emocional:*** a partir da crença de que não terá suas necessidades atendidas, o paciente pode faltar à terapia em momentos difíceis, omitir ou minimizar seus problemas ou questionar a necessidade da psicoterapia. Esse paciente pode ter dificuldade de construir um vínculo com o terapeuta. A hipercompensação desse esquema poderá se apresentar em uma excessiva demanda de apoio emocional e na cobrança raivosa e exagerada de que suas necessidades emocionais sejam atendidas, o que pode favorecer o desejo de um nível de intimidade além dos limites terapêuticos.
> ***Abandono:*** a ideia de que será inevitavelmente abandonado pode fazer com que o paciente encerre a psicoterapia precocemente. Como o afastamento causa dor, esses pacientes podem ter dificuldade de tolerar as faltas ou férias do terapeuta ou, ainda, buscar contato frequente fora das sessões e solicitar horários extras.
> ***Defectividade/vergonha:*** a vergonha e a crença de que há algo errado com o paciente podem fazer com que tenha dificuldade de manter contato visual com o terapeuta. Esses pacientes sentem desconforto com a possibilidade de exposição de erros e defeitos, assim como de receber elogios.
> ***Desconfiança/abuso:*** a crença de não poder confiar nas pessoas poderá se estender ao terapeuta, fazendo com que o paciente se sinta abusado por ele quando emoções negativas são ativadas, desconfiando da confidencialidade e tendo dificuldade para fechar os olhos e relaxar nas técnicas de imagem.
> ***Isolamento social:*** a crença de ser diferente pode dificultar o estabelecimento do vínculo terapêutico e a proximidade do paciente em relação ao terapeuta e, ainda, fazer com que resista às intervenções experienciais por acreditar que, por ser diferente, essas intervenções não terão efeito com ele. Se o paciente for hipercompensador, possivelmente tentará se assemelhar ao terapeuta e mostrar intimidade.
> ***Dependência/incompetência:*** o paciente tende a solicitar opiniões com frequência e, em função da sensação de sentir-se incapaz de resolver suas questões sozinho, solicita ao terapeuta que o faça.
> ***Fracasso:*** a dor de esperar o fracasso faz com que o paciente tenha dificuldade de lidar com críticas e entre em competição com o terapeuta. Os pacientes que se subjugam ao esquema podem não fazer as tarefas de casa e ser displicentes em relação ao processo psicoterápico.
> ***Vulnerabilidade:*** pacientes que apresentam esses esquemas podem se sentir ansiosos e temerosos em relação a determinadas intervenções experienciais ou tarefas de casa, em função da fantasia de que elas poderão ativar emoções dolorosas ou ter consequências catastróficas.
> ***Emaranhamento:*** a ativação desse esquema na relação terapêutica fará com que o paciente busque uma relação de mais intimidade com o terapeuta, comportando-se como se esse fosse um amigo.
> ***Merecimento/arrogo:*** a crença de ser superior às outras pessoas pode fazer com que o paciente solicite tratamento especial em relação ao horário ou duração das sessões terapêuticas. Pode, ainda, questionar a competência, formação e *expertise* do psicoterapeuta.
> ***Autodisciplina/autocontrole insuficiente:*** ausências, atrasos e não comprometimento com a psicoterapia podem ser comportamentos comuns nos pacientes com esse esquema, assim como a dificuldade de cumprir as regras estabelecidas no contrato terapêutico.

(Continua)

(Continuação)

> **Subjugação:** a atitude submissa do paciente pode levá-lo a concordar com tudo o que o terapeuta diz, mesmo que não faça sentido para ele. Para agradar o psicoterapeuta, pode desconsiderar seus objetivos na terapia, se subjugando ao direcionamento que lhe for dado.
> **Autossacrifício:** o foco do paciente será direcionado para o terapeuta, fazendo com que tenha dificuldade em demonstrar desconforto ou desagrado durante as sessões.
> **Busca de aprovação:** buscando aprovação e reconhecimento, o paciente pode enfatizar suas realizações e omitir dificuldades, problemas e fracassos. Ele buscará formas de impressionar o terapeuta, como vestir-se de maneira especial ou concentrar sua fala em suas vitórias ou ganhos materiais.
> **Negativismo/pessimismo:** o paciente verá o processo de forma negativa, desacreditando da eficácia do tratamento. Seu foco estará nos momentos de crise e os ganhos com a psicoterapia poderão ser minimizados ou até nem percebidos. Esses comportamentos podem suscitar a desesperança do terapeuta em relação ao caso.
> **Caráter punitivo:** o paciente pode se mostrar agressivo, intolerante e impaciente e, ao sentir-se frustrado, usar atrasos, faltas e inadimplência como maneira de punir o terapeuta.
> **Inibição emocional:** o esforço em manter o controle sobre suas emoções pode criar dificuldade para o paciente acessar seus conteúdos emocionais. A intelectualização e racionalização estarão presentes, impedindo a espontaneidade e a expressão livre de emoções, tais como tristeza, raiva e alegria.
> **Padrões inflexíveis:** o alto padrão de exigência pode levar o paciente a tentar impor suas ideias ao terapeuta, controlar o processo terapêutico e manter uma atitude crítica em relação ao terapeuta.

Fonte: Adaptado de Leão e Maia (2017).

Questionário de Esquemas de Young (YSQ) e Inventário Parental de Young (YPI)

Os instrumentos desenvolvidos especificamente para avaliação de esquemas são o Questionário de Esquemas de Young (Young Schema Questionnaire – YSQ, Young et al., 2003) e o Inventário Parental de Young (Young Parenting Inventory – YPI, Young et al., 2003). O primeiro, encontrado nas versões longa ou curta, permite a identificação dos EIDs. O segundo é complementar ao YSQ e traz informações a respeito da origem dos esquemas na infância e na adolescência em relação às experiências materna, paterna e com outras figuras significativas, podendo ser adaptado para avaliar experiências com avós, padrasto e madrasta, irmãos, tios, entre outros (Paim & Copetti, 2016).

O YSQ conta com perguntas relativas aos 18 EIDs, e o YPI aponta experiências com as figuras parentais que podem dar origem aos esquemas. Todos os inventários são de autorrelato e respondidos a partir de uma escala Likert de 6 pontos, que mensura o quanto o paciente se identifica com cada questão.

Os questionários e inventários fazem parte do trabalho multifacetado de avaliação e podem confirmar hipóteses levantadas pelo terapeuta a partir de outras fontes de informação, como a história de vida, autobiografia do relacionamento, genograma e relação terapêutica, entre outras. Responder ao YSQ e ao YPI pode ativar esquemas e, portanto, trazer respostas incoerentes ou contraditórias, o que indica que as defesas evitativas ou hipercompensatórias do paciente foram desencadeadas. Nesse caso, uma investigação minuciosa precisa ser feita pelo terapeuta e pelo paciente para que, juntos, possam determinar o que é relevante e faz sentido (Young et al., 2003).

A avaliação dos esquemas não pode ser feita de maneira simplista e isolada e deve levar em consideração todas as informações reunidas pelo escopo avaliativo utilizado, as impressões e sensações do terapeuta e do paciente. Alguns pacientes têm dificuldade em responder aos inventários ou mesmo se recusam a fazê-lo. A maneira como reagem nos traz informações a respeito dos seus EIDs e estilos de enfrentamento – por exemplo, um paciente com esquema de dependência pode demandar ajuda para respondê-los, assim como um paciente com esquema de fracasso pode se recusar a respondê-los (Farrell, Reiss, & Shaw, 2014; Rafaeli, Bernstein, & Young, 2011; Young et al., 2003).

Como as respostas podem estar direcionadas pela ativação esquemática dos pacientes, a análise precisa partir de como o paciente se sentiu ao respondê-los, se houve atraso na devolução dos questionários ao terapeuta, se os escores são todos muito baixos (indicando a inexistência de esquemas), se existem incongruências entre as respostas de um e de outro – por exemplo, escores muito baixos para o esquema de abandono no Questionário de Esquemas e a constatação de experiências de abandono vivenciadas na infância com uma das figuras parentais. Os inventários desenvolvidos por Young são mensurados a partir de um "critério informal", focando nas respostas com escores 5 e 6 (Sheffield & Waller, 2012). Em alguns casos, responder aos inventários é extremamente ameaçador para os pacientes, e, então, o indicado é abrir mão desse instrumento e lançar mão de outras possibilidades avaliativas, como o trabalho de imagem e o baralho de psicoeducação em esquemas, entre outros.

Na terapia de casais, os inventários serão trabalhados em sessões individuais, e a possibilidade de compartilhar as informações levantadas a partir deles com o parceiro será discutida e trabalhada nessa ocasião. Compartilhar experiências de vida dolorosas e/ou abusivas com os parceiros pode ser muito penoso e constrangedor, mas, ao mesmo tempo, esse é o caminho para que o outro possa compreender afetivamente o funcionamento esquemático do(a) companheiro(a), sendo condição *sine qua non* para alcançar as mudanças esperadas de maneira efetiva, compassiva, amorosa e duradoura (Paim & Copetti, 2016).

Identificando esquemas com trabalho de imagem

Os exercícios experienciais em TE são parte vital do processo, e os trabalhos de imagem são utilizados tanto para intervenções como para avaliação e identificação dos EIDs. Ao focar na rememoração de uma cena da infância, o paciente se transporta para aquele momento e é ativado pelas emoções advindas daquela situação, mobilizando – além da memória semântica do episódio – a memória emocional. Dessa maneira, o paciente percebe que, por trás dos seus esquemas, existiram eventos e incidentes em sua infância que deram origem aos seus EIDs, podendo relacionar, nessas situações, emoções e comportamentos que são atualizados em seu relacionamento. O passado não é passado em TE, os exercícios de imagem levam o paciente de volta a eventos que permitem que compreenda a real origem dos esquemas que são ativados em suas situações atuais de vida (Roediger et al., 2018).

Os trabalhos de imagem devem ser feitos, preferencialmente, de olhos fechados, porque, assim, o paciente pode se desconectar do ambiente e se aprofundar no exercício. Se o paciente não se sentir confortável para fechar os olhos, ele pode permanecer de olhos abertos, com olhar fixado em um ponto qualquer. Instruímos o paciente a imaginar um local seguro, onde iniciará e terminará o exercício – isso é feito para assegurar que ele experiencie o trabalho de maneira não ameaçadora e para oferecer um refúgio no caso de uma lembrança muito desorganizadora.

Incentivamos o paciente a vivenciar e imergir na experiência durante todo o trabalho, e não somente a relatar o que está imaginando ou lembrando. Para tanto, solicitamos que relate o que está acontecendo internamente no verbo presente, descrevendo o local onde está se vendo, as emoções, como está vestido, quantos anos tem, quem está com ele, o que essa pessoa está sentindo, enfim, todos os detalhes do que está vivendo durante o trabalho. Depois que experiencia o seu lugar seguro, pedimos ao paciente que busque uma imagem de um momento em sua infância em que viveu uma situação negativa com suas figuras parentais ou com alguma pessoa significativa.

Essa lembrança é relatada em voz alta e explorada no sentido de fazer com que o paciente perceba as emoções, as sensações, os pensamentos presentes, as necessidades emocionais não atendidas, como e com que pessoa significativa vive essa situação. Então, solicitamos que encerre essa imagem e busque uma situação atual em que o mesmo sentimento esteja presente.

Depois de explorar todos os detalhes da situação, pedimos ao paciente que apague a imagem e retorne ao seu lugar seguro – isso permite a desativação dos EIDs (Farrell et al., 2014; Roediger et al., 2018; Young, 2003). O exercício de imagem tem algumas variações e também pode ser feito a partir da imagem de uma situação desagradável do presente para, em seguida, conectá-la a uma situação da infância em que o mesmo sentimento tenha sido experimentado.

Ao término, o exercício deve ser discutido com o objetivo de levantar qual ou quais esquemas tiveram origem a partir dessas experiências infantis. Nesse momento, as cartas do baralho de psicoeducação em esquemas (discutido mais adiante) podem contribuir para a elucidação do paciente a respeito de qual ou quais esquemas foram percebidos durante a vivência imagística e quais necessidades emocionais não foram atendidas nessa ocasião, dando origem ao esquema. O trabalho de imagem deve ser explorado pelo paciente e pelo terapeuta na busca da identificação das emoções e dos esquemas desenvolvidos a partir da situação da infância e da identificação de como são ativados no relacionamento do casal.

O trabalho de imagem pode ser feito em sessões individuais ou com a presença do parceiro, desde que haja consentimento para tal. Em nossa experiência, fica claro o quanto esse compartilhamento leva o parceiro observador a empatia profunda, gerando uma intimidade acolhedora e compreensiva da dor, de sua origem (dos esquemas) e dos comportamentos defensivos (MEs) originados dessas experiências dolorosas da infância e adolescência do(a) companheiro(a).

Identificando as necessidades emocionais não atendidas

O objetivo central da TE é ajudar os pacientes a buscar maneiras adaptativas de nutrir suas necessidades emocionais. A reparentalização das necessidades que não foram nutridas na infância e deram origem aos EIDs é o coração do processo terapêutico (Young, 2018). Na terapia de casais, a avaliação, a psicoeducação e a modelagem dos parceiros para que possam buscar e nutrir as necessidades emocionais entre si é tarefa primordial do terapeuta.

O exercício de imagem também pode ser utilizado para avaliar as necessidades emocionais. Com o uso do trabalho de imagem, é evocada a memória de uma situação desagradável da infância, ativando o modo criança vulnerável do paciente. A partir de então, o foco será a necessidade que não foi atendida naquela situação, perguntando qual a emoção presente e, principalmente, o que ele precisa nesse momento. A resposta estará relacionada com uma ou mais necessidades básicas: segurança, estabilidade, aceitação, autonomia, afeto, competência, expressão das emoções, espontaneidade, lazer e limites realistas.

Além das necessidades emocionais não nutridas na infância, outras se somam na vida adulta, conectadas especificamente ao relacionamento amoroso. Perris e Atkinson (2017) desenvolveram o mapa das necessidades, que avalia 18 necessidades presentes na vida relacional: empatia, amor, aceitação, conexão, atração sexual, lealdade, respeito, espontaneidade, brincadeira (humor), estabilidade, estrutura, engajamento, responsabilidade, perdão, cuidado, valores, liberdade pessoal (autonomia) e disponibilidade.

O instrumento avalia, a partir de uma escala de 0 a 10, o grau em que a necessidade é atendida pelo parceiro, assim como a importância de que a necessidade seja atendida. A identificação das necessidades emocionais de cada parceiro e o grau em que, para cada um, determinada necessidade é mais ou menos importante dão o direcionamento assertivo para a reparentalização dos parceiros entre si e para a reparentalização dos parceiros pelo terapeuta.

Identificando esquemas com o baralho de esquemas

O baralho de psicoeducação em esquemas é uma ferramenta que tem como função avaliar e psicoeducar os pacientes. Ele é composto por 23 cartas – cinco cartas descrevem os domínios e as características da dinâmica familiar que dá origem aos esquemas, e 18 cartas descrevem os esquemas e as crenças mais comuns que os acompanham. Por ser uma ferramenta projetiva e não inquisitiva como os inventários, o baralho não é percebido como ameaçador e, assim, é facilmente utilizado pelos pacientes evitativos e hipercompensadores, sendo indicado como um instrumento importante para aqueles que resistem a responder aos inventários (Leão & Maia, 2017).

A partir das hipóteses levantadas, as cartas do baralho de esquemas podem ser apresentadas aos pacientes de três maneiras: na *primeira,* para os pacientes com maior grau de resistência, apresentamos o verso das cartas que listam os pensamentos (crenças) mais frequentes relativos a cada esquema e perguntamos se são familiares. Caso positivo, damos continuidade e pedimos que o paciente leia o outro lado da carta, que contém toda a psicoeducação a respeito do esquema.

A *segunda* possibilidade é começar no sentido inverso, apresentando o conteúdo do esquema, discutindo com o paciente se ele faz sentido na sua história de vida. Já a *terceira* possibilidade é iniciarmos pelas cartas que descrevem os domínios e a dinâmica familiar que dão origem aos esquemas – as cartas oportunizam a compreensão racional e emocional dos esquemas de cada parceiro e o entendimento de como o esquema de um pode ativar o do outro. Fotografar as cartas com *smartphones* e transformá-las em *flashcards* pode funcionar como ferramenta de automonitoramento dos esquemas de cada um, oportunizando ao casal a identificação das situações no cotidiano em que os esquemas de cada um é ativado.

Identificando esquemas do casal

Uma grande colaboração para avaliação de esquemas para terapia de casais foi dada por Lev e McKay (2017). Com base no YSQ, os autores desenvolveram o Questionário de Esquemas de Casal, um instrumento que avalia os EIDs de cada parceiro a partir de aspectos diretamente relacionados a questões conjugais. O questionário se baseia em 10 esquemas – aqueles que, no entendimento dos autores, são mais significativos e presentes nos relacionamentos amorosos:

a. *Abandono/instabilidade*: a crença de que o parceiro é inalcançável e de que irá abandoná-lo(a).
b. *Desconfiança/abuso*: expectativa de que o parceiro vai ferir, abusar ou negligenciá-lo(a).
c. *Privação emocional*: expectativa de que as necessidades emocionais de atenção, empatia e proteção não serão atendidas pelo parceiro.
d. *Defectividade/vergonha*: a crença de ser defectivo, inferior ou não merecedor do amor do parceiro.
e. *Isolamento social/alienação*: a crença de não pertencimento e de não se encaixar, a sensação de estar só dentro da relação, de não ser percebido e compreendido pelo parceiro.
f. *Dependência*: a crença de que não sobreviverá emocionalmente sem o parceiro, que não poderá cuidar de si mesmo fora do relacionamento.
g. *Fracasso*: a crença de que fracassará no relacionamento, assim como em outros aspectos importantes da vida.
h. *Arrogo/grandiosidade*: a crença de que o parceiro tem o dever de prover suas necessidades e que você tem o direito de esperar dele constante e incondicional apoio.
i. *Autossacrifício/subjugação*: a crença de que se deve colocar as necessidades do parceiro acima das próprias, pois ele precisa mais, ou por medo de rejeição.
j. *Padrões inflexíveis*: a crença de que ambos devem alcançar alto desempenho na vida e no relacionamento e que, se isso não acontecer, um ou outro estará cometendo um erro e merece ser criticado/punido.

O Questionário de Esquemas de Casal é respondido com o uso de uma escala Likert de 4 pontos, que mensura o quanto o paciente identifica a ativação de cada um desses esquemas na dinâmica relacional do casal. A interpretação é feita a partir de uma escala que identifica o esquema como "não aplicável", "levemente aplicável", "moderadamente aplicável" ou "altamente aplicável" ao relacionamento. Da mesma maneira que os demais inventários, segundo os autores, o Questionário de Esquemas de Casal deve ser aplicado individualmente, explorado e, posteriormente, compartilhado entre os parceiros, sempre a partir do consentimento dos envolvidos.

ESTILOS DE ENFRENTAMENTO E MODOS ESQUEMÁTICOS

A dificuldade de trabalhar com pacientes que apresentam uma quantidade elevada de esquemas, como é o caso daqueles com transtorno da personalidade *borderline* – que, durante uma sessão terapêutica, se alternam entre esquemas ativados, estilos de enfrentamento e MEs –, resultou no desenvolvimento do modelo de MEs.

Denomina-se modo a maneira como os esquemas se apresentam, ou seja, o comportamento defensivo, sua expressão vivível, orientados pelo estado emocional dominante, pelos esquemas ativados e pelos estilos de enfrentamento em um determinado momento. A parte do *self* ou da identidade do indivíduo que é ativada no "aqui e agora" direciona sua antecipação, percepção e resposta (comportamento, cognições, emoções e sensações) ao mundo a sua volta (Rafaeli et al., 2011; Roediger et al., 2018; Stevens & Roediger, 2017; Young, 2003; ver Cap. 4).

O trabalho com modos em TE para casais, assim como nas terapias individuais, é corrente e tornou-se o centro da atenção, já que compila a ativação de um ou mais esquemas e os estilos de enfrentamento em uma só unidade, traduzindo o estado do indivíduo e suas defesas psicológicas. O modo nos aponta qual ou quais esquemas estão ativados e as necessidades emocionais que não foram atendidas, como o indivíduo reage a essa dor e os comportamentos desadaptativos desenvolvidos com o objetivo de evitá-la (Simeone-DiFrancesco et al., 2015).

No processo psicoterapêutico com casais, os modos são identificados para que seja possível, posteriormente, avaliar o ciclo esquemático do casal, ou seja, quais esquemas são ativados a partir de determinados gatilhos e em que modos se apresentam. Os ciclos esquemáticos retroalimentam os esquemas, tornando-os mais fortalecidos e, assim, mantendo os consequentes conflitos no relacionamento. Assim como os esquemas, os estilos de enfrentamento e os modos podem ser avaliados por meio da relação terapêutica e de alguns instrumentos listados a seguir.

Inventários de hipercompensação, de evitação e de modos esquemáticos

Os instrumentos desenvolvidos por Young e colaboradores para avaliar os estilos de enfrentamento e os MEs são: a) Inventário de Hipercompensação (Young Compensation Inventory, YCI, Young, 1999), Inventário de Evitação (Avoidance Inventory, YRAI, Young & Rygh, 1994) e Inventário de Modos (Schema Mode Inventory, SMI, Young & Atkinson, 2007).

Os inventários de estilo de enfrentamento evitativo e hipercompensador e o de modos, assim como os inventários de avaliação dos esquemas, têm limitações. Por essa razão, a avaliação com o uso dos inventários de estilos de enfrentamento e de modos necessita ser complementada com outras fontes de informação, como a avaliação pela história de vida, relação terapêutica, genograma e outros (Sheffield & Waller, 2015).

Assim como o YSQ e o YPI, os inventários de modos, de hipercompensação e de evitação são respondidos a partir de uma escala Likert de 6 pontos, que mensura o quanto o paciente se identifica com cada questão, considerando-se uma alta ativação quando há pontuação nos escores 5 e 6. Pacientes muito evitativos podem ter dificuldade ou mesmo se recusar a responder aos inventários. Nesses casos, a exemplo do que acontece com os inventários de esquemas e parental, outros meios de avaliação devem ser utilizados.

Baralho de modos esquemáticos

O baralho de MEs, desenvolvido por Leão (2018), apresenta 27 principais modos de esquemas utilizados no trabalho psicoterápico em TE e está baseado no modelo de Graaf (2016). As cartas, com gravuras que representam visualmente os estilos de funcionamento e MEs, oferecem um método simples, de fácil acesso e compreensão para situações e comportamentos problemáticos e conflitantes.

O baralho de MEs é um instrumento psicoterapêutico que tem como objetivo contribuir para que o paciente possa identificar e conhecer os aspectos comportamentais, emocionais e cognitivos de seus MEs, assim como para auxiliar na psicoeducação de modos em TE. O conjunto de 54 cartas com figuras masculinas e femininas do baralho de MEs constitui um recurso terapêutico rico, que oportuniza trabalhar os padrões disfuncionais característicos que retroalimentam os esquemas desadaptativos e os conflitos relacionais. A exemplo do baralho de esquemas, por ser um instrumento projetivo e não inquisitório, não incita resistência no paciente, sendo também indicado nos casos de pacientes que se recusam a responder aos inventários (Leão, 2018). Alguns exemplos de perguntas que podem contribuir para explorar os diversos aspectos dos MEs:

1. Que emoções estão presentes quando o modo que você vê nesta carta está presente?
2. Em que situações este modo era ativado quando você era criança ou adolescente?
3. Há quanto tempo este modo existe?
4. Que voz está falando dentro de você agora?
5. Perceba o efeito dessa voz em você. Ela faz você se sentir melhor ou agir de maneira melhor?
6. Quais as características desse modo?
7. O que esse modo criança vulnerável precisa agora?
8. O que esse modo gostaria de fazer agora, se fosse possível?
9. Qual o propósito desse modo?
10. Esse modo toma cuidado de quê?
11. O que aconteceria se esse modo não estivesse presente?
12. Qual a pior coisa que poderia acontecer se esse modo não existisse?
13. Quais sintomas e sensações você sente quando está funcionando nesse modo?
14. O que você sente no seu corpo, peito, abdome?
15. Que consequências negativas esse modo traz para sua vida?

16. Quais as situações de sua vida atual ativam o modo?
17. O que aconteceria na sua vida se você funcionasse mais constantemente no modo adulto saudável?
18. O que o seu modo adulto saudável pode dizer para esse modo?
19. O que seria mais diferente nos seus relacionamentos se seu modo adulto saudável estivesse mais presente?

O objetivo do trabalho com modos é levar o paciente a compreender a função que cada um de seus modos teve durante sua infância e adolescência no que se refere à nutrição de suas necessidades básicas, avaliação de sua eficiência para alcançar os mesmos resultados na atualidade e, no caso da TE para casais, compreensão da dinâmica do casal e em que medida os modos interagem negativamente e são retroalimentados na relação conjugal.

IDENTIFICANDO CICLOS ESQUEMÁTICOS

As escolhas amorosas acontecem a partir da química esquemática, desencadeada por emoções e situações familiares vividas na infância e na adolescência – o senso de familiaridade que isso evoca nos indivíduos os leva a selecionar seus parceiros. O ciclo esquemático diz respeito a interações esquemáticas que se estabelecem como um padrão autodestrutivo a partir do choque entre os esquemas apresentados pelos parceiros, formando ciclos esquemáticos repetitivos e destrutivos e favorecendo a manutenção dos esquemas (ver Cap. 3). Por exemplo:

> P 1: Gatilho – Lara, mais uma vez, faz uma reclamação a Pedro em tom agressivo.
>
> P 2: Pedro tem seu esquema de abuso ativado pelo tom agressivo da esposa e, no modo hipercompensador ataque, a agride verbalmente.
>
> P 1: Lara se sente humilhada e, tentando compensar seu esquema, ataca Pedro, aumentando o tom de voz e o desqualificando.
>
> P 2: Pedro, com seu esquema de abuso mais ativado, retira-se da sala, buscando se defender do abuso no modo protetor desligado.
>
> P 1: Lara tem seu esquema de privação emocional ativado e permanece na hipercompensação, gritando com Pedro e o afastando ainda mais.
>
> P 2: A escalada continua e faz com que Pedro decida dormir no quarto de hóspedes.
>
> P 1: Lara, se sentindo abandonada, entra no seu modo criança vulnerável e sente medo de que haja um rompimento definitivo na relação.

As raízes da discórdia interpessoal são os esquemas e as estratégias de enfrentamento da dor que evocam os ciclos esquemáticos – as dores emocionais, ativadas a partir de ameaças, conflitos e gatilhos estressores, dão início a um círculo vicioso disfuncional. A avaliação do ciclo esquemático do casal torna clara a dinâmica de funcionamento desadaptativo, identificando os gatilhos (temas e situações), EIDs (crenças, emoções, pensamentos, sentimentos, sensações, memórias inconscientes, memórias conscientes) e modos (respostas de enfrentamento), a partir dos quais os parceiros buscam, disfuncionalmente, suprir suas necessidades emocionais. A avaliação do ciclo esquemático do casal é fator preponderante para definir estratégias que ajudem o casal a ser mais compassivo e empático com a dor causada pela ativação dos esquemas do parceiro, encontrando modos adaptativos de suprir suas necessidades emocionais no relacionamento amoroso (Paim, 2016).

PATH EM TERAPIA DO ESQUEMA – A CONCEITUAÇÃO DE CASO E O REGISTRO DA JORNADA

O Path é um protocolo desenvolvido por Leão e tem como proposta, conforme os preceitos da TE, transformar a avaliação, a conceituação e todas as questões relacionadas ao tratamento em um trabalho também experiencial e colaborativo. A ideia é proporcionar ao casal a participação ativa e a possibilidade de visualização de todo o processo terapêutico – da origem esquemática dos conflitos a suas estratégias de enfrentamento e ciclo esquemáticos – para o estabelecimento de estratégias adaptativas, objetivos e possibilidades que possam conferir ao casal um relacionamento satisfatório.

O Path é um mapa completo do processo psicoterápico – a conceituação de caso e o registro de toda a jornada percorrida. Toda a construção do processo terapêutico é registrada pelo casal e, ao final da terapia, ele leva consigo o Path como instrumento de orientação e registro de suas descobertas, seu trabalho e seu investimento no relacionamento.

Convergindo todas as informações que o processo psicoterápico em TE oportuniza ao casal, organizando-o de maneira estruturada e ordenada, esse instrumento o orienta em direção a um futuro mais positivo e possível a partir do aprendizado e das mudanças advindas do processo psicoterapêutico.

O Path é um pôster, com estrutura ordenada, que apresenta a sequência do processo terapêutico; um grande mapa que aponta a origem, a trajetória, as possibilidades, os possíveis incidentes da jornada, os desvios seguros, a meta terapêutica – e aponta para além disso, sinalizando a possibilidade de uma relação satisfatória e duradoura. O Path foi desenvolvido a partir da necessidade de trabalhar com pacientes que não tinham disponibilidade para sessões semanais, em função de não morarem na mesma cidade do terapeuta. Essa ferramenta permitiu a manutenção da continuidade do processo em situações de intervalos longos entre as sessões.

As sessões passaram a ser mais espaçadas e mais longas, de maneira a permitir, além da avaliação e exercícios experienciais, o registro no Path. Esse instrumento gráfico, experiencial e catalisador das informações e aprendizados, reúne e organiza toda a experiência do processo psicoterápico. Como resultados apontados por casais que utilizaram o Path, estão:

1. visualização e experiência da construção ativa desse instrumento. Mais do que a simples psicoeducação oral, o Path aprofunda o entendimento e a capacidade de reflexão porque "concretiza" as informações, levando os parceiros a visualizar o processo e as informações trazidas da psicoterapia;
2. intensificação da colaboração entre os parceiros no processo terapêutico – o instrumento é nomeado como "nosso" Path, uma trajetória construída pelo casal;
3. o registro do processo psicoterápico passo a passo pelo casal, com acesso fácil a todas as questões e também a possibilidade de registro de novas informações, trazendo para os parceiros a dimensão dos esforços e avanços alcançados;
4. visualização da origem dos esquemas dos parceiros nos seus genogramas registrados no Path, o que os faz compreender que as questões esquemáticas são anteriores ao relacionamento – essa consciência permite empatia e maior possibilidade de que o casal se alie para resolver os problemas; e
5. uma visão global de todo o processo psicoterapêutico pelos parceiros e, ao final da psicoterapia, a entrega do Path ao casal, permitindo que o revisem em momentos posteriores, funcionando como uma "memória auxiliar".

Como Kaleff (2008) assegura, o material concreto permite ao indivíduo ter uma imagem visual do objeto apreendido, e não somente sua imagem mental. Para Souza e Martins (2000), a visão e a audição são os dois sentidos que mais colaboram para a aprendizagem e para a integração da experiência. Por essa razão, o Path deve ter dois elementos-chave: uma grande dimensão e cores fortes – as imagens e cores ativam partes do cérebro que não são utilizadas com regularidade, colaborando para pensar de forma diferente e mais criativa (Falvey, Forest, Pearpoint, & Rosemberg, 2011). Já a dimensão é uma metáfora da importância do relacionamento e do trabalho que está sendo realizado.

O diagrama do Path determina as etapas do seu preenchimento de acordo com o processo de avaliação, registrando os elementos individuais e conjugais que se tornam claros, como: o objetivo do casal na psicoterapia, as informações levantadas pelo genograma, os esquemas, MEs, gatilhos e ciclos esquemáticos, necessidades emocionais não atendidas, reparentalização mútua e o adulto saudável de cada parceiro. O diagrama básico do Path é apresentado na Figura 5.1.

O Path é uma ferramenta que tem um forte impacto visual e emocional. O casal o recebe como um presente personalizado e inesperado. Ele é reparentalizador, a partir do sentimento dos parceiros de serem únicos e importantes para o terapeuta. Segundo Young (2018), para o paciente é importante saber que o terapeuta pensa, cuida e se importa com ele também fora das sessões terapêuticas. O Path oferece essa experiência, favorecendo a conexão, aprofundando o vínculo terapêutico e nutrindo as necessidades emocionais de cuidado e afeto para ambos os parceiros e entre eles.

O Path é introduzido após a reunião de algumas informações iniciais, advindas da queixa, da autobiografia do relacionamento, do estabelecimento do objetivo da terapia e da construção do genograma de cada parceiro. A partir de então, os elementos levantados vão sendo registrados progressivamente, na sequência do processo avaliativo. O pôster deve ter 1 metro por 2,5 metros, com o desenho inicial estruturado, conforme mostra a Figura 5.1. Essa dimensão e esse formato mantêm a atenção, mostram a sequência da avaliação, organizam mentalmente as informações, registrando o trabalho e funcionando como "memória auxiliar" das informações levantadas.

A estrutura do diagrama deve ser desenhada com marcador preto, assim como o título de cada campo. O pôster deve ter os nomes dos parceiros, escritos em cores fortes, podendo-se utilizar desenhos, fotos, adesivos e imagens coloridas. O objetivo

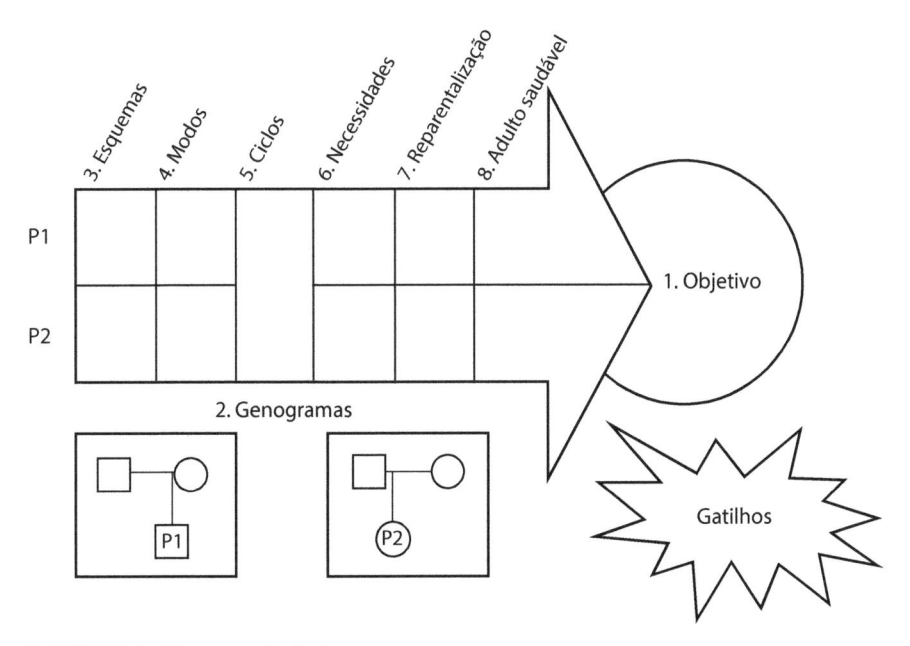

FIGURA 5.1 Diagrama do Path.
Fonte: Leão (2018).

da terapia, previamente discutido e elencado pelo casal, deve estar escrito no centro do campo 1, no círculo do diagrama. Os demais campos serão preenchidos pelos parceiros, ao longo da terapia, com cores fortes e brilhantes.

Todo o pôster poderá ser utilizado pelo casal para registrar o que determinarem como importante, sem ficar limitados somente aos campos previamente desenhados. O casal pode criar campos e incorporar outros elementos, como valores, projetos e sonhos, registrando-os no círculo à volta do objetivo estabelecido na psicoterapia.

O Path é o registro da jornada do casal na psicoterapia, e tudo o que for importante para os parceiros deverá ser escrito ou desenhado nele. Seu preenchimento vai sendo incorporado às sessões terapêuticas, de acordo com o ritmo, a criatividade e a necessidade do casal, e segue os passos a seguir:

1. Na sessão em que o Path for introduzido, o terapeuta deverá psicoeducar o casal sobre o objetivo do instrumento, apresentando-o como uma ferramenta colaborativa, que tem o objetivo de propiciar ao casal o registro das descobertas e informações trazidas pelo trabalho em TE, construindo um mapa que apontará a origem das questões esquemáticas do casal, a interação negativa dos esquemas, os estilos e modos de enfrentamento, os gatilhos dos conflitos, os ciclos esquemáticos, as necessidades não atendidas, a reparentalização mútua dessas necessidades e o modo adulto saudável de cada parceiro – apresentado e fortalecido pelo processo terapêutico. A proposta é que os parceiros, à medida que conhecem esses elementos, o incorporem ao Path e a suas vidas. O Path reúne o casal e o terapeuta em um trabalho ativo e colaborativo em torno da resolução dos problemas trazidos para a terapia e, ao final, será uma fotografia do processo, do aprendizado, das descobertas e do caminho percorrido pelo casal.

2. Na sessão de introdução do Path, o casal registra no campo 2 do pôster as informações mais relevantes levantadas no genograma de cada um: padrões das dinâmicas familiares de origem, temas disfuncionais, rompimentos e emaranhamentos vinculares, etc. Isso demonstra e registra que os parceiros trazem de suas histórias questões transgeracionais que interferem na relação do casal e que o relacionamento não é a origem e causa desses problemas.

3. Após a avaliação dos esquemas de cada parceiro e o conhecimento mútuo desses esquemas, deve-se registrar no Path aqueles mais relevantes nos conflitos relacionais. A cada etapa, o processo transcorre com as intervenções necessárias, trabalhos experienciais a respeito da origem dos esquemas. Os esquemas de cada parceiro (P1 e P2) são registrados no campo 3. Cada parceiro escreve o nome dos seus esquemas e pode fazer as anotações que achar relevantes.

4. No campo 4, são registrados os estilos de enfrentamento e MEs de cada parceiro.
5. No campo 5, será desenhado o ciclo – ou ciclos esquemáticos do casal.
6. A avaliação das necessidades emocionais de cada parceiro é transversal a todo o processo, surgindo da avaliação de esquemas, modos e ciclos esquemáticos e, à medida que forem ficando claras as necessidades emocionais de cada um, elas serão registradas no campo 6. Também os gatilhos esquemáticos surgem durante todo o processo e são registrados em campo específico. O campo dos gatilhos está fora do diagrama do Path, indicando que não são eles o núcleo dos problemas relacionais, uma vez que somente acionam as questões esquemáticas.
7. Paralelamente ao registro das necessidades emocionais, deve ser registrado pelos parceiros, no campo 7, como cada um deseja e precisa que essas necessidades sejam atendidas.
8. O campo 8 é reservado para o adulto saudável de cada um, que deve ser descrito, e seus avanços e fortalecimento no processo terapêutico também devem ficar registrados.
9. Durante todo o processo de registro no Path, as emoções, os sentimentos e as sensações dos parceiros devem ser avaliados e explorados pelo terapeuta, oportunizando intervenções experienciais em torno do que está sendo trabalhado.

O Path é, ao mesmo tempo, o registro dos elementos esquemáticos envolvidos na dinâmica disfuncional do casal e a conceituação de caso construída em um trabalho colaborativo entre os parceiros e o terapeuta. É uma ferramenta que, incorporada à TE para casais, acrescenta mais um instrumento de aprofundamento terapêutico, aumentando os comportamentos positivos dos parceiros e, por fim, registrando todo o processo terapêutico vivenciado pelo casal que será entregue ao final da terapia. A metodologia tem trazido inúmeros benefícios:

- A reunião do casal e do terapeuta para construção do Path forma um time em busca da solução do problema, colaborando para que os parceiros deixem de acusar um ao outro e se voltem, juntos, para a busca do objetivo em comum.
- O Path "concretiza" a experiência vivenciada na psicoterapia, oportunizando ao casal a visualização e a internalização das suas descobertas, dando a sensação de que algo de "concreto" está sendo construído.
- Permite ao casal a visualização dos avanços do processo psicoterápico.
- As sessões mais espaçadas e longas possibilitam trabalhar os temas de maneira mais aprofundada, permitindo que todo o ciclo de avaliação, intervenção e reparentalização possa acontecer de maneira a fechar o ciclo completo da sessão no tempo adequado.

- O registro do Path traz a oportunidade de momentos lúdicos, quando um parceiro desenha ou escreve frases para o outro, trazendo leveza para as sessões e criando momentos de "lazer" – uma das necessidades básicas. O Path também modela o casal.
- O Path passa a ser um mapa norteador quando, depois de encerrado o processo terapêutico, novas questões problemáticas surgem na vida relacional.

Antoine de Saint-Exupéry disse que "o amor não consiste em olhar um para o outro, mas em olhar juntos para a mesma direção". O Path ajuda a reconectar o casal e mantê-lo direcionado para a resolução do problema e para uma relação amorosa mais satisfatória a partir de uma perspectiva colaborativa e empática.

CONSIDERAÇÕES FINAIS

A avaliação da dinâmica relacional do casal é uma experiência rica e estimulante, que fortalece o vínculo terapêutico e traz a consciência de que um relacionamento satisfatório somente pode ser alcançado no vínculo emocional e na nutrição recíproca das necessidades emocionais dos parceiros. Esse processo deixa claro que os problemas na relação amorosa têm suas raízes nos modos desadaptativos de lidar com as situações conflitivas e na inter-relação esquemática do casal.

A TE oferece um escopo avaliativo, com instrumentos desenvolvidos especificamente para identificar EIDs e MEs, e ainda agrega outros, como a própria relação terapêutica, os trabalhos de imagem e o genograma. A TE oportuniza – mesmo nos casos refratários – a identificação da origem dos problemas relacionais do casal e, pormenorizadamente, a dinâmica esquemática que leva à manutenção dos esquemas e seus modos desadaptativos.

A avaliação é multifacetada, partindo de hipóteses que serão corroboradas ou não por um processo profundo e não simplista de identificação de esquemas, modos, necessidades não atendidas e ciclos esquemáticos. Esse trabalho requer do terapeuta uma postura empática, validadora, acolhedora e cuidadosa, e é a base que orientará e definirá a conceituação de caso – aqui apresentada como mais uma possibilidade de trabalho colaborativo e prático – o Path em TE para casais.

REFERÊNCIAS

Atkinson, T. (2012). Schema therapy for couples: Healing partners in a relationship. In M. Vreeswijk, J. Broersen, & M. Nadort (Eds.), *The Wiley-Blackwell Handbook of Schema Therapy* (pp. 323-339). Oxford: John Wiley & Son.

Falvey, M., Forest, M., Pearpoint, J. Rosenberg, R. (2011). *Toda a minha vida é um círculo*. Oliveira de Frades: Assol.

Farrell, J. M., Reiss, N., & Shaw, I. A. (2014). *The schema therapy Clinician´s guide: a complete resource for building and delivering individual, group and integrated schema mode treatment program*. Malben: Wiley-Blackwell.

Graaf, P. (2016). *Schematherapie mit kinders, jugendlichen und erwachsenen*. Basel: Beltz.

Jacob, G., van Genderen, H., & Seebauer, L. (2015). *Breaking negative thinking patterns: a schema therapy self-help and support book*. Malben: Wiley-Blackwell.

Kaleff. M. (2008). *A construção do saber: Manual da metodologia de pesquisa e aprendizado em ciências humanas*. Porto Alegre: Artmed.

Leão, J. (2018). *Baralho de modos esquemáticos*. Maceió: Jacqueline Nobre Farias.

Leão, J., & Maia, A. (2017). *Psicoeducação em esquemas*. Maceió: Jacqueline Nobre Farias.

Lev, A., & McKay, M. (2017). *Acceptance and commitment therapy for couples: a clinician´s guide to using mindfulness, values e schema awareness to rebuild relationships*. Oakland: Context.

Paim, K. (2016). A terapia do esquema para casais. In R. Wainer, K. Paim, R. Erdos, & R. Andriola. (Eds.), *Terapia cognitiva focada em esquemas: integração em psicoterapia* (pp. 205-220). Porto Alegre: Artmed.

Paim, K., & Copetti. M. E. K. (2016). Estratégias de avaliação e identificação dos esquemas iniciais desadaptativos. In R. Wainer, K. Paim, R. Erdos, & R. Andriola (Orgs.), *Terapia cognitiva focada em esquemas: integração em psicoterapia* (pp. 85-127). Porto Alegre: Artmed.

Perris, P., Atkinson, T. (2017). *Value road map*. In *Schema couples therapy*, 2017, Barcelona. Inventário apresentado 2017 ISST Summer School.

Rafaeli, E., Bernstein D. P., & Young J. (2011). *Schema therapy: the CBT distinctive features series*. New York: Routledge.

Roediger, E., Stevens, B, & Brockman, R. (2018). *Contextual schema therapy: an integrate approach to personality disorders, emotional dysregulation & interpersonal functioning*. Oakland: New Harbinger.

Sheffield, A., Waller, G. (2015). Clinical use of schema inventories. In M. Vreeswijk, J. Broersen, & M. Nardot (Orgs.), *Schema therapy: theory, research, and practice* (pp. 11-124). Malben: Willey Blackwell.

Simeone-DiFrancesco, C., Roediger, E., & Stevens, B. A. (2015). *Schema therapy with couples, a practitioner´s guide to healing relationships*. Malben: Willey Blackwell.

Stevens, B. A., & Roedger, E. (2017). *Breaking negative relationship patterns: a schema therapy self-help and support book*. Malben: Wiley-Blackwell.

Vreeswijk, M., Broesen, J., Spinhoven, P (2015). The impact of measuring: therapy results an therapeutic alliance. In M. Vreeswijk, J. Broesen, & P. Spinhoven (Orgs.), *Schema Therapy: theory, research and practice*. Malben: Willey Blackwell.

Young, J. (2018). *Reparenting: Extending the bounderies with hard-to-treat patients*. I Congress of Italian Society of Schema Therapy – Clinic Models and Applications. Material didático utilizado no evento.

Young, J. E. (1999). *Young compensatory inventory*. New York: Cognitive Therapy Centre.

Young, J. E., & Atkinson, T. (2007). *Young schema mode inventory*. New York: Cognitive Therapy Centre.

Young, J. E., & Rygh, J. (1994). *Young avoidance inventory*. New York: Cognitive Therapy Centre.

Young, J. E., Klosko, J. S., & Weishaar, M. E. (2003). *Schema therapy: A practitioner´s guide*. New York: Guilford.

Leituras recomendadas

Arntz, A, & Jacob, G. (2013). *Schema therapy in practice: Introductory guide to the schema mode approach*. Malben: Wiley-Blackwell.

Edwards, D., & Arnstz, A. (2014). Schema therapy in historical perspective. In M. F. van Vreeswijk, J. Broersen, & M. Nardot (Orgs.), *The Willey-Blackwell handbook of schema therapy, theory, research and practice* (pp. 3-28). Malben: Wiley-Blackwell.

Farrell, J. M., & Shaw, I. A. (2012). *Group schema therapy for borderline personality disorder: a step-by-step treatment manual with patient workbook*. Malden: Wiley-Blackwell.

Kellog, S. H., & Young, J. E. (2006). Schema therapy for borderline personality disorder. *Journal of Clinical Psychology, 62*(4), 445-458.

McKay, M., Lev, A., & Skeen, M. (2012). *ACT for interpersonal problems*. Oakland: Context.

Moisés, L. (2000). *Aplicações de Vygotsky à educação* (8. ed.). Campinas: Papirus.

Souza, R.G., & Araujo, A. M. (2000). A importância dos cinco sentidos na aprendizagem. *Revista Educação, 17*.

Wainer, R., & Rijo, D., (2016). O modelo teórico: Esquemas iniciais desadaptativos, estilos de enfrentamento e modos esquemáticos. In R. Wainer, K. Paim, R. Erdos, & R. Andriola (Orgs.), *Terapia cognitiva focada em esquemas: integração em psicoterapia* (pp. 47-63). Porto Alegre: Artmed.

Young, J. E., & Behary, W.T. (1998). Schema-focused therapy for borderline disorders. In N. Tarrier, A. Wells, & G. Haddock (Orgs.), *Treating complex cases: the cognitive behavioral approach* (pp. 340-376). New York: J. Wiley.

6

O trabalho com os modos esquemáticos com casais

Adriana Mussi Lenzi Maia

> *Que a força do medo que tenho não me impeça de ver o que anseio.*
> *Que a morte de tudo que acredito não me tape os ouvidos e a boca,*
> *pois metade de mim é o que eu grito e a outra metade é silêncio...*
> *Que o espelho reflita em meu rosto o doce sorriso que eu me lembro ter dado na infância.*
> *Porque metade de mim é a lembrança do que fui, a outra metade eu não sei...*
> *E que minha loucura seja perdoada. Porque metade de mim é amor e a outra metade...*
> *também.*
>
> Oswaldo Montenegro

A terapia do esquema (TE) para casais foi desenvolvida para atender à demanda dos parceiros com diferentes modelos de funcionamento interno, níveis de regulação emocional e de estabilidade nos relacionamentos. As dificuldades na relação conjugal, determinadas pela presença de vários esquemas ou padrões de vulnerabilidade, bem como pelas formas desadaptativas e inflexíveis de lidar com esses esquemas, evidenciam a necessidade de intervenções que possam atender aos casais com funcionamento de complexidade elevada.

Nesse sentido, o trabalho com modos esquemáticos (MEs), componente importante da TE, proporciona formas de compreender a dinâmica conjugal disfuncional e de intervir para sua interrupção, visando o desenvolvimento de relações mais adaptativas e satisfatórias. Para Behary e Young (2012), a TE auxilia os casais no reprocessamento de emoções centrais, procurando atender às necessidades emocionais primordiais dos parceiros de forma adaptativa, com estilos de respostas que promovam a cura esquemática, criando um senso de segurança e esperança que proteja o vínculo conjugal.

As necessidades emocionais centrais não atendidas resultam em frustração e são vistas como o fator principal na explicação da origem dos problemas pessoais e interpessoais. Os conflitos interpessoais, provenientes dos padrões desadaptativos de interação, evidenciam a mútua ativação dos MEs complementares, desencadeando ciclos repetitivos de desconexão emocional. Segundo Riso (2014), os MEs influenciam diretamente a satisfação conjugal.

Com base nessas questões, o presente capítulo procura apresentar aspectos relevantes acerca do trabalho com os MEs nas relações de casal. Nesse sentido, será enfatizada a consciência e a interrupção dos ciclos esquemáticos, que se tornam o foco das intervenções terapêuticas. Também serão detalhadas estratégias de manejo dos modos ativados que proporcionam experiências emocionais corretivas, com objetivo de guiar os casais em direção ao atendimento de suas necessidades pessoais e relacionais.

O TRABALHO COM MODOS ESQUEMÁTICOS

O modelo de MEs na terapia favorece a adaptação das técnicas ao modo presente ou predominante. Ou seja, ao estado emocional intenso associado à ativação esquemática e aos padrões de enfrentamento desadaptativos para lidar com essas emoções.

Os modos de enfrentamento são fundamentais no entendimento da dinâmica do relacionamento entre o casal e fornecem informações importantes para a conceituação da problemática conjugal, como podemos visualizar no mapa de modos (Fig. 6.1). O desafio aos parceiros consiste em tornarem-se conscientes dos seus e dos modos do outro, auxiliando a mudança de seus padrões nas relações disfuncionais (Simeone-DiFrancesco, Roediger, & Stevens, 2015).

Para a configuração das formulações iniciais, é necessário questionar cada parceiro sobre o que determinada situação desencadeia, constituindo um gatilho para a sua ativação esquemática, bem como suas percepções sobre as emoções e as formas como lida com elas. O gatilho pode ser qualquer coisa que ativa um modo e, quando identificado, facilita as respostas sobre as seguintes questões: consegue identificar um desencadeante comum para você? Em qual modo você tende a estar nessa situação e para qual modo você muda? Consegue escolher essa mudança ou ela ocorre automaticamente? Como seria uma sequência de ativação de modos que conduzisse você ao seu adulto saudável?

Alguns problemas na dinâmica conjugal estão relacionados a um modo em particular ou à ativação de um ciclo de modos. Assim, o terapeuta pode começar a preencher o mapa de modos pelos modos de enfrentamento desadaptativos e depois ir em direção à parte do meio, identificando as emoções básicas e as crenças subjacentes. Em seguida, pode diferenciar a origem de suas ativações para acessar as necessidades básicas de cada um, buscando alcançar o funcionamento integrativo entre seus modos criança feliz e adulto saudável.

```
┌─────────────────────────────────────────────────────────┐
│           Esquemas e memórias centrais:                 │
│           Desencadeantes:                               │
│                                                         │
│  Formas adaptativas (adulto saudável e criança feliz) de lidar com modos: │
│    Cooperação    Distanciamento    Autocuidado    Confronto │
│                                                         │
│  ┌──────────────┐                    ┌──────────────┐  │
│  │ Emoções      │     Tensão/        │ Crenças      │  │
│  │ básicas      │     estresse       │ disfuncionais│  │
│  │ (Modo criança)│                   │ (Modos pais) │  │
│  ├──────┬───────┤                    ├──────────────┤  │
│  │Criança│Criança│                   │  Direcionados│  │
│  │vulnerável│zangada│                │ao self ↔ ao outro│
│  │(Apego)│(Assertividade)│                              │
│  └──────┴───────┘                    └──────────────┘  │
│                                                         │
│              Modos de enfrentamento                     │
│              desadaptativos                             │
│  ┌─────────┬─────────┬─────────┬──────────────┐        │
│  │Capitulador│Protetor │Protetor │Hipercompensador│     │
│  │complacente│desligado│autoaliviador│          │       │
│  │         │         │         │              │         │
│  │Necessidades│Necessidades│Necessidades│Necessidades│  │
│  │não atendidas:│não atendidas:│não atendidas:│não atendidas:│
│  └─────────┴─────────┴─────────┴──────────────┘        │
└─────────────────────────────────────────────────────────┘
```

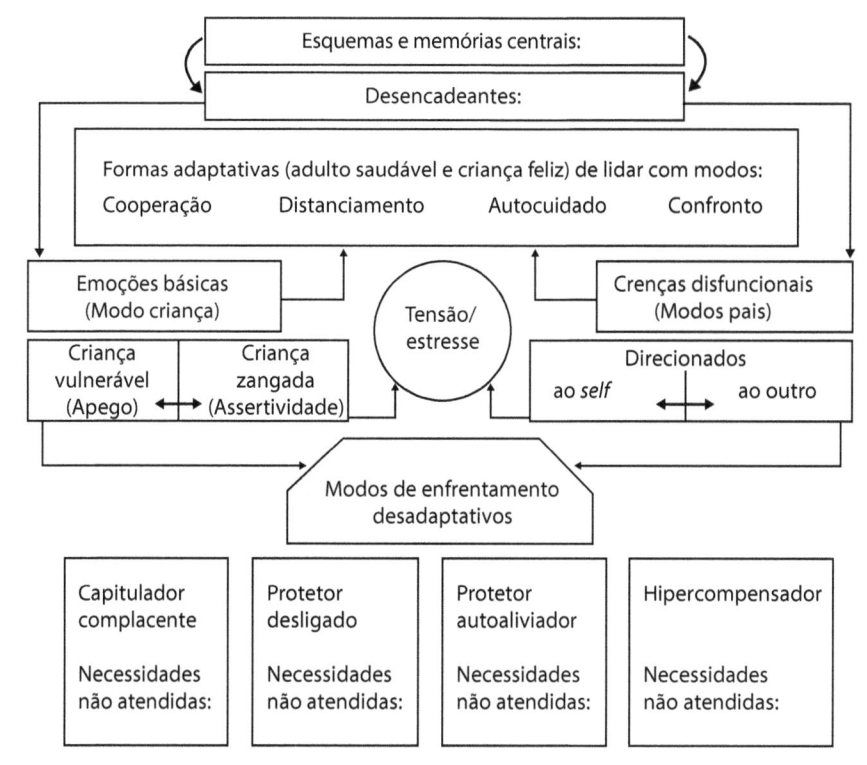

FIGURA 6.1 Mapa de modos dimensional.
Fonte: Roediger (2011).

Objetivando a reconexão afetiva dos parceiros, é possível sugerir a troca entre seus mapas de modos, para que cada um possa se colocar no lugar do outro e compartilhar a experiência. As informações biográficas de cada parceiro auxiliam decisivamente a avaliação dos modos, conectando suas emoções e problemas atuais com as memórias emocionais primárias, o que inclui as vozes internalizadas de figuras de apego importantes surgidas a partir das interações vivenciadas, bem como aos modelos parentais com problemas semelhantes.

Assim como nas interações entre o casal, comportamentos e MEs também podem estar presentes na relação com o terapeuta, fornecendo informações importantes para a identificação e a mudança dos embates entre os esquemas e os ciclos de modos derrotistas. Segundo Bernstein (2014), os tipos de impasse podem ser de natureza complementar congruente, se os dois parceiros estiverem no mesmo ME; ou de luta, se os modos de ambos os parceiros disputarem a supremacia. Os impasses também estão presentes na relação terapêutica (ver Cap. 8), na medida em que necessidades emocionais básicas não forem atendidas.

Necessidades de apego e segurança não satisfeitas resultam em ciclos de modos que seguem dinâmicas interacionais inflexíveis, limitando as opções de respostas e gerando embates entre os modos, em uma escalada de negatividade. Os ciclos apresentam basicamente duas fases. A fase em progressão, da parte que busca afiliação, para a fase da ativação, com estilos de enfrentamento de luta ou agressividade. Cada interação se interliga em um ciclo que perpetua o estilo de enfrentamento desadaptativo de ambos. Se um parceiro tenta mudar o outro, acentua seu modo de enfrentamento levando a uma escalada (Simeone-DiFrancesco et al., 2015). Os tipos de ciclos de modos nos casais, segundo Roediger (2014), são descritos como:

- *Ciclos altamente instáveis*: quando os dois parceiros se encontram no modo hipercompensador, caracterizados pela fragilidade na relação;
- *Ciclos moderadamente instáveis*: quando um parceiro se encontra no modo hipercompensador e o outro no modo protetor desligado ou no modo protetor autoaliviador, caracterizados pela escalada na interação;
- *Ciclos estáveis*: quando os dois se encontram no modo protetor desligado ou em outro tipo de evitação, caracterizados pela estagnação da relação;
- *Ciclo complementar*: quando um se encontra no modo hipercompensador e o outro no modo capitulador complacente, que permanece estável a menos que algum dos parceiros mude a sua posição na relação;
- *Ciclo funcional*: quando os dois se encontram no modo adulto saudável, caracterizado pelo crescimento da relação.

Conceituar o casal em termos de ciclos de modos ajuda na percepção dos desencadeantes da ativação de modos específicos e na consciência de sua problemática como resultante dos ciclos a que estão engajados e não como algo pessoal. Os ciclos são apresentados como o inimigo em comum contra a relação conjugal, e não o conteúdo dos embates, tornando os cônjuges parceiros contra esse inimigo (Simeone-DiFrancesco et al., 2015).

Nesse sentido, o Cartão de Embates de Ciclos de Modos (Fig. 6.2), instrumento desenvolvido por Simeone-DiFrancesco e colaboradores (2015) para a TE com casais, favorece a compreensão da dinâmica de modos dos parceiros e dos ciclos do casal, objetivando encontrar soluções alternativas e favorecedoras.

A partir da situação conflitiva, é possível detectar quais esquemas foram ativados e tentar acessar, se possível, as memórias centrais relacionadas a essa ativação. Na sequência, o terapeuta auxilia na verificação de falas ou vozes internalizadas de modos parentais, bem como na identificação dos modos de enfrentamento resultantes nas experiências de cada um. O terapeuta busca acessar o afeto dominante, proveniente da ativação dos modos criança, por trás dos modos de enfrentamento, procurando conectar-se com necessidades emocionais centrais que não foram atendidas. O objetivo é ajudar o casal a encontrar estratégias realistas que favoreçam o

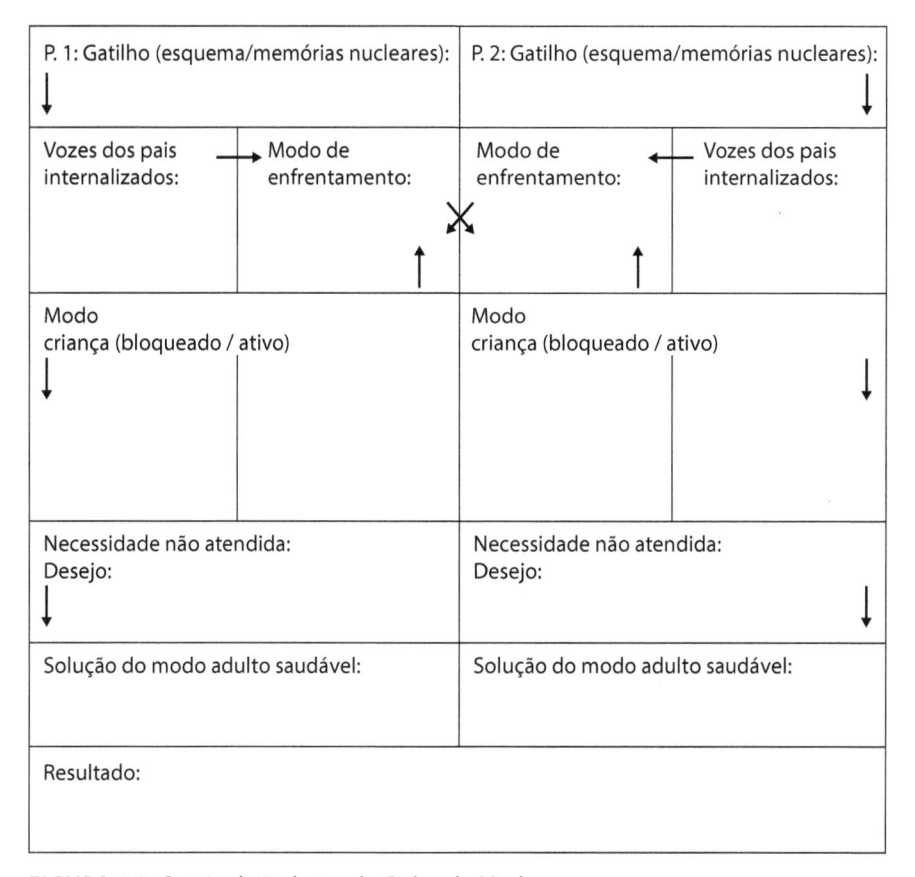

P. 1: Gatilho (esquema/memórias nucleares): ↓	P. 2: Gatilho (esquema/memórias nucleares): ↓
Vozes dos pais internalizados: → Modo de enfrentamento: ↑	Modo de enfrentamento: ← Vozes dos pais internalizados: ↑
Modo criança (bloqueado / ativo) ↓	Modo criança (bloqueado / ativo) ↓
Necessidade não atendida: Desejo: ↓	Necessidade não atendida: Desejo: ↓
Solução do modo adulto saudável:	Solução do modo adulto saudável:
Resultado:	

FIGURA 6.2 Cartão de Embates de Ciclos de Modos.
Fonte: Simeone-DiFrancesco e colaboradores (2015).

atendimento, a partir de seu modo adulto saudável, verificando os possíveis resultados para a relação conjugal (Behary & Young, 2012).

As setas contidas na Figura 6.2 sinalizam como o ciclo é perpetuado pelas emoções ligadas aos comportamentos de enfrentamento mutuamente evocadas. Nesse sentido, uma das formas de interromper o ciclo é colocar o foco nessas emoções, muitas vezes bloqueadas ou negligenciadas, e que se relacionam às necessidades não atendidas de cada um.

Por exemplo, Christian sempre tentou agradar sua esposa, fazendo tudo que ela desejava. Mas, quando sua frustração acumulava, seu modo criança zangada irrompia: "É demais, eu faço tanto por ela e nem assim é grata por nada. Eu vou parar de ser tão legal. Ela vai ter o que merece...". Essas explosões hipercompensatórias o surpreendiam, assim como a sua esposa. Em seguida, ele se sentia muito envergonhado. Seu modo pai punitivo dizia: "Que vergonha você se deixar levar desse jeito... Assim, vai perder seu casamento". Então Christian capitularia novamente, sentindo-se sem valor. O ciclo continuaria ainda com mais intensidade.

O Cartão de Embates de Ciclos de Modos pode ser utilizado na psicoeducação sobre as necessidades emocionais centrais, especialmente as de apego seguro, e suas consequências na relação e sobre como essas necessidades podem ser mais bem satisfeitas. O Inventário de Necessidades Emocionais Centrais (Perris, Young, Lockwood, Arntz, & Farrel, 2008) pode auxiliar os parceiros a identificar o que percebem e como percebem o atendimento a suas necessidades.

Para Behary e Young (2012), as respostas a questões universais de apego nas relações também apontam em direção a essas necessidades e são subjacentes às ativações de modos e às queixas conjugais: a) "Posso confiar em você?"; b) "Posso contar com você quando eu precisar?"; c) "Você se importa comigo?"; d) "Tenho valor para você?"; e) "Você me aceita como sou?".

A TE proporciona uma linguagem específica para comunicar vulnerabilidades, estados, MEs e para analisar as interações à luz das necessidades emocionais centrais. Relacionar as memórias específicas subjacentes aos ciclos, informações buscadas em nível experiencial para serem transmitidas ao parceiro, faz com que o Cartão de Embates de Ciclos Esquemáticos também possa ser utilizado como parte do processo de reparentalização entre eles. O objetivo da sua utilização é habilitá-los a reparar esses ciclos, resultando na construção de uma conexão cada vez mais segura (Roediger, 2014).

INTERVENÇÃO COM CASAIS

Com os recursos da TE, o terapeuta pode conceber uma conceituação personalizada de cada casal em termos de esquemas, estratégias de enfrentamento, modos e embates mais frequentes. A partir do que é coletado, o terapeuta passa a planejar o tratamento de forma conjunta.

A intervenção objetiva auxiliar cada parceiro a identificar seus ciclos de modos desadaptativos prototípicos, verificando a gravidade da ativação esquemática e a intensidade e rigidez dos ciclos. Identificar os ciclos de modos, e não só o conteúdo de suas falas, é um passo importante na cura de antigas feridas (Atkinson, 2012). O trabalho com diálogos na cadeira transformacional, com imagens, o uso da relação terapêutica e a "quebra" de padrões comportamentais buscam guiar os casais em direção ao atendimento de suas necessidades emocionais básicas.

Além disso, a intervenção visa distinguir os MEs que dificultam o acesso ao modo criança vulnerável, reduzindo-os ou tornando-os mais flexíveis, bem como fortalecendo o modo adulto saudável de cada um, para que superem seus impasses. Muitas vezes, um dos parceiros permanece emocionalmente desconectado ou não motivado para a terapia de casal, sinalizando que a aliança terapêutica pode não estar consolidada ou que essas situações necessitam ser reconhecidas e empaticamente direcionadas pelo terapeuta (Simeone-DiFrancesco et al., 2015).

Intervenções cognitivas

À medida que as dificuldades e os problemas conjugais são apresentados na sessão, o terapeuta verifica as cognições provenientes dos esquemas pessoais que cada um experiencia, na tentativa de avaliar os efeitos das suas visões sobre si mesmos e sobre o outro no relacionamento. Quando os parceiros descrevem a sequência de interações derrotistas entre eles, o terapeuta os auxilia a reconhecer os MEs em que se encontram e como são ativados pelos MEs do outro.

A intervenção terapêutica também favorece a identificação dos estilos de interação provocados pelos modos e suas consequências, utilizando desenhos ou cartões de ciclos esquemáticos (Fig. 6.3) para descrever os ciclos que se repetem. Além disso, o terapeuta proporciona o entendimento das origens esquemáticas de cada um, assim como a validação das suas experiências. Essa dinâmica de embates e ciclos de modos pode ser apresentada ao casal a partir do modelo proposto por Perris (2018).

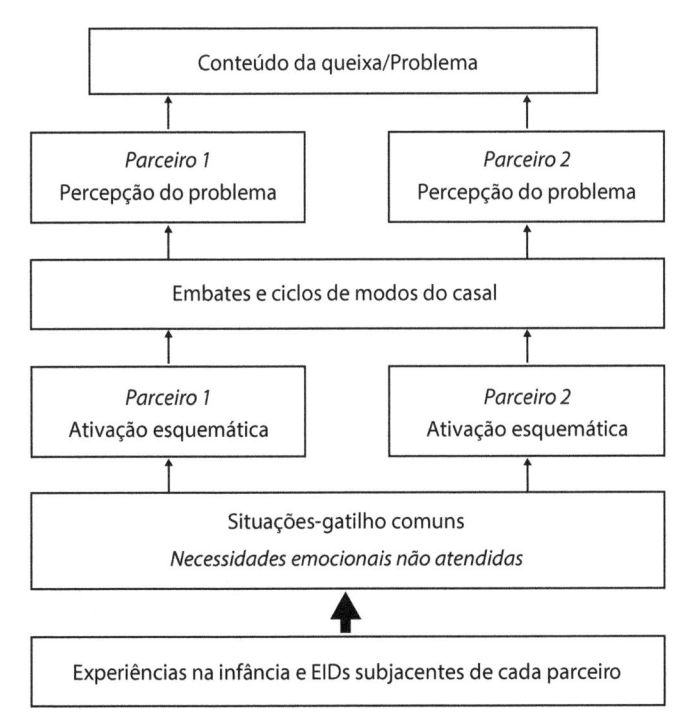

FIGURA 6.3 Embates de ciclos de modos do casal.
Fonte: Perris (2018).

Empaticamente, o terapeuta testa a validade dos esquemas iniciais desadaptativos (EIDs) no relacionamento, tentando auxiliar os parceiros a colocar a situação-problema em uma perspectiva mais realista e saudável, assim como proporciona a avaliação das vantagens e desvantagens de suas respostas de enfrentamento desadaptativas e das consequências da ativação de seus MEs. O terapeuta ajuda o casal a escrever cartões-lembrete, associando os modos frequentemente ativados aos embates e ciclos recorrentes no relacionamento.

Instrumentos para psicoeducação, como o baralho de psicoeducação em esquemas (Leão & Maia, 2017), além de familiarizar o casal com a linguagem dos esquemas, ajudam cada parceiro a se conscientizar da própria vulnerabilidade esquemática, das suas origens nas relações primárias e sua transmissão através das gerações, assim como a forma com que aprenderam a lidar com as vulnerabilidades. Ao compartilhar as informações, o terapeuta inicia o delineamento do modo criança vulnerável de cada parceiro e a relação entre os estilos de enfrentamento e seus modos desadaptativos com a problemática conjugal.

O baralho de modos esquemáticos (Leão, 2018), instrumento utilizado na psicoeducação e na intervenção terapêutica, auxilia o reconhecimento dos modos em que os parceiros se encontram a partir da visualização das figuras apresentadas nas cartas e como cada carta-modo ativa as do outro parceiro, identificando seus estados emocionais, cognições e tendências de comportamentos (ver Cap. 5). A partir dessa identificação, o terapeuta auxilia o casal a construir os ciclos de ativação dos modos recíprocos, de forma a colocar as cartas em círculo, para concretizar a dinâmica estabelecida e fotografar o ciclo demonstrado. Posteriormente, as fotos ou registros desses ciclos podem ser utilizados, pelo terapeuta e pelo casal, para a comparação com outras situações conflitivas na análise dos padrões interacionais autoderrotistas prevalentes, propiciando aos cônjuges a oportunidade de continuar o trabalho também fora da sessão.

Leituras podem ser recomendadas, ampliando a compreensão cognitiva e solidificando a temática trabalhada na sessão. As obras de Gottman (1995) e, em especial, o capítulo sobre "Os quatro cavaleiros do apocalipse", assim como os primeiros capítulos do livro *Reinventing your life* (Young & Klosko, 1993), são algumas sugestões.

Intervenções experienciais

Muitas vezes, é necessário tornar o espaço terapêutico um lugar seguro para o trabalho com níveis elevados de emocionalidade negativa, ativados pelos ciclos de modos desadaptativos. Quando o casal se apresentar altamente reativo, a comunicação entre os parceiros deve ser minimizada ou interrompida para limitar as interações destrutivas. É importante também ao terapeuta estar atento à comunicação não verbal, observando as posturas nas interações entre eles (Roediger, 2018).

Balancear a atenção entre os parceiros, escolher as palavras e regular o tom de voz exerce um efeito de desescalada e acolhimento, necessários para o mútuo entendimento e o encorajamento à expressão de suas necessidades emocionais. Quando os parceiros se sentirem validados e compreendidos pelo terapeuta, podem estar mais seguros para se conectar com suas emoções mais vulneráveis.

Nesse sentido, Simeone-DiFrancesco e colaboradores (2015) sugerem a reflexão sobre elementos-chave do ciclo de modos a cada parceiro: a) Como se sentiu fazendo isso?; b) Qual era a sua intenção naquele momento?; c) O que realmente precisava?; d) O que você acha que seu parceiro sentiu quando agiu dessa forma?; e) Como esperava que ele reagisse?; f) Como você reagiria se estivesse no lugar dele?

Propiciar a validação empática por meio do reconhecimento da reação de cada cônjuge como compreensível, relacionando-a às experiências primárias, favorece o diálogo de reconexão entre eles, assim como o uso de imagens e metáforas, habilitando-os a refazer os ciclos de modos de forma mais adaptativa. O trabalho com imagens mentais, realizado em conjunto com os parceiros, inicia ao solicitar que ambos fechem os olhos. Depois, o terapeuta escolhe um dos parceiros para iniciar. O trabalho com imagens pode começar com o parceiro que estiver em um modo evitativo, pois isso favorece a proximidade e a sensação de inclusão no contexto terapêutico (Roediger, 2018).

Inicialmente é solicitado que ambos os parceiros visualizem uma situação recente de embate entre modos, prestando atenção às emoções e sensações físicas vivenciadas nos detalhes de cada cena. Ao final, o terapeuta deve questionar o que eles gostariam que fosse diferente nessa imagem para favorecer a percepção de como seria a reação do parceiro diante desse desejo. Ainda com o foco na emoção proveniente dessa cena, substituir a imagem por outra da infância, onde emoção semelhante foi sentida. Deixar a cena transcorrer até que o terapeuta questione o que o parceiro precisava que fosse atendido naquele momento e incentivar o outro parceiro a entrar na cena, com o apoio do terapeuta, se necessário, para reparentalizar aquela necessidade e fornecer conforto a sua vulnerabilidade. Assim que a cena finaliza, com um desfecho positivo, o terapeuta solicita que vagarosamente abram os olhos e retornem ao momento presente. O terapeuta solicita o *feedback* de ambos, com ênfase na diferenciação de como estavam antes e como ficaram após o exercício. Também procura extrair da experiência, em conjunto com os parceiros, novas referências para quando se encontrarem mutuamente ativados.

A conexão emocional promovida torna-se a chave para a manutenção do contato com os modos criança vulnerável de cada um. Assim, poderão ser cuidados e protegidos, por meio do fortalecimento do modo adulto saudável do parceiro e do terapeuta. Este último estará servindo como modelo de aprendizagem. No mesmo sentido, é possível utilizar o trabalho com as cadeiras nos diálogos internos, promovendo a desescalada dos embates de modos ao priorizar os modos que geram mais prejuízos à conexão emocional.

A TE utiliza o trabalho com as cadeiras (Kellog, 2015) na resolução de conflitos internos e externos de forma bastante específica. As cadeiras representam os modos concretamente, sendo cada um deles designado a ocupar uma cadeira diferente. Dessa forma, o terapeuta pode mostrar aos parceiros suas dinâmicas internas, após a realização dos mapas de modos ou das respostas dos parceiros às cartas de modos, encorajando o *role-play* dos parceiros conforme os modos assumidos nas cadeiras. Essa é uma das formas sugeridas por Roediger (2018) para o trabalho com os modos parentais ou outros modos que dificultam o acesso ao modo criança vulnerável. A Figura 6.4 ilustra um exemplo de ciclo de modo desadaptativo no casal Christian e Mabel.

Na técnica da cadeira transformacional, o terapeuta precisa considerar a colocação das cadeiras na sala sempre da mesma forma, para que os parceiros criem um mapa mental dos seus modos em ação. Como pode ser ilustrado no caso de Christian e Mabel (Fig. 6.5).

Após a interrupção do ciclo apresentado na sessão, o terapeuta auxilia os parceiros a nomear os modos ativados, buscando a intensificação das emoções e a verificação dos efeitos no parceiro. É necessário que o terapeuta direcione a intervenção para combater o modo hipercompensador de ataque, verificando seu nível de prejuízos e consequente desconexão afetiva. Na sequência, o terapeuta coloca a cadeira do modo criança vulnerável ao lado da cadeira do modo criança zangada, tentando nomear cada uma conforme o parceiro identificar as partes em si e, constantemente, discriminar as falas entre elas, modulando o tom de voz e trocando o parceiro de lugar com base em suas necessidades.

O terapeuta solicita que ambos fechem os olhos e se conectem a seus desejos do início do relacionamento e, enquanto Mabel observa, conduz Christian às imagens em sua infância para acessar suas vulnerabilidades e as necessidades de seu modo criança: "O que essa situação lembra a você? Esse jeito/fala faz você se lembrar de alguém/de alguma cena?". Então, solicita que Christian expresse sua necessidade, de olhos fechados, primeiro ao terapeuta, e depois diretamente a Mabel. Na sequên-

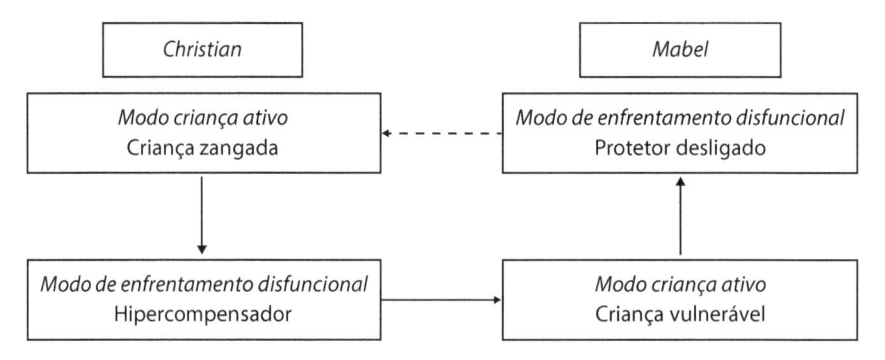

FIGURA 6.4 Ciclo de modo desadaptativo no casal Christian e Mabel.

	Christian	Terapeuta	Mabel
Adultos saudáveis	▼	▼	▼
Criança zangada,	hipercompensador,		protetor desligado
	◄	◄	◄
Criança vulnerável			
	◄		

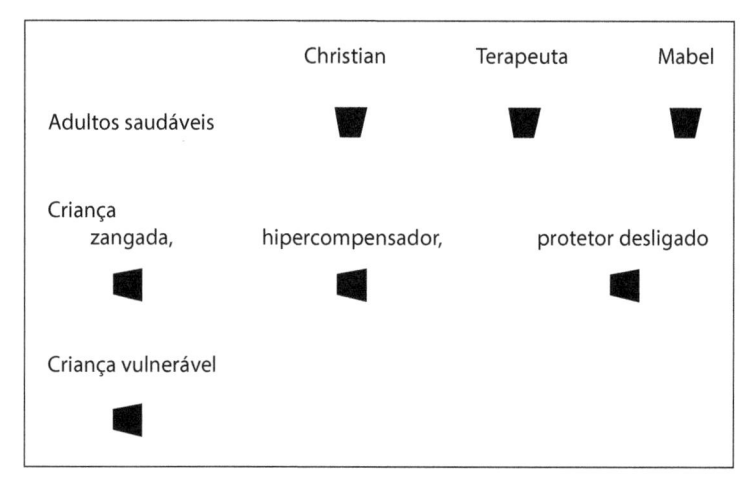

FIGURA 6.5 Disposição das cadeiras na técnica da cadeira transformacional com o casal Christian e Mabel.

cia, convida Mabel para, em conjunto com o terapeuta, no modo adulto saudável, reparentalizar Christian e procurar a reparação das feridas na relação. Da mesma forma, à medida que o terapeuta confronta empaticamente o protetor desligado e Mabel muda para o modo criança vulnerável, o terapeuta pode focar na criança vulnerável dela, ajudando-a na expressão de suas emoções e necessidade de conexão.

O trabalho com imagens mentais ou com o diálogo nas cadeiras permite igualmente o manejo dos modos pais demandantes ou punitivos, ajudando os parceiros a identificar as pistas de seu funcionamento em tais modos e a explorar seu desenvolvimento nas situações vivenciadas na infância. Conforme o exemplo de Christian, o terapeuta pode posicionar uma cadeira para a fala de seu pai punitivo e outra, vazia, em frente a ela. Na sequência, o terapeuta solicita a Christian que sente na cadeira vazia, enquanto ouve o terapeuta repetir essa fala com níveis crescentes de intensidade elevada, fazendo com que ele sinta o ressoar das palavras e as emoções conectadas à vivência, identificando as necessidades de seu modo criança vulnerável. Em seguida, o terapeuta pede que ele se levante e, no modo adulto saudável, verifique o que percebe/sente olhando aquela cena de fora, certificando-se de que não se encontra identificado com a voz do modo parental. O terapeuta convida Mabel para que se una a Christian e, juntos, auxiliados pelo terapeuta, eles protejam o modo criança dele, discutindo com o modo pai punitivo, mostrando o erro e a inadequação em sua forma de tratar o filho e certificando-se de que o modo pai não vença a discussão. Finalmente, o terapeuta solicita a Christian que coloque a cadeira do modo pai punitivo na distância que gostaria que permanecesse em relação a si mesmo e de modo que o foco seja direcionado à reparentalização das necessidades de sua criança vulnerável.

O terapeuta também auxilia os parceiros a escrever cartas, raramente enviadas, aos pais ou pessoas significativas que influenciaram o desenvolvimento de seus esquemas. Essa técnica favorece a criação de uma distância das influências negativas, na tentativa de fortalecer seu funcionamento no modo adulto saudável, e o confronto às vozes, ao estabelecer o registro assertivo de sua experiência atual como um antídoto a ativações futuras.

Uma forma importante de manejo dos modos no relacionamento conjugal é o uso das intervenções focadas em *mindfulness*. Elas ampliam a consciência de cada parceiro sobre seus estados emocionais, pensamentos e tendências comportamentais no momento em que se encontram ativados pelos modos desadaptativos ou nos ciclos de embates entre eles. Essa consciência permite o distanciamento do nível aumentado de ativação emocional, a aceitação e o redirecionamento da atenção de cada parceiro para que seu modo adulto saudável possa se conectar a suas necessidades e valores pessoais (Simeone-DiFrancesco et al., 2015).

Nas intervenções em TE, a conexão empática tem papel fundamental na compreensão e na aceitação entre os parceiros, o que não representa, por vezes, concordância. Ao adotar uma postura de *mindfulness*, os parceiros são encorajados a ativar o modo compassivo, consigo e com o outro, incentivando seu modo adulto saudável a fazer algo genuíno para aliviar seu sofrimento e o de seu parceiro, e a experienciar gentileza amorosa (Bernstein, 2014). Estabelecer novas formas de interação e de conexão segura constitui uma meta a ser alcançada ao solidificar esquemas adaptativos em relação ao *self*, à relação amorosa e ao mundo.

CONSIDERAÇÕES FINAIS

O trabalho com MEs requer o comprometimento e a disponibilidade dos parceiros em tomar para si a responsabilidade pelos problemas e investir na mudança. Como um círculo vicioso, a ativação de modos desadaptativos, diante das insatisfações sentidas no relacionamento, não permite que suas necessidades emocionais sejam compreendidas e atendidas na relação. Essa ativação promove o aumento da insatisfação e da desconexão emocional e, consequentemente, a ampliação da intensidade e níveis de novos modos desadaptativos.

A intervenção em TE visa proporcionar o desenvolvimento de estratégias efetivas para aliviar o sofrimento atual dos casais com a sensibilidade da reparentalização conjunta e com o fortalecimento de seu modo adulto saudável. Em consequência, facilita o aumento dos comportamentos positivos e o cuidado com seu modo criança feliz, fortemente relacionado à satisfação conjugal. Esses passos cumprem um papel fundamental na cura esquemática, promovendo o perdão e a reconciliação entre os parceiros (Atkinson, 2012).

REFERÊNCIAS

Atkinson, T. (2012). Schema therapy for couples: healing partners in a relationship. In M. F. van Vreeswijk, J. Broersen, & M. Nadort (Orgs.), *The Wiley-Blackwell handbook os schema therapy: Theory, research and practice* (pp. 323-336). Malden: Wiley-Blackwell.

Behary, W., & Young, J. (2012). *Schema therapy for couples*. New York. Material didático utilizado no curso oferecido pelo Schema Therapy Institute.

Bernstein, D. (2014). Schema modes, mindfulness and compassion: A self-experience workshop for dealing with challenging patients. Workshop. International Congress of Schema Therapy, Istambul.

Gottman, J., & Silver, N. (1995). *Por que os casamentos fracassam ou dão certo*. São Paulo: Scritta.

Kellog, S. (2015). *Transformational chairwork: using psychotherapeutic dialogues in clinical practice*. Maryland: Rowman & Littlefield.

Leão, J. (2018). *Baralho de modos esquemáticos*. Maceió: Insere.

Leão, J., & Maia, A. (2017). *Psicoeducação em esquemas: compreendendo os domínios de esquemas e os esquemas iniciais desadaptativos*. Maceió: Insere.

Perris, P. (2018). *Schema couples therapy: using modes to heal schemas*. Preconference Workshop. International Congress of Schema Therapy, Amsterdã.

Perris, P., Young, J., Lockwood, G., Arntz, A., & Farrell, J. (2008). *Emotional core needs inventory*. Recuperado de www.cbti.se

Riso, L. (2014). *Are schema modes related to relationship functioning in married and dating couples?*. Workshop. International Congress of Schema Therapy, Istambul.

Roediger, E. (2011). *Basics of a dimensional and dynamic mode model*. Recuperado de http://istonline.org.in/

Roediger, E. (2014). *Schema therapy for couples*. Preconference Workshop. International Congress of Schema Therapy, Istambul.

Roediger, E. (2018). *Rebalancing relationships*. Workshop. International Congress of Schema Therapy, Amsterdã.

Simeone-DiFrancesco, C., Roediger, E., & Stevens, B. (2015). *Schema therapy with couples: a practitioner´s guie to healing relationships*. Malden: Wiley-Blackwell.

Young, J., & Klosko, J. (1993). *Reinventing your life*. New York: Plume.

7

Estratégias e técnicas para mudança em terapia do esquema

Kelly Paim
Kamilla I. Torquato

> *Presságio*
> *O amor, quando se revela,*
> *Não se sabe revelar.*
> *Sabe bem olhar p'ra ela,*
> *Mas não lhe sabe falar.*
>
> *Quem quer dizer o que sente*
> *Não sabe o que há de dizer.*
> *Fala: parece que mente...*
> *Cala: parece esquecer...*
>
> *Ah, mas se ela adivinhasse,*
> *Se pudesse ouvir o olhar,*
> *E se um olhar lhe bastasse*
> *Pra saber que a estão a amar!*
> *Fernando Pessoa*

A terapia do esquema (TE) com casais visa o rompimento do ciclo destrutivo da relação, focando na compreensão e no enfraquecimento dos esquemas iniciais desadaptativos (EIDs). Para isso, o terapeuta utiliza ferramentas técnicas (cognitivas, experienciais, comportamentais e interpessoais) a fim de ajudar os parceiros a identificar e reprocessar as emoções relacionadas aos EIDs. O objetivo principal é o desenvolvimento de estratégias saudáveis para suprir necessidades emocionais infantis e adultas na relação conjugal (Behary & Young, 2011).

O atendimento aos casais contempla uma série de particularidades que necessitam de cuidados específicos. Enquanto na terapia individual o terapeuta se concentra no funcionamento esquemático de um paciente, na terapia de casais são dois funcionamentos esquemáticos distintos e mais o funcionamento esquemático da relação conjugal (Atkinson, 2012; Paim, 2016). Sendo assim, o amparo de estratégias terapêuticas para ajudar o terapeuta a caminhar rumo aos objetivos terapêuticos é fundamental.

Demandas conjugais costumam ser carregadas de forte ativação emocional, o que é uma ótima oportunidade para o foco emocional da TE. É fundamental que o terapeuta procure conflitos recorrentes e/ou de alto desconforto para o casal a fim de que esses conflitos sejam utilizados como porta de entrada aos padrões esquemáticos profundos envolvidos no conflito. Young (2012) salientou a importância de explorar o que o autor chamou de "situações prototípicas" do casal, ou seja, situações que representem padrões de funcionamento esquemático. Um incidente recente no relacionamento do casal pode se tornar o foco inicial, na medida em que permita ao terapeuta perceber os modos de enfrentamento e acessar as sensações mais doloridas do modo criança de cada um. Além disso, cada situação prototípica oportuniza o mapeamento do ciclo de modos estabelecido na dinâmica conjugal (como visto no Cap. 4).

O processo terapêutico tende a começar com mais ênfase em estratégias que visem empatia e validação emocional (Kellogg & Young, 2006). Posteriormente, a resolução de problemas é baseada na conceituação de casos usando mapas dos modos e cartões de ciclo de modos, com estratégias e técnicas que proporcionem reconexão emocional entre os parceiros. Sendo assim, este capítulo tem por objetivo ajudar terapeutas de casais a utilizar algumas estratégias terapêuticas e técnicas cognitivas, comportamentais e vivenciais, fundamentais para esse trabalho.

CONSTRUINDO UM LUGAR SEGURO

O *setting* terapêutico é organizado para proporcionar segurança e conexão entre todas as partes envolvidas. As cadeiras devem formar um triângulo que permita que todos consigam se enxergar e interagir, de forma que sempre se sintam incluídos na dinâmica relacional. No início do processo terapêutico, o terapeuta precisará estruturar uma sessão, instruindo os parceiros a permanecer em silêncio até convidá-los a falar. Diante de um casal altamente reativo, a comunicação direta entre eles deve ser evitada para limitar a interação destrutiva (Simeone-DiFrancesco, Roedger, & Stevens, 2015). Se um dos parceiros interromper o outro durante a fala, lembre-o, gentilmente, de aguardar por mais alguns instantes. É importante o cuidado para não haver crítica. Por isso recomenda-se "espelhar" o parceiro impaciente e mostrar compreensão, por exemplo: "Vejo que você está muito envolvido emocionalmente e é difícil para você conter suas emoções. Aprecio que esteja tão envolvido. Quero muito saber a sua perspectiva, mas isso será daqui a alguns instantes. Você concorda? Se não puder esperar, me dê um sinal. Obrigado pela sua paciência e cooperação". Não é indicado demorar muito para ouvir esse parceiro, principalmente se ele estiver demostrando impaciência. O limite é importante, mas a validação emocional é tão importante quanto ele (Atkinson, 2012).

Na terapia de casais, é fundamental que o terapeuta fique sempre atento aos dois parceiros (Paim, 2016). A observação dos sinais de distração, como olhar pela janela ou as pinturas na parede, verificar as unhas ou olhar o celular, é necessária para que haja uma intervenção imediata a esse comportamento, sempre de forma empática: "Notei que você está olhando pela janela há algum tempo. Alguma coisa que foi dita lhe deixou desconfortável? Você pode escutar um pouco mais?". Se um dos parceiros estiver atacando o outro, o terapeuta instantaneamente interrompe, fazendo uma confrontação empática: "Estou percebendo que você está emocionalmente muito envolvido, mas a forma como está demonstrando sua dor está gerando insegurança e não está sendo útil para a nossa sessão. Então, por favor, pare!".

Regulação do tom de voz

Os terapeutas costumam se preocupar com as palavras usadas nas intervenções, mas esquecem que o tom de voz é um componente fundamental para que as intervenções tenham efeito terapêutico. As palavras certas com o tom errado atrapalharão a comunicação; já um tom calmo, suave, e entonações sutis terão um efeito modelador e curativo (Simeone-DiFrancesco et al., 2015).

A maneira como o terapeuta lida com irritações e alterações mais agressivas na sessão oferece um modelo que o casal pode usar fora das sessões. Além disso, explorar as ativações emocionais de forma gentil e aberta promove conexão mais profunda. É importante que o terapeuta compreenda o seu tom de voz como modelo de tom a ser usado na sessão pelos parceiros.

O papel da empatia

Os parceiros sempre chegarão à terapia pouco empáticos um com o outro, pois certamente estão se sentindo violados em suas necessidades emocionais. Desse modo, gastarão energia em se defender um do outro, como sobrevivência. Sendo assim, ambos estarão carentes de compreensão, validação e empatia. Então, o terapeuta precisa suprir tais carências, entendendo que não existe um certo e outro errado, mas existe a dor de cada um.

A maioria dos parceiros chega à terapia utilizando massivamente os modos de enfrentamento desadaptativos que levam a comportamentos defensivos e bloqueiam a emoção dos modos criança. O casal se afasta das necessidades emocionais (Paim, 2016). O que dificulta a empatia é o foco no comportamento. Portanto, é necessário que o terapeuta faça a distinção entre comportamento (modos de enfrentamento desadaptativos) e a parte mais emocional da pessoa (modos criança e suas necessidades).

Na TE para casais, a aceitação que leva ao acordo deve ter uma base de empatia mútua. A compreensão empática do terapeuta lidera o caminho, e a experiência de sentir-se compreendido por ele serve como modelo para que os parceiros possam fazer isso um com o outro. O terapeuta e o casal formam um time e ficam lado a lado, olhando no mapa de modos (mais bem explicado no Cap. 6), identificando o comportamento atual como um modo de enfrentamento e observando as vozes dos pais internalizados, bem como as ativações no modo criança. Essa experiência leva o casal a sair de um impasse defensivo. O terapeuta é um modelo de reparentalização limitada (Andriola, 2016; Young, 1990), o que não significa aceitar todos os comportamentos, mas sim olhar as carências que estão por trás dos comportamentos, validá-las e atendê-las.

Atenção balanceada

Não é útil pensar em dividir o tempo igualmente. O mais importante é transmitir a sensação de que ambos são vistos e entendidos com igualdade. É mais uma questão de conexão do que de quantidade de tempo ou neutralidade. Por vezes, um dos parceiros fica mais defensivo, então o terapeuta levará mais tempo para conseguir compreendê-lo em suas necessidades não atendidas. Quando houver a necessidade de foco maior na compreensão de um parceiro, isso precisará ser entendido como significativo para o casal. Assim, um parceiro pode ouvir o outro por determinado tempo, com grande interesse e participação emocional, sem precisar se envolver ativamente. Às vezes, o foco em um parceiro pode continuar por quase toda a sessão, o que pode ser bastante útil para a compreensão e a reconexão emocional. Mas é importante, de tempos em tempos, monitorar o parceiro que escuta e manter contato visual para que ele se sinta parte do processo. Manter o contato visual com os dois sempre é importante para manter a conexão (Simeone-DiFrancesco et al., 2015).

Um erro comum entre os terapeutas de casais é o foco excessivo no parceiro que consegue mostrar mais a vulnerabilidade. Isso ocorre por ser emocionalmente mais fácil ter empatia pela criança vulnerável, mas, na verdade, o parceiro que está usando fortemente os modos de enfrentamentos desadaptativos é quem vai precisar de mais atenção, pois está defensivamente afastado da relação, precisando ser resgatado (Behary & Young, 2011). Exemplos de intervenções úteis para o resgate do parceiro distante emocionalmente são: por que você está precisando se desligar? Alguma coisa o está deixando desconfortável? O que sentiu antes de desligar? O que o tocou? O ataque foi ligado para protegê-lo do quê? É muito importante que tentemos entender você. Quero muito entender o que está por trás dessa defesa. Qual era sua intenção nesse momento? O que você realmente precisa? O que você gostaria que seu parceiro fizesse?

TRABALHANDO COM IMAGENS MENTAIS

O trabalho com imagens mentais consiste em recriar ou simular uma experiência perceptiva por meio de uma modalidade sensorial (Pearson, Deeprose, Wallace-Hadrill, Heyes, & Holmes, 2013). Ele é poderoso e surpreendente porque é capaz de mobilizar o afeto rapidamente. O acesso ao conteúdo emocional promove potencial para a mudança. Com imagens mentais, é possível acessar e ressignificar memórias infantis que interferem negativamente nas relações adultas (Simeone-DiFrancesco et al., 2015).

A utilização de imagens mentais também permite aos pacientes fazer a transição entre a compreensão cognitiva de que seus esquemas são falsos para o entendimento emocional. Ou seja, ele passa a sentir em nível afetivo o que já havia compreendido racionalmente (Petry & Basso, 2016).

Os principais objetivos dessa técnica no trabalho com casais são: 1) acessar emoções ligadas aos EIDs que estão afetando sua relação; 2) entender suas origens, buscando sempre a relação com os problemas atuais da relação; 3) estimular mais empatia e propiciar a reparentalização limitada. O uso de imagens mentais ajuda a estabelecer novos e mais saudáveis padrões emocionais (Simeone-DiFrancesco et al., 2015; Young, Klosko, & Weishaar, 2003).

Iniciando o trabalho com imagens mentais

Recomenda-se iniciar e terminar o trabalho com imagens mentais com a visualização de um lugar seguro, um lugar onde as necessidades emocionais sejam satisfeitas (McGinn & Young, 2012). No trabalho com casais, é possível identificar uma cena segura do casal (atual ou passada) e utilizá-la de forma recorrente como referência de lugar seguro. Se algum dos parceiros tiver dificuldade para visualizar um lugar seguro, o terapeuta pode ajudar a construir uma imagem. Paisagens naturais de praias, campos, montanhas e florestas podem funcionar bem. Caso o paciente não consiga imaginar um lugar em que se sinta seguro, é possível usar o próprio consultório como sendo esse lugar (Young et al., 2003).

Se um dos parceiros ou ambos estiverem apresentando desregulação emocional muito intensa, uma maior estabilidade emocional deverá ser trabalhada, primeiramente com outras estratégias e técnicas descritas ao longo do capítulo (Simeone-DiFrancesco et al., 2015). Também é uma boa estratégia, nesses casos, iniciar o exercício de imagens utilizando somente a imagem mental de uma "bolha segura", o que se mostrou útil em grupos de TE com pacientes *borderline* (Farrell, Shaw, & Shaw, 2012).

O terapeuta deve estimular a evocação de uma imagem mental utilizando ao máximo a memória emocional, focando na emoção sentida no conflito conjugal. Com isso, busca memórias genuínas com a menor interferência racional. A ideia é que as imagens estejam relacionadas aos EIDs do paciente e tenham conteúdos emocionais relativos a emoções básicas como medo, raiva, vergonha e luto (Petry &

Basso, 2016). Por exemplo: "Agora feche os olhos e deixe que surja uma imagem com a mesma sensação a que você está conectado agora. Não force, apenas deixe que ela venha à mente e diga o que você está vendo. Quero que você tente acessar uma imagem, como num filme, não apenas com palavras ou pensamentos, mas como se a cena estivesse viva na sua cabeça. Mais do que assistir a esse filme, quero que você o vivencie, sinta-o, tornando-se parte dele novamente. Você está seguro para fazer isso, não há perigo". O terapeuta continua a técnica: "O que está acontecendo na cena? Descreva os detalhes. Quantos anos você tem? O que você sente no seu corpo? O que se passa na sua cabeça? Quem está com você na cena? O que essa pessoa está fazendo? O que essa pessoa está pensando e qual é a sua expressão? O que você quer dizer ou fazer agora, usando o poder da sua emoção? O que você deseja que seja diferente nessa cena? Qual é a sua necessidade?".

Foram descritos alguns estágios para dar seguimento ao trabalho de imagens mentais: 1) acessar uma imagem mental da infância ou adolescência e se conectar com as emoções; 2) reescrever a cena trazida pela imagem, protegendo a criança e suprindo suas necessidades, inicialmente com o terapeuta entrando na cena; 3) se o modo adulto saudável do paciente estiver fortalecido, ele entra na imagem e reescreve a cena apresentada, sendo que essa função também pode ser realizada pelo modo adulto saudável do parceiro, ou mesmo por ambos. Reescrever a cena trazida na imagem mental com sucesso, protegendo e suprindo as necessidades da criança, é de extrema importância. Para tanto, sugere-se que o terapeuta comece por demonstrar uma forma mais adaptativa e saudável de reescrever aquela memória garantindo o sucesso do exercício e podendo servir de modelo para os pacientes (Simeone-DiFrancesco et al., 2015).

A premissa básica da reparentalização é promover experiências positivas de cuidados – que deveriam ter sido proporcionados pelos cuidadores – às pessoas que não as tiveram na infância, com o objetivo de que elas próprias se tornem capazes de fazer esse movimento sozinhas (Andriola, 2016). Primeiramente, o terapeuta faz a reparentalização e, posteriormente, é substituído pelo modo adulto saudável desenvolvido e fortalecido do paciente (Farrell et al., 2012) e/ou pelo modo adulto saudável do parceiro. O terapeuta inicialmente modelará a função parental do paciente até que ele aprenda a assumir essa função sozinho. Primeiramente, é possível considerar uma "força tarefa" entre o terapeuta e os parceiros. Aos poucos, o terapeuta avaliará e decidirá quem será o responsável pela reparentalização na imagem mental trabalhada. Isso deve funcionar como uma cooperação entre o terapeuta e os modos adultos saudáveis de cada parceiro até que estes sejam autônomos (Paim, 2016; Simeone-DiFrancesco et al., 2015).

O terapeuta sempre deve estar pronto para orientar e conduzir a reparentalização, ajudando os cônjuges a saber o que falar para as crianças ou cuidadores na cena. É solicitado que os pacientes repitam a intervenção do terapeuta com suas próprias palavras, falando diretamente com o seu cuidador na cena.

Combatendo as vozes parentais internalizadas

Para auxiliar no trabalho de combate às vozes parentais, é indicado trabalhar primeiramente com a raiva construtiva do paciente. Nunca se deve deixá-lo tentar reescrever a imagem mental sem antes perceber que a raiva fortalece o adulto saudável na cena. Sem esse fortalecimento do adulto saudável, o confronto com a pessoa abusiva pode falhar (Young et al., 2003), pois a raiva é necessária para a conexão com a necessidade de proteção. Nas relações conjugais, a raiva direcionada de forma destrutiva afasta os parceiros das necessidades emocionais; entretanto, a raiva será muito útil quando for direcionada para a proteção do modo criança das punições dos modos pais internalizados. É importante usar o modo criança zangada que existe dentro do paciente e que costuma vir à tona na relação conjugal. É bastante promissor ouvir a criança zangada para chegar até a necessidade emocional não atendida (Paim, 2016).

Se o paciente permanecer no modo criança mais submisso, deve-se deixar que ele permaneça nessa perspectiva infantil e assista ao terapeuta reescrever a cena. Isso é muito significativo para pacientes traumatizados ou pouco funcionais. Nessas situações, é importante aproveitar o modo adulto saudável do parceiro que sente incômodo com as figuras parentais punitivas e hiperexigentes. Além disso, segundo Simeone-DiFrancesco e colaboradores (2015), há duas maneiras principais de proceder: 1) a extensão e 2) a substituição.

Na extensão, o terapeuta pede que o paciente assuma o papel de uma pessoa externa à imagem mental e assista à cena de uma perspectiva diferente. No caso de trabalho com casais, pode ser no lugar do parceiro. Por exemplo: Renato costumava apanhar do pai. Porém, a lembrança das agressões não foi capaz de fazê-lo sentir raiva. Para isso, o terapeuta usou a técnica de extensão e introduziu à cena o parceiro de Renato, Pedro. O terapeuta disse: "Oi, Pedro. Muito obrigado por ter vindo nos ajudar. Quando vê seu parceiro Renato nessas imagens sendo maltratado, como você se sente?". Essa estratégia possibilita a Renato sentir a raiva por meio da reação de seu parceiro à cena (Simeone-DiFrancesco et al., 2015). Quando Renato se incomoda com a agressão, sentindo raiva e defendendo a criança, Pedro consegue se conectar com a raiva da violação sofrida.

Na substituição, a criança do paciente na imagem é substituída por outra criança conhecida por ele, como um de seus filhos. O terapeuta pergunta ao paciente: "Quando você vê sua filha Paula sendo maltratada nesta cena, o que sente?". Essa técnica ativa a região encefálica responsável pela empatia e proteção dos filhos e traz consigo a raiva. Se os pacientes não tiverem filhos, é possível obter o mesmo resultado com crianças com as quais tenham uma relação próxima de afeto (Simeone-DiFrancesco et al., 2015).

O paciente não conseguirá deixar de ser submisso a menos que possa se conectar emocionalmente com a raiva construtiva (Greenberg, 2004). Sendo assim, é necessário dedicar tempo para fortalecer o paciente usando a raiva adaptativa a fim de gerar autoconfiança no adulto saudável (Simeone-DiFrancesco et al., 2015). Enquanto reescreve a cena, o terapeuta pode dizer que a situação abusiva não voltará a acontecer e que "a criança está segura agora".

O papel dos adultos saudáveis é cuidar da criança e não cuidar de outras pessoas significativas que estiverem na imagem mental evocada. Ao reescrever a imagem, é possível deixar essas pessoas sob o cuidado de profissionais (p. ex., atendimento psiquiátrico para pais deprimidos ou viciados em drogas; prisão para uma pessoa que comete abuso). Recomenda-se que o combate às vozes parentais seja feito em frente ao modo criança do paciente, pois é preciso que a criança vulnerável assista ao enfraquecimento dos modos parentais para aumentar a confiança no adulto saudável. Se a criança vulnerável for muito ansiosa e frágil, é importante tornar a perspectiva dela mais segura, colocando-a atrás de uma parede de vidro para assistir à cena (Simeone-DiFrancesco et al., 2015).

Muitos pacientes se identificam com imagens internalizadas de pessoas significativas. No trabalho com casais, é visível a reprodução de tais padrões na dinâmica conjugal e familiar. Sendo assim, é de fundamental importância identificar, compreender as consequências e enfraquecer as vozes parentais punitivas e exigentes internalizadas.

Alice lembrou de quando tentou contar para a mãe que o tio (irmão mais novo da mãe) a tocou inapropriadamente. A mãe sempre encontrava uma desculpa, "Ah, é o jeito do tio Fábio". Alice estava devastada e sentia que estava completamente insegura e desprotegida quando criança. Quando ela retorna à imagem mental, o terapeuta pede que visualize o marido, Paulo, junto com ela na cena, intervindo para sua segurança e proteção. Paulo diz para a mãe de Alice: "O que Alice está dizendo é importante. Ela só tem 10 anos e precisou de muita coragem para te contar. Você precisa acreditar nela, protegê-la quando o tio Fábio estiver visitando a família. Se você não fizer isso, estará faltando com sua responsabilidade como mãe!". O terapeuta pode intervir a partir daí, alterando a imagem mental em busca do melhor resultado.

Cuidando da criança

Para cuidar da criança, é necessário identificar mensagens parentais saudáveis que ela precisa ouvir. Pense nas necessidades emocionais centrais não atendidas para melhorar sua compreensão. Por exemplo: Maria visualizou uma cena que ocorreu quando tinha 12 anos. Ela viu os pais discutindo. O pai estava intoxicado, bateu na mãe, foi embora e nunca mais voltou. O que Maria precisa é de compreensão, proteção, entender que não deve se culpar e identificar o que ela precisava aos 12 anos de idade.

O resultado desejado após o trabalho com imagens mentais é ter uma visão mais adaptativa da cena e de si mesmo. O paciente deve passar a ter uma compreensão mais realista do passado. Entender que não poderia ter mudado o que aconteceu e que não foi sua culpa, mas que pode mudar sua relação com o acontecido e a forma como se vê diante do que houve.

Durante o trabalho com imagens mentais, enquanto é reescrita a cena evocada, é possível modificar uma memória. A memória é significativamente plástica, por isso pode ser modificada. Usando o exercício com imagens mentais, é possível enfraquecer uma memória originalmente traumática. Mas a essência do exercício não é modificar a história daquela cena, o objetivo é mudar o significado que ela teve para o paciente. O exercício permite que ele escreva novas histórias que atendam a suas necessidades no presente, como adulto. Isso pode ser feito por meio da busca por relações mais saudáveis na vida adulta (Simeone-DiFrancesco et al., 2015).

O trabalho com imagens pode ser seguido pelo *role-play* com os parceiros (Young, 2012), especialmente nos casos em que habilidades sociais conjugais precisam ser aprendidas e praticadas.

O trabalho com imagens mentais vem sendo bastante adaptado para o atendimento de casais (Atkinson, 2012) e está fundamentado nos seguintes passos:

1. *Identificação*: identificar o modo ativado.
2. *Participação do parceiro*: enquanto você trabalha com a imagem mental trazida por um dos parceiros, pedir ao outro que seja um espectador ativo, que dá apoio e faz a reparentalização do parceiro.
3. *Visualização da imagem mental do parceiro*: incentivar a visualização mais vívida possível da cena, sendo empático e demonstrando compreensão.
4. *Acalmando o parceiro*: pedir ao parceiro que está como espectador que acalme o parceiro que está na imagem como se este fosse uma criança.
5. *Descrição*: finalmente, pedir a quem está lembrando da cena que conte como se sentiu ao ser acalmado pelo parceiro.

A participação de ambos os parceiros no exercício visa promover um envolvimento mais profundo do que o simples registro da informação racional. O resultado do trabalho é percebido quando o parceiro consegue visualizar a cena trazida e fazer a reparentalização. A compreensão da experiência infantil tem um ótimo impacto no tratamento. Quando compartilham experiências negativas da infância, um senso de conexão e empatia é construído pelo casal (Simeone-DiFrancesco et al., 2015). Se houver dificuldade para acessar uma imagem mental, você pode pedir que tragam fotografias da infância. Isso pode ajudar a acessar memórias infantis.

Tornando seguro o trabalho com imagens mentais com casais

A segurança é muito importante para o trabalho com imagens mentais. A seguir, listamos sugestões adaptadas do roteiro de Simeone-DiFrancesco e colaboradores (2015) que objetivam o desenvolvimento do exercício com casais, promovendo segurança para os pacientes.

1. *Permissão*: sempre é necessário perguntar se há problemas em realizar o trabalho com imagens na presença do parceiro. Eles se sentem seguros o suficiente ou é possível fazer algo para deixá-los mais seguros? É importante descobrir o que pode aumentar a sensação de segurança do casal.
2. *Dar suporte ao parceiro*: é útil mencionar que o parceiro não deve apenas assistir ao trabalho de forma passiva. É necessário que participe ativamente do exercício, aumentando sua compreensão acerca das necessidades do outro e sendo capaz de cuidar da criança do parceiro na cena. Dessa forma, o parceiro espectador ajuda ativamente o terapeuta no processo. Depois os papéis serão invertidos.
3. *Estabelecer o papel do parceiro*: é fundamental o esclarecimento do que a pessoa que vivencia a imagem gostaria que o parceiro fizesse. Por exemplo, segurar sua mão, apenas ficar sentado a seu lado, ou ficar em algum outro lugar (incluindo não estar presente).
4. *Olhos fechados*: é indicado pedir que os dois parceiros fechem os olhos para que a pessoa que está trazendo a imagem mental não se sinta observada durante o exercício, o que pode gerar desconforto.
5. *Entrar na imagem*: é sempre fundamental pedir permissão para a pessoa que está trazendo a imagem antes de entrar na cena.
6. *Seja sensível*: é necessário que o terapeuta fique atento a qualquer sinal daquilo que a pessoa que está trazendo a imagem está sentindo em relação às intervenções do parceiro. Se acontecer de ela estar desconfortável, é importante interferir e assumir a reparentalização.
7. *Participação*: a técnica envolve pedir a quem está vivenciando a imagem que ajude o terapeuta e o parceiro a entenderem suas necessidades. "Descreva seus sentimentos e sensações. Ajude-nos a entender do que você precisa. Que expressão você vê no seu eu criança? Consegue nos dizer? Pode nos ajudar com isso?" Esta é uma forma gentil de obter os detalhes da imagem mental e orientação quanto às necessidades do paciente.
8. *Participação do parceiro*: depois de compreender empaticamente o que a criança da imagem está sentindo, é importante envolver o parceiro. Isso ajudará o paciente que está trazendo a cena a se sentir mais compreendido e apoiado. Algumas questões norteadoras: o que o parceiro pode acrescentar à cena?

O que ele gostaria de dizer para tranquilizar a criança ou reduzir a dor, a confusão e a decepção da criança? Como pode proteger a criança dos pais punitivos ou exigentes?

9. *Envolvendo o parceiro*: se o parceiro precisa aprender mais sobre as emoções da criança, é possível pedir para que esta seja mais específica com o parceiro, compartilhando seus sentimentos e pedindo ajuda a ele. Você também pode perguntar ao parceiro: "Se este fosse você, ou seu filho, como provavelmente se sentiria?". Depois que ele responder, pergunte ao outro parceiro se os sentimentos dele são similares.

10. *Encerramento*: ao final do trabalho com imagens mentais, é importante permitir que o paciente contenha os sentimentos aflorados durante o exercício, indo para um lugar seguro. Depois, é importante processar a experiência em nível cognitivo por alguns minutos, inclusive fazendo conexões entre o passado e o presente. Deve-se terminar afirmando quanta coragem foi necessária para lidar com a memória evocada, o que reforça a atuação dos pacientes no exercício e ajuda no fortalecimento do adulto saudável.

11. *Confira*: é indispensável que o terapeuta confira a experiência da pessoa que fez o trabalho com imagem e confira também como foi para o outro parceiro. Além disso, deve incentivar o casal a compartilhar suas experiências. Verificar também se alguma coisa foi confusa para algum deles, se foi difícil para eles fazerem o exercício em frente ao parceiro e o que facilitaria o trabalho na próxima vez.

12. *Sentimentos ao final*: é importante certificar-se de que o paciente saia da sessão se sentindo seguro e percebendo que o parceiro o entende.

Às vezes, o paciente pode ter um funcionamento mais regressivo do que o esperado, pois talvez ele não o tivesse deixado transparecer até o momento em que vocês iniciaram o trabalho com imagens mentais. Sendo assim, é útil que haja uma combinação de um sinal com o paciente, como levantar a mão, para quando o exercício se tornar muito intenso. Então, a visualização da imagem pode ser trabalhada para ficar menos intensa ou ser interrompida.

O trabalho com imagens também pode ser usado como exercício para auxiliar na construção de empatia e na compreensão entre o casal (Paim, 2016). Breno e Raquel perceberam que determinadas situações desencadeavam fortes reações emocionais. O terapeuta ensinou-lhes a perceber quais os gatilhos que ativavam esses padrões emocionais bastante intensos. Raquel pôde notar que os gatilhos, por vezes, levavam-na a *flashes* de raiva. Já Breno observou que se sentia culpado e tinha vontade de esconder-se da raiva de Raquel. O terapeuta utilizou a memória dessas reações emocionais encadeadas para identificar situações abusivas na história precoce de ambos os parceiros, aumentando a compreensão, a identificação e a empatia entre eles.

Nesse espaço vulnerável, existem alguns riscos para o casal. Os modos pais exigentes ou pais punitivos internalizados do parceiro podem atrapalhar o trabalho, impedindo a satisfação das necessidades da criança. Esses modos podem se expressar em resposta a um comportamento dissonante do parceiro. Se isso ocorrer, o terapeuta precisa intervir de forma firme: "Espere, de onde veio isso? Qual parte de você está falando?" (Identificar e nomear o modo parental). "O que aconteceu com você quando era criança quando fez algo parecido?" (Construa uma ponte para identificar a origem do esquema). Explique que essa pode não ser uma voz "pura" dos pais, mas uma voz composta que inclui o que a criança sentiu ao ouvir a mensagem dos pais. A confrontação terapêutica pode ser aceita com mais facilidade quando assim explicada e quando houver conexão com as origens na infância. Na primeira oportunidade, o terapeuta retorna à experiência do parceiro com necessidades infantis não atendidas a fim de explorá-la melhor (Simeone-DiFrancesco et al., 2015).

Quando o modo criança vulnerável tem suas necessidades satisfeitas durante a sessão, o paciente vivencia uma ressignificação profunda das suas próprias sensações, o que permitirá uma experiência corretiva bastante eficiente. Isso reduzirá a força dos EIDs e dos modos disfuncionais. É importante ressaltar que o trabalho em TE com memórias traumáticas não é igual ao trabalho de exposição, embora, às vezes, isso ocorra naturalmente. Na TE, não é necessário reviver todo o trauma. Pode ser suficiente ir até o momento em que o paciente se sente mobilizado emocionalmente. A partir daí, o objetivo é avançar em direção à resolução pela reparentalização. O paciente precisa se sentir seguro ao final do exercício. Certificar-se de que a emoção positiva associada à reparentalização seja plenamente sentida é fundamental para o processo e assegura adesão ao tratamento (Arntz & Jacob, 2013).

USANDO CARTÃO DE EMBATES DE CICLOS DE MODOS

O Cartão de Embates de Ciclos de Modos foi desenvolvido por Roediger (2012). O objetivo principal da atividade é ajudar o casal a entender seu mapa de modos (mais bem explicado no Cap. 6) e orientá-lo a encontrar uma solução mais saudável para o conflito. A Figura 7.1 ilustra o modelo de cartão de embate.

O início da formulação de um cartão de embate é a identificação da situação-gatilho, seguindo para a descoberta de EIDs ativados e memórias infantis, se estiverem acessíveis. As setas vão sendo seguidas para baixo, na segunda linha são adicionadas as vozes dos pais internalizadas. Na parte central da segunda linha, deve ser feito o registro do modo de enfrentamento visível resultante para cada pessoa (descrito detalhadamente no Cap. 4). O próximo passo é avaliar o afeto dominante (ativação do modo criança) que se encontra por trás do modo de enfrentamento. É funda-

P. 1: Gatilho (esquema/memórias nucleares):		P. 2: Gatilho (esquema/memórias nucleares):	
Vozes dos pais internalizados:	→ Modo de enfrentamento:	Modo de enfrentamento: ←	Vozes dos pais internalizados:
Modo criança (bloqueado / ativo)		Modo criança (bloqueado / ativo)	
Necessidade não atendida: Desejo:		Necessidade não atendida: Desejo:	
Solução do modo adulto saudável:		Solução do modo adulto saudável:	
Resultado:			

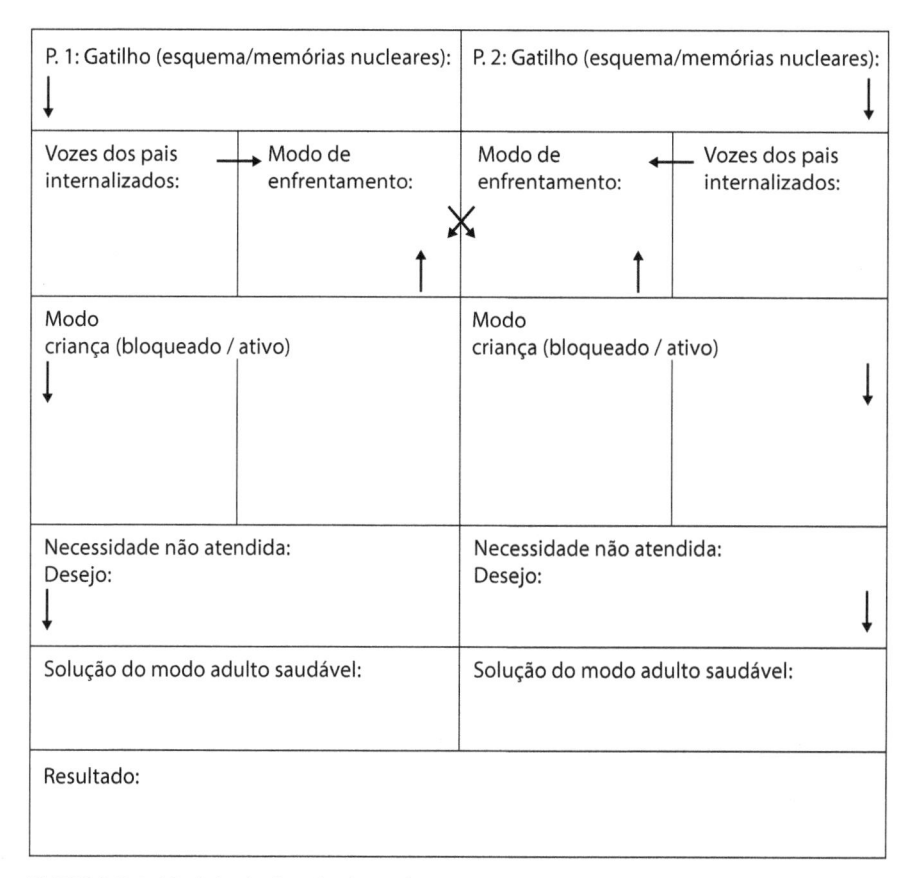

FIGURA 7.1 Modelo de Cartão de Embate.
Fonte: Simeone-DiFrancesco e colaboradores (2015).

mental que o terapeuta ajude cada parceiro a desbloquear o modo criança oculto pelos modos de enfrentamento e a proporcionar a conexão com as necessidades não atendidas. O último passo é ajudar os parceiros a pensar em uma estratégia mais assertiva para se aproximarem das necessidades, que são as estratégias do modo adulto saudável (Simeone-DiFrancesco et al., 2015).

As setas indicam como o ciclo é perpetuado pelas emoções evocadas a partir do resultado dos modos de enfrentamento do outro. Por exemplo, o modo protetor desligado do marido, para proteger a criança vulnerável do pai punitivo, pode ativar o modo criança zangada da esposa por esta relacionar a desconexão do marido a vivências infantis de privação emocional com os cuidadores.

O terapeuta pode usar cartões de embate para educar o casal sobre suas necessidades básicas e sobre formas mais adequadas de atendê-las. Além disso, a conscientização do ciclo de modos permite que o casal o interrompa (Paim, 2016). A maneira de escapar do ciclo é detectar as emoções bloqueadas ou negligenciadas no presente e relacioná-las a necessidades básicas não atendidas na infância. A TE utiliza perguntas centrais que norteiam o foco nas necessidades emocionais: "O que esse modo infantil realmente precisa? O que está sendo solicitado? O que você realmente esperava dele/dela?". Após a ativação do modo criança, é sempre necessário seguir a seta para baixo e preencher as necessidades emocionais principais e o desejo relacionado. Depois disso, na resposta do adulto saudável, é importante definir meios realistas para atender a essas necessidades e desejos, sempre destacando os efeitos sentidos com o atendimento das necessidades.

O cartão de embate leva a uma compreensão mais profunda das motivações subjacentes aos comportamentos defensivos dos modos de enfrentamento desadaptativos. É prático e clinicamente útil desde que tenha foco claro e preciso no que está acontecendo na dinâmica conjugal e no realmente necessário.

LIDANDO COM A RAIVA

A raiva pode ser avassaladora e se espalhar rapidamente, contagiando todos ao redor. Em terapia de casal, muitas vezes a raiva no relacionamento aparece em sessão e precisamos lidar com ela (Simeone-DiFrancesco et al., 2015). A seguir, serão descritos alguns passos que sugerem uma forma para trabalhar com a raiva em terapia de casal (Kellogg & Young, 2006).

- *Ventilar*: o terapeuta deve estimular o paciente a expressar toda a raiva desde que não seja abusivo ou destrutivo, especialmente com o parceiro, na sessão. Explorar o que está no centro da raiva e separar reações e emoções mais infantis daquelas relacionadas ao parceiro. Por exemplo: "Tente nos dizer o que o faz sentir esta raiva, o que lhe faltou, o que o deixou tão magoado".
- *Empatizar*: o terapeuta responde empaticamente ao esquema que foi ativado, reconhecendo a dor causada. Por exemplo: "Realmente consigo ver a sua dor em não se sentir considerado".
- *Testando a realidade*: para a "verificação da realidade", é útil o terapeuta assumir uma nova postura fisicamente, ficar em pé pode ajudar. Por não ser punitivo ou defensivo, o terapeuta reconhece o que é visto, pelos dois lados, com precisão. Em seguida, ele aborda com os pacientes quais aspectos foram conduzidos pelo esquema e são distorções da situação.
- *Retomando a assertividade*: depois que a raiva diminui, o terapeuta e o casal exploram como as necessidades poderiam ter sido expressas de maneira assertiva e não de forma agressiva hipercompensatória. Um *role-play* para treinamento de assertividade pode ser necessário.

DIALOGANDO COM OS MODOS EM MÚLTIPLAS CADEIRAS

É uma prática da TE usar técnicas com cadeiras para atingir objetivos terapêuticos (Kellogg, 2012; Young et al., 2003). As cadeiras representam os modos concretamente: cada cadeira corresponde a um modo diferente e, dessa forma, o trabalho com cadeiras permite uma representação de "entidades psíquicas" com dinâmicas distintas (Simeone-DiFrancesco et al., 2015). O mapa dos modos deve ser utilizado como um modelo de distribuição das cadeiras. O nome de cada modo pode ser personalizado, mas sempre em alinhamento com o mapa dos modos.

Kellogg e Young (2006) consideram que os diálogos entre as cadeiras podem ser usados para validar e suprir as necessidades da criança vulnerável, para combater os pais internalizados e para transpor os modos de enfrentamento desadaptativos. Depois de separar modos de enfrentamento, modos pais internalizados e modos infantis em diferentes cadeiras, o indivíduo e o terapeuta podem ficar juntos, olhando para as cadeiras lado a lado. É possível perguntar como os parceiros se sentem ao assistir, por exemplo, ao pai punitivo punir a criança vulnerável usando mensagens negativas. Isso pode liberar recursos de raiva para tomar uma posição em defesa da criança e direcionada ao comportamento punitivo do pai que deixou cicatrizes na vida adulta. Quando houver raiva, é importante colocar uma cadeira adicional para representar a criança zangada, deixando-a perto da cadeira da criança vulnerável. O objetivo é que os dois polos do espectro emocional da criança no mapa de modos estejam representados em cadeiras separadas, pois isso promove uma representação mental distinta de ambos. Em seguida, incentive o paciente a usar sentimentos de assertividade para lutar pelas necessidades e direitos da criança, dando voz a ela e deixando-a solicitar suas necessidades.

No atendimento de casais, é importante que o trabalho com cadeiras seja feito na presença de ambos os parceiros, mesmo que o foco esteja nos modos de apenas um deles Além de trabalhar modos individuais que estão prejudicando a relação, isso também promove uma melhor compreensão do mundo interior do parceiro que está em foco pelo outro. Em uma segunda etapa, o parceiro deve ser incluído na reparentalização da criança. Com seu modo adulto saudável, ele se alia ao terapeuta para conversar com os modos desadaptativos do parceiro. Também é possível desenvolver esse trabalha com ambos os parceiros, focando no mapa de modos conjugais. Os parceiros olham o ciclo de cima, caminhando pela sala; portanto, terapeuta e casal, lado a lado, estão aliados para mexer nas cadeiras, rompendo padrões destrutivos. Isso ajuda a criar uma aliança de trabalho na sessão.

Alguns objetivos do trabalho com cadeiras, segundo Arntz e Jacob (2013), são: separar as vozes críticas e hiperexigentes do modo adulto saudável; vivenciar os estados de humor e as sensações dos diferentes modos ao mudar-se fisicamente de cadeira; aprofundar os sentimentos do modo criança, aproximando-a do modo adulto do parceiro (estimulando conversas entre os modos); observar concretamente como os modos de enfrentamento são barreiras para escutar o modo criança no mapa de modos conjugais. Ser o modo em uma cadeira ajuda o indivíduo a entrar completamente na perspectiva do modo, o que ajuda no aprofundamento emocional do trabalho da terapia.

Alguns cuidados importantes: não é indicado que os parceiros se sentem na cadeira dos pais internalizados em modo de enfrentamento hipercompensador ataque, pois isso pode gerar um conflito entre eles. Em vez disso, recomenda-se a utilização de cadeiras vazias que representem esses modos enquanto os parceiros permanecem no modo adulto saudável ou criança vulnerável. Também é útil ficar observando as cadeiras, circulando pelo mapa de modos como adulto saudável, podendo, com isso, abordar o modo a qualquer momento, parando ao lado da cadeira respectiva.

QUEBRANDO PADRÕES COMPORTAMENTAIS COM TAREFAS DE CASA

Depois que a dinâmica mais destrutiva é enfraquecida e o casal já entende o seu mapa de modos, as tarefas de casa são importantes para aplicar o que foi aprendido às interações fora da sessão. Isso envolve uma mudança para estratégias de enfrentamento saudáveis, em vez das antigas respostas automáticas baseadas em esquemas (Farrell et al., 2012). Claramente, isso terá um impacto benéfico na qualidade do relacionamento do casal.

O casal é treinado nas sessões para posteriormente colocar o que aprendeu em prática fora da sessão e resolver conflitos cotidianos usando a seguinte sequência, segundo Simeone-DiFrancesco e colaboradores (2015):

1. *Parar*: reconhecer a ativação esquemática imediatamente.
2. *Distanciar*: fisicamente um do outro (indo para espaços separados) por um tempo, conforme acordado.
3. *Analisar*: o conflito individualmente, preenchendo um cartão de embate do ciclo de modo, identificando as necessidades básicas não satisfeitas e ativando o adulto saudável.
4. *Reconectar*: com o parceiro, comparando os cartões de embate.
5. *Entrar*: no lugar do parceiro para compartilhar sua perspectiva.
6. *Contribuir*: mutuamente com sugestões sobre como resolver o conflito e atender às necessidades básicas de maneira saudável.

A repetição do *role-play* de reparentalização limitada, onde o modo adulto de um parceiro fala com o modo criança vulnerável do outro (nutrindo suas necessidades emocionais), é também combinada como tarefa de casa (Young, 2012). A tarefa pode ser realizada quando não há ativação esquemática, pois ela previne ciclos de ativação ao nutrir necessidades emocionais, bem como consolida repertórios comportamentais mais saudáveis.

É importante praticar novos comportamentos positivos na relação em direção a troca afetiva, relaxamento, valorização, demonstração de interesse. Isso pode ser combinado com experimentos comportamentais para o casal, ou seja, com mudanças comportamentais preestabelecidas e monitoradas, tanto na execução como nos resultados obtidos. A tarefa de casa também pode incluir respostas alternativas aos EIDs centrais com o uso de cartões com uma lista de comportamentos mais assertivos.

Casais que normalmente expressam suas necessidades de maneiras exageradas, distorcidas, agressivas ou dominantes podem precisar de técnicas típicas da terapia cognitivo-comportamental tradicional, como treinamentos de relaxamento, de assertividade, de controle da raiva, assim como o desenvolvimento de estratégias de autocontrole e de exposição gradual a situações temidas (Kellogg & Young, 2006). É importante destacar que o foco sempre são comportamentos com impactos negativos no relacionamento do casal.

TRABALHANDO COM *MINDFULNESS*

A prática de *mindfulness* estabelece o conteúdo do aqui e agora como foco da consciência e pode ser utilizada como ferramenta para auxiliar na mudança de comportamento por meio do reconhecimento emocional esquemático. Alguns treinamentos em técnicas de *mindfulness* ajudam os pacientes a se distanciarem de emoções preocupantes (p. ex., modo criança e modos pais internalizados disfuncionais). O treinamento de *mindfulness* pode estimular e fortalecer o papel do adulto saudável e ajudar a tirar o foco das ativações dos modos pais internalizados disfuncionais (Simeone-DiFrancesco et al., 2015).

Com casais com muita dificuldade de conexão com o modo criança vulnerável e que, sistematicamente, se encontram em modos de enfrentamento desadaptativos para aliviar emoções individuais mais profundas, é recomendado alguns minutos de exercícios de *mindfulness* no início das sessões ou em qualquer momento que o terapeuta achar necessário. Também é possível indicar áudios para a prática diária como tarefa de casa. A ideia principal consiste em os parceiros olharem para dentro si com aceitação e reconhecimento de suas vulnerabilidades. Assim, antes de reagir de forma a aliviar suas emoções, identificam com mais clareza o conteúdo esquemático e suas necessidades violadas, o que aumenta a possibilidade de comportamentos mais assertivos e direcionados ao outro.

CONSIDERAÇÕES FINAIS

O trabalho com casais é visto, na TE, como uma oportunidade de trabalhar com demandas emocionais profundas, muito além dos conflitos conjugais. Sendo assim, o terapeuta auxilia os parceiros a desenvolver uma compreensão cognitiva e emocional dos processos esquemáticos ativados da relação.

No processo terapêutico do casal, o terapeuta tem a missão de dar apoio total às duas partes, mas alternando o apoio conforme necessário. O terapeuta é um modelo reparentalizador empático e compreensivo, mantendo a conexão emocional com ambos os parceiros. A atenção equilibrada, o contato visual e o atendimento das necessidades emocionais proporcionam um lugar seguro para que as dores mais profundas de cada um venham à tona e sejam tratadas.

Uma série de estratégias terapêuticas e técnicas auxilia o terapeuta no trabalho com casais, entretanto, a aplicação desses recursos deve ser feita a partir de uma conceitualização de caso, deixando claro o ciclo de modos do casal (mais bem explicado nos Caps. 4 e 6) para que o uso de intervenções seja mais preciso. Em resumo, a evolução emocional do casal envolve ajudar na compreensão das ativações emocionais esquemáticas, desenvolvendo e encontrando segurança pelo processamento emocional de experiências traumáticas da infância, reconhecendo necessidades originais do modo criança e vivenciando experiências corretivas.

Também é necessário eliminar, dentro do possível, os modos parentais disfuncionais e substituí-los por atitudes saudáveis em relação a necessidades e emoções. Padrões mais saudáveis e eficazes para a satisfação emocional na relação têm como resultado a redução da necessidade de modos de enfrentamento desadaptativos na dinâmica conjugal, propiciando interações mais satisfatórias para ambos os cônjuges e que melhoram a qualidade da relação conjugal.

REFERÊNCIAS

Andriola, R. (2016). Estratégias terapêuticas: repaternalização limitada e confrontação empática. In R. Wainer, K. Paim, R. Erdos, & R. Andriola. (Orgs.), *Terapia cognitiva focada em esquemas: integração em psicoterapia* (pp. 67-84). Porto Alegre: Artmed.

Arntz, A., & Jacob, G. (2013). *Schema therapy in practice: an introductory guide to the schema mode approach.* Oxford: John Wiley & Sons.

Atkinson, T. (2012). Schema therapy for couples: Healing partners in a relationship. In M. Vreeswijk, J. Broersen, & M. Nadort. (Eds.), *The Wiley-Blackwell Handbook of Schema Therapy* (pp. 323-339). Oxford: John Wiley & Sons.

Behary, B., & Young, J. (2011). *Terapia dos esquemas para casais: curando parceiros na relação.* Porto Alegre. Material Didático utilizado na III Jornada WP.

Farrell, J. M., Shaw, I., & Shaw, I. A. (2012). *Group schema therapy for borderline personality disorder: a step-by-step treatment manual with patient workbook.* Oxford: John Wiley & Sons.

Greenberg, L. S. (2004). Emotion-focused therapy. *Clinical Psychology & Psychotherapy: an International Journal of Theory & Practice, 11*(1), 3-16.

Kellogg S. H., Young J. (2006). Schema therapy for borderline personality disorder. *Journal of Clinical Psychology, 62*(4), 445-458.

Kellogg, S. H. (2012). On speaking one's mind: using chair-work dialogs in ST. In M. Van Vreeswijk, J. Roersen, & M. Nadort (Eds.), *The Wiley-Blackwell Handbook of Schema Therapy* (pp. 197-208). Oxford: John Wiley & Sons.

McGinn, L. K., & Young, J. E. (2012). Terapia focada no esquema. In P. M. Salkovskis. (Orgs.), *Fronteiras da terapia cognitiva* (pp. 179-200). São Paulo: Casa do Psicólogo.

Paim, K. (2016). A terapia do esquema para casais. In R. Wainer, K. Paim, R. Erdos, & R. Andriola (Orgs.), *Terapia cognitiva focada em esquemas: integração em Psicoterapia* (pp. 204-220). Porto Alegre: Artmed.

Pearson, D. G., Deeprose, C., Wallace-Hadrill, S. M., Heyes, S. B., & Holmes, E. A. (2013). Assessing mental imagery in clinical psychology: a review of imagery measures and a guiding framework. *Clinical Psychology Review, 33*(1), 1-23.

Petry, M. C. & Basso, L. A. (2016). O trabalho com imagens mentais. In R. Wainer, K. Paim, R. Erdos, & R. Andriola (Orgs.), *Terapia cognitiva focada em esquemas: integração em psicoterapia* (pp. 129-146). Porto Alegre: Artmed.

Roediger, E. (2012). *Basics of a dimensional and dynamic mode model*. Recuperado de: http://www.isstonline.com/sites/default Scribel /files/Roediger

Simeone-DiFrancesco, C., Roediger, E., & Stevens, B. A. (2015). *Schema therapy with couples: a practitioner's guide to healing relationships*. Oxford: John Wiley & Sons.

Young, J. (2012). *Schema therapy with couples*. American Psychological Association Series IV. 1 DVD.

Young, J. E. (1990). *Cognitive therapy for personality disorders: a schema-focused approach*. Sarasota: Professional Resource.

Young, J. E., Klosko, J. S., & Weishaar, M. E. (2003). *Schema therapy: a practitioner's guide*. New York: Guilford.

Leituras recomendadas

Stevens, B., & Roediger, E. (2017). *Breaking negative relationship patterns: a schema therapy self-help and support book*. Oxford: John Wiley & Sons.

Wainer, R., & Rijo, D. (2016). O modelo teórico: esquemas iniciais desadaptativos, estilos de enfrentamento e modos esquemáticos. In R. Wainer, K. Paim, R. Erdos, & R. Andriola (Orgs.), *Terapia cognitiva focada em esquemas: integração em psicoterapia* (pp. 49-63). Porto Alegre: Artmed.

Whisman, M. A., & Uebelacker, L. A. (2007). Maladaptive schemas and core beliefs in treatment and research with couples. In L. P. Riso, P. L. du Toit, D. Stein, & J. E. Young (Eds.), *Cognitive schemas and core beliefs in psychological problems a scientist-practitioner guide* (pp. 199-220). Washington: American Psychological Association.

Yoosefi, N., Etemadi, O., Bahramil F., Fatehizade, M. A., & Ahmadi, S. A. (2010). An investigation on early maladaptive schema in marital relationship as predictors of divorce. *Journal of Divorce and Remarriage, 51*(5), 269-292.

Young, J. E., & Behary, W. T. (1998). Schema-focused therapy for personality disorders. In N. Tarrier, A. Wells, & G. Haddock. (Eds.), *Treating complex cases: the cognitive behavioural approach* (pp. 340-376). New York: John Wiley & Sons.

8

A relação terapêutica

Clarissa Leitune
Ben-Hur Risso

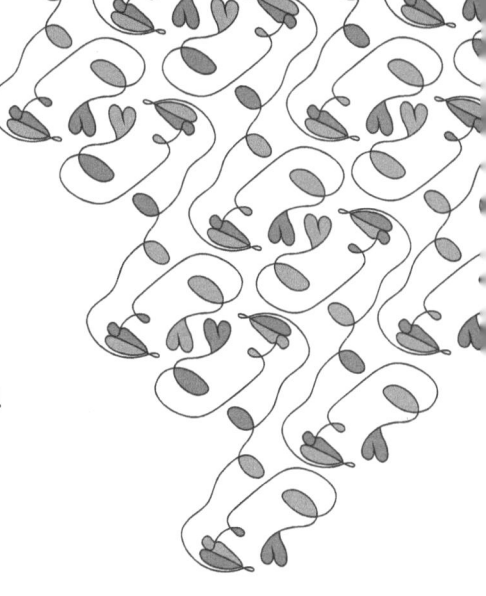

> *O processo terapêutico começa quando encontramos uma parte nossa em nossos pacientes, pois procuramos algo onde se possa debruçar o amor.*
>
> Leitune & Risso

A terapia do esquema (TE) revisita e se apropria de elementos importantes de outras abordagens terapêuticas. Um dos aspectos de inovação diante da terapia cognitivo-comportamental (TCC), por exemplo, está no fato de valorizar a relação terapêutica como método eficiente na transformação de como o indivíduo se observa e se relaciona com os demais (Young, Klosko, & Weishaar, 2008). Apesar disso, a relação terapêutica ainda tem sido pouco estudada e pesquisada devido a seu caráter subjetivo.

Na prática clínica, o terapeuta utiliza diversas habilidades afetivas e sociais, recursos estes apreendidos de uma cultura latino-americana, na qual se prezam a proximidade e a expressividade afetiva. Conforme Gilbert (2010), a disponibilidade emocional do terapeuta para oferecer um espaço adequado às demandas dos pacientes é uma das habilidades que refletem o nível de abertura e aceitação para a mudança. Por isso, a construção de um ambiente onde haja uma preocupação genuína com o outro e confiança suficiente para mergulhar em um alto teor emocional são elementos essenciais para o processo terapêutico. Dessa forma, pode-se manter o cuidado com os pacientes na tentativa de suprir as necessidades emocionais não plenamente atendidas na infância.

O terapeuta tem o papel de avaliar com atenção as formas como o paciente lida com as figuras emocionalmente representativas, incluindo a própria relação terapeuta-paciente. Experiências do início da infância e da adolescência podem distorcer a visão do paciente em relação à percepção do cuidado, levando-o a repetir comportamentos desadaptativos quando esquemas mentais forem ativados em situações semelhantes às vividas na infância (Bowlby, 2006). Portanto, a conduta do terapeuta deve estar intimamente ligada às questões de interação com o paciente, pois a maneira como este se relaciona com as demais pessoas também se reflete na interação do *setting* terapêutico (Beck, Freeman, & Davis, 2005).

Este capítulo se propõe a apresentar alguns tópicos relevantes sobre o vínculo terapêutico, como conceitos sobre a relação terapêutica, pressupostos para uma relação terapêutica transformadora e aspectos sobre como a pessoa do terapeuta influencia no processo psicoterápico. Por fim, será discutida a importância da relação terapêutica na terapia de casais.

DEFININDO A RELAÇÃO TERAPÊUTICA

Transformações significativas podem ocorrer a partir da interação entre paciente e terapeuta. Dessa maneira, a própria relação tem função modificadora nos conteúdos emocionais do paciente. A relação terapêutica não é uma técnica. Talvez ela seja o pano de fundo que oportuniza que as qualidades do paciente aflorem com maior naturalidade (Kazantzis, Dattilio, & Dobson, 2017).

A relação terapêutica tem o objetivo de favorecer o comprometimento da dupla paciente-terapeuta no acesso a pensamentos, emoções e crenças. Quando a relação está fortalecida, o engajamento no tratamento dá início ao processo de cooperação, com a finalidade de criar e construir estratégias para a mudança. Essa etapa passa a se chamar, então, aliança terapêutica, em que terapeuta e paciente formam uma coalizão em busca de estratégias para a mudança. Contempla-se, nesse momento, a capacidade técnica do terapeuta, assim como a motivação para mudança do paciente (Kazantzis et al., 2017).

O terapeuta precisa oferecer, dentro de limites realistas, uma experiência diferente daquelas às quais paciente esteja habituado nas situações de intensas ativações emocionais. Para isso, há a necessidade de manter um ritmo apropriado para cada momento do processo terapêutico. A constante troca de *feedbacks* entre a dupla serve como termômetro para aferir a relação. Adotando uma postura aberta e genuína, a atmosfera do *setting* torna-se mais acolhedora para a expressão das vulnerabilidades. O terapeuta precisa despir-se de juízo de valor, questionar como o paciente está se sentindo antes das intervenções, durante e depois das técnicas. Caso entenda que a sessão mobilizou o paciente de forma intensa, o terapeuta pode solicitar um contato extrassessão para confortá-lo (Kazantzis et al., 2017).

Quando vivem intensas ativações emocionais, os pacientes podem fazer interpretações equivocadas sobre o comportamento do terapeuta, conforme suas crenças e valores. Portanto, cabe ao terapeuta adaptar a cada paciente suas intervenções e manejá-las com destreza e sensibilidade. Por exemplo, um paciente narcisista pode interpretar uma postura empática e validante como paternalista e humilhante. Nesse momento, o terapeuta pode apontar o comportamento do paciente como sendo a manifestação do esquema ativado diante da intervenção reparentalizadora (Kazantzis et al., 2017).

PRESSUPOSTOS PARA UMA RELAÇÃO TERAPÊUTICA TRANSFORMADORA

Construir uma relação sólida e estável com o paciente pode transformar o significado que este atribuiu ao cuidado recebido nos primeiros anos de vida. Alguns componentes da relação terapêutica são indispensáveis para a elaboração do novo modelo, tais como o paciente se sentir valorizado, respeitado e à vontade para partilhar suas experiências e, assim, acessar sua vulnerabilidade (Kazantzis et al., 2017).

Na TE, o foco são as emoções do paciente, já que as intervenções são mais voltadas para a validação emocional e não para a reestruturação cognitiva. Essa postura demanda uma atenção maior para a curiosidade e a compreensão de como o paciente não teve suas necessidades emocionais atendidas (Leahy, 2008). Manter uma postura que valide as emoções do paciente, ser acolhedor e suportar um alto teor emocional são habilidades que facilitam o progresso no tratamento (Rafaeli, Berstein, & Young, 2011).

A fim de acessar e identificar as ativações esquemáticas do paciente, o terapeuta precisa estar atento aos sinais não verbais durante a sessão. Esses comportamentos podem ser valiosos no que tange às reações emocionais dos pacientes e ser uma fonte importante do conteúdo a ser trabalhado. Adotar uma postura investigativa que vai além do relato dos pacientes e observar alterações de comportamento ou flutuação no tom da voz proporciona uma experiência mais intensa no processo terapêutico, reforçando a relação entre ambos (Beck et al., 2005). Com o passar do tempo, com o terapeuta se mostrando uma figura estável e confiável, o paciente desenvolve, progressivamente, um adulto saudável. Enquanto esse novo modelo está em desenvolvimento, o próprio terapeuta atuará como adulto saudável (Rafaeli et al., 2011).

O eixo principal da TE está justamente em acessar as necessidades emocionais não atendidas do paciente. Nesse sentido, o terapeuta precisa mostrar-se empático e afetivo em suas intervenções (Rafaeli et al., 2011), validando as emoções do paciente conforme suas vivências dolorosas (Leahy, 2008). O antídoto responsável pela transformação dos mecanismos desadaptativos do paciente está condicionado à reparentalização limitada, que apenas será realizada de forma satisfatória se estiverem claras as carências do paciente (Leahy, 2008).

A PESSOA DO TERAPEUTA

Na experiência clínica e ao longo do processo de formação para ser um terapeuta do esquema, vivenciam-se diversos momentos com pacientes e também com colegas terapeutas. Aprende-se a distinguir algumas características que vão além da formação técnica, sempre almejada pelos terapeutas. Percebe-se que, para ser um bom terapeuta, precisa-se observar a vida, carregar curiosidade sobre as motivações alheias.

Young e colaboradores (2008) referem que, para uma boa relação com os pacientes na TE, é necessária uma postura humanizada e calorosa. Os terapeutas mantêm uma conduta de maior transparência em relação aos seus sentimentos e demonstram suas reações à medida que a experiência tem um efeito positivo sobre os pacientes. Eles podem mostrar-se vulneráveis e falhos quando necessário, são compassivos, fornecem limites realistas e, ao mesmo tempo, mantêm a objetividade do tratamento.

A sensibilidade do terapeuta em validar sua avaliação em relação ao paciente pode sugerir algumas pistas quanto aos esquemas iniciais desadaptativos (EIDs). Isso é fundamental na compreensão dos pacientes em TE, bem como pode orientar o terapeuta a partir das suas reações emocionais (Vyskocilova & Prasko, 2010). Embora as ativações emocionais do terapeuta possam colaborar no processo terapêutico, a distinção entre a intuição do terapeuta no que diz respeito à conceitualização do caso e o acionamento de seus próprios estilos desadaptativos pode ser muito tênue. O terapeuta invariavelmente entrará em desconforto emocional com os pacientes, cabendo saber se terá recursos para lidar com os acionamentos e até onde vão seus limites na relação terapêutica. O conhecimento dos esquemas ativados com cada paciente funciona como amparo para evitar equívocos no processo terapêutico. Dessa forma, é possível concluir que o terapeuta do esquema ideal é aquele que consegue se flexibilizar o suficiente para atender às necessidades emocionais de seu paciente (Young et al., 2008).

O modelo proposto na TE (Young et al., 2008) é voltado sobretudo para o estabelecimento de uma aliança com o polo saudável do paciente contra os esquemas. O terapeuta precisa reconhecer e se aliar ao funcionamento do modo adulto saudável, servindo como modelo para o desenvolvimento de competências emocionais dos pacientes, como estabilidade e apego seguro; estrutura para autonomia e competitividade; encorajamento para a descoberta e a expressão de necessidades e emoções genuínas; apreciação da espontaneidade e do brincar; e, por último, honestidade e franqueza sobre limites realistas, tanto na terapia quanto fora dela (Rafaeli et al., 2011).

A terapia começa com o terapeuta

A jornada de vida do próprio terapeuta influencia a construção do processo de vínculo terapêutico, assim como toda a bagagem de experiência do seu autoconhecimento. A pessoa do terapeuta, também descrita como *self* do terapeuta, é essencial como ferramenta de mudança durante o processo do paciente. A interação dos mecanismos do terapeuta favorece o surgimento e a promoção de novas competências emocionais antes não atendidas. Para tanto, ele precisa ter clareza de suas emoções, saber acessar suas memórias e seus valores, dominando com habilidade seu repertório técnico e pessoal para ajudar o paciente (Aponte & Carlsen, 2009).

A terapia toma forma com a sinergia entre aspectos técnicos e pessoais. O desenvolvimento técnico do terapeuta é alicerçado em um modelo filosófico de terapia, no qual existem princípios que regem a compreensão dos mecanismos psicológicos, bem como práticas para facilitar a mudança. Em nível pessoal, terapeutas se utilizam do relacionamento com os pacientes para uma maior afinidade emocional, bem como para implementar suas intervenções (Aponte & Carlsen, 2009).

Desde os primórdios da psicoterapia, quando eram utilizados única e quase exclusivamente pressupostos psicanalíticos, Freud (1964) já postulava a necessidade de os terapeutas fazerem acompanhamento psicológico. A premissa estava condicionada à ideia de que os elementos contratransferenciais poderiam distorcer o trabalho com os pacientes (Aponte & Carlsen, 2009).

O incentivo ao autoconhecimento fornece insumos para o terapeuta aprender a identificar suas necessidades emocionais. Em geral, os terapeutas exercem um papel de cuidado entre os seus familiares e desenvolveram de forma precoce a habilidade de estar altamente conectados em nível emocional com outras pessoas (Rafaeli et al., 2011). Essa premissa explica que alguns esquemas têm maior prevalência entre os terapeutas, sendo os mais comuns: privação emocional, autossacrifício e padrões inflexíveis (Leahy, 2001).

Em decorrência de necessidades emocionais não atendidas em sua infância, os terapeutas buscam estratégias de enfrentamento para compensar tais faltas e desenvolvem esquemas secundários. Os esquemas secundários (p. ex., autossacrifício e padrões inflexíveis) são condicionados e estão sobrepostos ao núcleo emocional desadaptativo do terapeuta, servindo muitas vezes como ligação emocional com o paciente. Conforme Rafaeli e colaboradores (2011), pacientes e terapeutas compartilham de sofrimento ao longo de suas vidas. Portanto, terão EIDs de acordo com suas próprias experiências dolorosas.

Sendo assim, as vulnerabilidades do terapeuta invariavelmente aparecerão no decorrer do processo terapêutico. Atingir um elevado nível de automonitoramento e saber identificar quando os próprios esquemas estão ativados proporciona maior desenvoltura ao terapeuta. Logo, a supervisão e o autoconhecimento podem servir como entendimento das ativações emocionais do terapeuta, de suas vulnerabilidades e gatilhos no atendimento de alguns casais. Da mesma maneira, podem ser utilizados para dissolver o ciclo esquemático desadaptativo do casal (Simeone-DiFrancesco, Roediger, & Stevens, 2015).

RELAÇÃO TERAPÊUTICA COM CASAIS

O terapeuta de casais tem grandes desafios nessa abordagem de tratamento, como identificar e tratar os EIDs de cada cônjuge e a química esquemática em funcionamento. Contudo, há um desafio ainda maior que o acompanha do primeiro contato telefônico até o último momento com o casal: construir e manter o vínculo terapêutico.

Há alguns estudos e pesquisas sobre a relação terapêutica em psicoterapia individual (Friedlander, Escudero, & Heatherington, 2006). Porém, no que tange à terapia de casal, os recursos são escassos. Nesse modelo de psicoterapia, há mais de uma dinâmica relacional envolvida, o que aumenta a complexidade no processo de tratamento (Kazantzis et al., 2017).

Primeira etapa da terapia – a avaliação

O primeiro contato com o terapeuta, geralmente por telefone, já revela algo sobre o funcionamento do casal. Qual dos dois está procurando a psicoterapia? A quem coube procurar indicação e ligar para marcar uma primeira sessão? O outro cônjuge sabe que está sendo feito contato? Ele concorda que precisam de tratamento psicoterápico ou não? Essas informações são importantes, pois revelam informações sobre o funcionamento do casal e de que forma precisaremos abordá-los na construção do vínculo terapêutico.

No início do processo, a construção de um bom vínculo terapêutico é essencial. O terapeuta trabalha para criar uma forte aliança com ambos os parceiros, refletindo e validando de modo cuidadoso as perspectivas de cada um (Atkinson, 2012). Essa tarefa de vincular-se ao casal é foco de atenção durante toda a terapia; porém, é essencial na primeira sessão, pois esse momento define a continuidade ou não do processo. Ao final da primeira sessão, o casal precisa sentir que o terapeuta minimamente compreende a ambos e a cultura peculiar do relacionamento (Atkinson, 2012).

Nessa etapa da terapia, há diversas tarefas a serem cumpridas: buscar o histórico da relação conjugal, as queixas sobre problemas e conflitos, identificar os EIDs, relacioná-los com situações vividas na infância e, ainda, identificar o ciclo esquemático conjugal (Paim, 2016). O terapeuta precisa manter o foco na estratégia terapêutica, aliada à construção de um bom vínculo com o casal. Ou seja, para uma relação terapêutica eficaz, ele precisa aliar técnica e elementos vitais do vínculo relacional (Kazantzis et al., 2017).

Para desenvolver um panorama sobre os mecanismos emocionais do casal, o terapeuta preenche as lacunas da história de vida de cada paciente por intermédio de informações sobre seu histórico infantil, sentimentos, dificuldade nas relações interpessoais, questionários e exercícios de imagem. As reações emocionais são importantes por serem indicativos de como os estilos de enfrentamento do paciente emergem, sugerindo também quais necessidades emocionais precisam ser reparadas (Young et al., 2008).

É possível afirmar que há dois fatores peculiares da terapia de casal que devem receber atenção especial por parte do terapeuta: a complexidade dos vínculos a serem estabelecidos na relação terapêutica e a intensidade das ativações esquemáticas. Com relação à complexidade dos vínculos, considera-se que, em terapia de casal, o terapeuta se concentra na relação com cada um dos pacientes, na relação com ambos e na relação entre eles. Isto é, a unidade inteira precisa ser foco de atenção sob perspectivas distintas em momentos diferentes (Kazantzis et al., 2017). O segundo fator importante refere-se à intensidade emocional vivida ao longo das sessões de casal. No processo psicoterápico individual, várias sessões individuais podem ser necessárias para que os esquemas sejam ativados. Entretanto, na terapia de casais, a presença do parceiro pode servir como gatilho para as emoções centrais dos EIDs, intensificando a experiência emocional (Atkinson, 2012).

Outra questão relevante na fase inicial da avaliação diz respeito ao contrato terapêutico com casais, no qual se estabelecem regras sobre o tratamento, como frequência, desmarcações, pagamento de honorários, sessões individuais, contato com terapeutas individuais. O terapeuta precisa estar atento aos sinais de dificuldades que podem prejudicar o vínculo terapêutico. Essa tarefa de realizar o contrato pode ser difícil para alguns terapeutas por dificuldades em abordar questões tão práticas que parecem não estar relacionadas ao tratamento psicológico. Terapeutas com limites prejudicados, por exemplo, podem ter dificuldades em ser assertivos, evitando estabelecer regras ou hipercompensando suas dificuldades sendo rígidos e inflexíveis.

Nesse momento do contrato terapêutico, o vínculo pode ser abalado devido à ativação esquemática no casal. Pacientes com esquemas de desconfiança e abuso podem ser ativados por posturas rígidas do terapeuta. Em contrapartida, pacientes com limites prejudicados podem ter seus esquemas ativados pelas posturas permissivas do terapeuta. E, ainda, um terapeuta com um modo protetor desligado pode sentir-se sobrecarregado com o ciclo esquemático conjugal de luta e combate, e, assim, concluir que o casal está sem esperança, contrariando a postura terapêutica esperada de que os ajude a entender um ciclo que pode ser alterado (Atkinson, 2012). Um sinal de que os esquemas e as respostas de enfrentamento de um terapeuta estão interferindo na terapia são as transgressões de limites: o terapeuta permite que o paciente transgrida seus limites ou o terapeuta transgride as fronteiras do paciente (Rafaeli et al., 2011).

As ativações esquemáticas que ocorrem mutuamente nos pacientes e no terapeuta proporcionam grandes aberturas ao autoconhecimento e à mudança. Trata-se de utilizar a relação terapêutica como agente de mudança (Andriola, 2016) e, dessa forma, realizar as mudanças necessárias no ciclo esquemático do casal. Contudo, para que haja a compreensão dos EIDs ativados e a resolução de quaisquer dificuldades no vínculo, o terapeuta precisa estar ciente das suas ativações e das do casal, manejando as dificuldades antes que haja a ruptura da relação terapêutica, representada pelo abandono da terapia.

Para tanto, é de grande importância que o terapeuta realize uma autoavaliação a fim de identificar seus esquemas pessoais ativados pelos pacientes individualmente e pela dinâmica conjugal. Desse modo, poderá permanecer atento a suas respostas adaptativas ao tratamento ou buscar supervisão adicional para limitar quaisquer efeitos negativos potenciais (Atkinson, 2012).

A relação terapêutica é objeto de investimento ao longo de todo o tratamento. Uma parte fundamental do trabalho experiencial é a relação terapêutica. Se ambos os parceiros se sentirem acolhidos e validados pelo terapeuta, podem experimentar mais segurança para conectar-se com seu modo criança vulnerável (Atkinson, 2012). Assim, a passagem para a segunda fase da terapia, relacionada à mudança na valência dos EIDs, que ocorre por meio de sua ativação e de intensa vivência emocional, estará sendo realizada em um vínculo seguro, baseada em uma relação terapêutica de confiança e acolhimento.

Segunda etapa da terapia – a mudança

Na terapia individual, o terapeuta realiza uma reparação limitada para ser um modelo de segurança para o cliente, e a sessão de terapia se transforma em um lugar estável e de confiança. De outra forma, na terapia de casais, o terapeuta trabalha com o casal para ajudar cada parceiro a tornar-se a principal base segura para o outro e para que o relacionamento se torne um porto seguro (Johnson, 2003).

O terapeuta e a relação terapêutica servirão de guia e apoio para as fortes vivências ocorridas nessa etapa do tratamento conjugal. Tais vivências são percebidas ao longo de todo o tratamento: quando o casal emocionado relata os conflitos que lhes fizeram buscar ajuda ou quando cada um identifica seus esquemas e as origens na infância, ao fazer a identificação dos gatilhos na relação em que cada um é vulnerável, nas técnicas imagísticas realizadas. Em cada uma dessas circunstâncias, a ativação emocional é intensa e exige do terapeuta o adequado manejo dos conteúdos acessados para que experiências emocionais corretivas (Alexander & French, 1965) possam ocorrer, a fim de diminuir a valência dos esquemas ativados (Atkinson, 2012).

Na psicoterapia de casais, a reparentalização limitada é efetivada inicialmente pelo terapeuta. O profissional serve de modelo para o cônjuge identificar e treinar a forma mais adequada de reparação das necessidades emocionais não supridas de seu parceiro. Em um momento mais avançado da terapia, o objetivo é que ambos consigam identificar as necessidades e realizem a reparentalização limitada mutuamente (Paim, 2016).

O trabalho de manutenção da relação terapêutica com casais inclui uma postura ativa do terapeuta em observar áreas de força na dinâmica conjugal e, continuamente, apontar e validar ambas as perspectivas. O objetivo é criar no casal um sentimento de esperança e inspiração a partir da tomada de consciência de seus padrões negativos de interação decorrentes de seus esquemas. Assim, o terapeuta do esquema ajuda o casal a transformar as interações desadaptativas e a construir respostas saudáveis que possam curar esquemas, criando um senso de esperança e segurança no relacionamento, mantendo o vínculo conjugal (Atkinson, 2012).

No transcorrer da terapia de casal, um dos desafios do terapeuta é manter a conexão com os parceiros de forma simultânea. Uma situação ilustrativa típica ocorre quando ambos os cônjuges experimentam ativações esquemáticas de forma concomitante na sessão. Isso pode ser um ato de equilíbrio difícil, sobretudo quando um parceiro aciona os esquemas do terapeuta. Se houver uma ruptura na relação de confiança e o terapeuta não perceber, o casal pode interromper a terapia (Atkinson, 2012).

> **VINHETA CLÍNICA**
>
> **JOÃO E CLÁUDIA**
>
> João e Cláudia buscaram terapia de casal, pois não conseguiam mais conversar. Ela se queixa de que o marido é muito crítico, que se sente sozinha e não é apoiada por ele. Ele refere que ela chora facilmente e usa o choro para não resolver os problemas. Em determinada sessão, o casal chega com Cláudia dizendo que se sentiu sozinha, cansada, triste e sem apoio na última semana. O filho adoeceu, e ela teve de priorizar os cuidados e consultas médicas dele em detrimento de atividades profissionais importantes para ela. Cláudia chora e diz que gostaria que João a tivesse ajudado e acolhido mais. Nesse momento, ela ativa seu esquema de privação emocional, mostrando seu modo criança vulnerável ativado ao longo da semana e revivido na sessão após relatar os acontecimentos. Em contrapartida, João tem seu esquema de desconfiança e abuso ativado e reage com o modo criança raivosa. Ele diz à esposa que ela está exagerando e que não foi por isso que ficou mal, foi por outro motivo (relacionado à família de origem dela). Com essa reação, João reforça o esquema de privação emocional de Cláudia, com seu comportamento desadaptativo ao lidar com o esquema de desconfiança e abuso, não conseguindo expressar a necessidade emocional de afeto, segurança e confiança. A situação descrita mostra ativações esquemáticas simultaneamente na sessão e o desafio do terapeuta em lidar com a intensidade das emoções acionadas no casal.

No exemplo de João e Cláudia, abordado na vinheta clínica, o terapeuta precisa fazer a reparentalização limitada, confortando, protegendo e validando a criança vulnerável. E, com o outro cônjuge, ter uma postura de receber a necessidade de desabafo da criança raivosa e, ainda, proporcionar limites e confrontação empática para esse modo (Farrell, Reiss, & Shaw, 2014).

A reparentalização limitada é citada como o coração da TE. Sendo assim, tem por objetivo construir um relacionamento ativo com os pacientes e, de forma genuína e empática, proporcionar a expressão de necessidades emocionais e vulnerabilidade. A reparentalização limitada refere-se a determinadas condutas do terapeuta, as quais são associadas a comportamentos de um pai bom/adequado. No início do tratamento, a parentalidade precisará ser mais ativa e forte. Com a evolução da terapia, os pacientes terão aprimorado seu modo adulto saudável, não necessitando tanto de intervenções de reparentalização. Nessa fase, o papel do terapeuta ainda é muito importante para manter o vínculo e a conexão (Farrell et al., 2014).

Na terapia de casais, a reparentalização limitada ocorre quando, por exemplo, um dos parceiros aciona sua criança vulnerável. O terapeuta modela um modo adulto saudável, fornecendo uma experiência corretiva, acolhendo, reconfortando e validando a criança vulnerável, bem como servindo de modelo para o parceiro ao mostrar como o adulto saudável pode responder ao modo criança vulnerável. O objetivo é que ambos os parceiros sejam capazes de identificar seu modo esquemático, as necessidades básicas não satisfeitas e os antídotos para satisfazer essas necessidades (Atkinson, 2012). Por meio da reparação, o terapeuta ajuda o parceiro a reconstruir a segurança, a confiança na relação conjugal e na aliança terapêutica (Young et al., 2008).

VINHETA CLÍNICA

JOÃO E CLÁUDIA (CONTINUAÇÃO)

João e Cláudia relatam terem refletido sobre a última sessão. João afirma que foi pouco empático, sendo crítico e agressivo com a esposa. Ele afirma ter revivido com ela uma situação muito frequente em sua família de origem. Os pais discutiam, e a mãe ia para o quarto, com crise de asma. João diz que a mãe exagerava, se vitimizando e ficando vulnerável. Ele e os irmãos assistiam à discussão. Ele sentia medo, pena do pai e reagia fugindo para o quarto. Na adolescência, mudou a estratégia de enfrentamento, brigando com a mãe e ironizando seus comportamentos de vulnerabilidade. O terapeuta percebe que o paciente está relatando uma situação de infância em que sua criança vulnerável aparece e propõe um exercício imagístico, a fim de colocá-lo na cena e ativar as emoções relacionadas aos esquemas de privação emocional e desconfiança/abuso.

TERAPEUTA: Gostaria que vocês fechassem os olhos e ficassem em uma posição confortável no sofá. João, imagine um lugar ou cena da sua vida em que se sinta seguro e relaxado. Esse local ou cena pode ser imaginário ou vivido, no presente ou no passado.

> Cláudia fecha os olhos e acompanha as instruções. João fecha os olhos e fica em silêncio.
>
> **JOÃO:** Não consigo imaginar um lugar seguro. Não consigo encontrar nenhum lugar onde eu me sinta seguro no passado e nem no presente (começa a chorar intensamente).
> **TERAPEUTA:** Você se sente seguro aqui no consultório? Ou em algum lugar da sua casa atual?
> **JOÃO:** Não encontro um lugar em que me sinta seguro e relaxado. Preciso estar alerta todo o tempo para cuidar de todos que estão comigo. Se eu relaxar e deixar que alguém cuide de mim, ficaremos todos vulneráveis (chora).
> **TERAPEUTA:** João, estamos aqui com você. Você não está sozinho. Estamos no meu consultório na sessão de terapia. Vocês podem se preparar agora e abrir os olhos devagar.
>
> João chora muito, e a esposa aproxima-se dele com cuidado; eles se abraçam e choram juntos.

Pacientes com histórico de negligência e abuso (como visto na vinheta clínica) podem ter dificuldades em criar uma imagem segura. O terapeuta pode sugerir alguns locais seguros; caso não tenha sucesso, pode considerar trabalhar com imagens mentais em outra etapa da terapia, quando o paciente estiver mais fortalecido na relação com o terapeuta para fazer do consultório um lugar seguro (Petry & Basso, 2016).

É exatamente nesse momento de ativação esquemática dos pacientes que o terapeuta precisa ser capaz de satisfazer (dentro dos limites da relação terapêutica) as suas necessidades emocionais: vínculo seguro, autonomia e competência, expressão verdadeira das próprias emoções, espontaneidade e lazer e limites realistas. Ao observar as ativações esquemáticas, o terapeuta deve utilizá-las com o intuito de explorar seu potencial e promover ao máximo as competências psicológicas dos pacientes. Ainda, ao longo da relação terapêutica, não se devem evitar as ativações dos esquemas, sobretudo por ser algo impossível e completamente normal no trabalho com pacientes mais frágeis (Young et al., 2008).

Para realizar a reparentalização limitada, o terapeuta precisa dispor de um investimento emocional considerável, ser genuíno, transmitindo essa genuinidade em seu tom de voz, suas palavras e suas ações. Isso significa ser uma pessoa real e não apenas preocupada com excelência técnica, mas um ser humano conectado com a vulnerabilidade do outro. Com o objetivo de atender a essa tarefa delicada e complexa, os terapeutas devem estar bem familiarizados com os próprios esquemas e estilos de enfrentamento para que sirvam como auxílio na reparação de seus pacientes (Rafaeli et al., 2011).

Assim como a reparentalização limitada, o confronto empático inclui uma abertura autêntica por parte do terapeuta. Para resultar útil, essa abertura deve ser sincera e verdadeira. O terapeuta precisa aliar com sutileza uma estratégia que seja ao mesmo tempo eficiente e mantenha o vínculo para suportar o confronto a seus estilos desadaptativos de enfrentamento. Para manter a natureza colaborativa, o terapeuta pode anunciar com antecedência que se utilizará de uma abordagem confrontativa como forma de estabelecer maior confiança na relação. Como consequência, levará à desacomodação das estratégias desadaptativas do paciente, tentando, dessa forma, não reforçar estilos de enfrentamento desadaptativos (Young et al., 2008).

Ao longo dessa fase de mudança, o terapeuta utiliza a confrontação empática a fim de possibilitar avanços e modificações na química esquemática do casal (como visto no Cap. 3). Apesar de o confronto empático não ser considerado uma técnica (vinheta clínica a seguir), e sim uma abordagem em relação aos pacientes, envolve um investimento genuíno por parte do terapeuta para que seja eficiente.

VINHETA CLÍNICA

LUCAS E BIA

Lucas e Bia estão em terapia de casal há seis meses. Buscaram atendimento devido às brigas constantes e discussões violentas entre eles. Ele tem esquema de privação emocional e apresenta um estilo de manutenção do esquema, usando seu modo protetor desligado. Lucas também tem limites prejudicados, demonstrando autocontrole e autodisciplina insuficientes em algumas situações conjugais. Bia tem esquemas de privação emocional e defectividade/vergonha. Aprendeu com os pais que expressar emoções é sinal de fraqueza, sendo invalidada quando demonstrava dor ou tristeza e negligenciada em situações em que precisava de cuidados. Chegam à sessão contando sobre uma discussão que tiveram em casa. Lucas diz que tem procurado conversar com Bia sobre seus sentimentos, mas ela não mantém a conversa, não se aprofunda e não fala dela. Bia diz que conversa com ele, tem procurado escutar o que ele diz sobre si, mas não sabe o que responder para ele e nem se deve falar algo sobre si. Eles explicam que a discussão começou quando Lucas reclamou da falta de interesse dela na conversa. Ele diz que a chamou de insensível, disse que ela não se importa com ele, com seus sentimentos. Ao contar isso na sessão, Lucas se altera, mostrando a ativação esquemática. Ele diz que a esposa não se importa com ele, com seu esforço para estar mais conectado. Diz que as pessoas não valorizam quando ele se abre e mostra um pouco mais de si. Não se sente bem fazendo isso, tem raiva e não sabe por que continua vindo à terapia, pois não está ajudando.

TERAPEUTA: Lucas, percebe que você está incomodado com tudo que está relatando e tem vivido? Reconheço seu esforço em vir à terapia há tantos meses e procurar mudar seus comportamentos com a Bia. Isso é fabuloso. Entendo também que você esteja cansado, se sentindo frustrado e pouco recompensado por estar expressando seus sentimentos e ainda não ter sua necessidade afetiva suprida como você precisa.

Nesse momento, o terapeuta do esquema valida as emoções e necessidades afetivas não satisfeitas do paciente. Com isso, ajuda a identificar a ativação do esquema na relação conjugal (no caso de Lucas, a privação emocional).

> **TERAPEUTA:** Lucas, entendo que você não esteja se sentindo cuidado como deveria e, quando isso acontece, costuma ficar com raiva, mas o jeito como você expressa sua insatisfação é agressivo. Esse comportamento acaba por afastá-lo da satisfação das suas necessidades emocionais e provavelmente provoca reações negativas na Bia. Assim, como já conversamos em outras ocasiões, perpetuam-se as brigas entre vocês. Vamos pensar em uma forma mais adequada para expressar os seus sentimentos? Quem sabe você pede para ela mais atenção quando estiver conectado com as suas emoções, dizendo o quanto isso é importante para você?
>
> O terapeuta mostrou-se empático e acolhedor com as emoções do paciente, abordou o assunto de maneira franca e direta, sugerindo alternativas na forma de conduzir o diálogo na relação do casal. Utilizou-se da confrontação empática para remodelar o comportamento disfuncional da relação e modificar a química esquemática conjugal.

Os desafios das ativações esquemáticas do casal e do terapeuta

O terapeuta do esquema precisa estar atento aos seus EIDs e modos de enfrentamento para ter plena consciência do quanto a química esquemática do casal pode deixá-lo mais ativado. O autoconhecimento, bem como a busca por supervisão, são meios utilizados pelo terapeuta para superar a estagnação na terapia. Ao identificar quais pensamentos e esquemas automáticos atuam fora da plena consciência do terapeuta, é possível focar a atenção em detectar reações potenciais, ou seja, identificar emoções, sensações físicas ou reações comportamentais que podem ser estimuladas por cognições. Esses indicadores mostram que esquemas foram ativados e que estão ocorrendo sentimentos negativos, como raiva, tensão ou frustração com os pacientes (Vyskocilova & Prasko, 2010).

O terapeuta precisa estar atento às ressonâncias pessoais. Se estiver consciente do impacto do funcionamento dos pacientes e atuar em seu modo adulto saudável, poderá servir de modelo para o casal. A expressão de sentimentos por parte do terapeuta é utilizada como uma ferramenta importante no processo terapêutico de casais. Tal exercício pode servir como modelagem, por exemplo, para um parceiro com esquemas de subjugação falar sobre seus sentimentos inibidos (Simeone-DiFrancesco et al., 2015).

Em momentos de estresse incomum, ou quando confrontados com pacientes desafiantes, os esquemas do terapeuta podem ser ativados. Geralmente, os terapeutas têm um modo adulto saudável e, se estiverem conscientes de seus próprios esquemas, podem ter a conduta adequada quando esses esquemas ameaçam interferir na terapia. Em determinadas circunstâncias, ou com determinados pacientes, no entanto, essa ativação do esquema pode causar problemas mais graves, sobretudo quando combinada com formas não saudáveis de enfrentamento. Algumas dificuldades relacionadas aos esquemas ativados do terapeuta podem ser: terapeuta exageradamente focado nas necessidades dos pacientes (esquema de autossacrifício), ser rígido com os pacientes (esquema de padrões inflexíveis), ser muito dependente da aprovação dos pacientes como uma fonte de autoestima (esquema de busca de aprovação) (Rafaeli et al., 2011).

Outros exemplos de situações problemáticas para o terapeuta de casais podem estar relacionados a seu momento de vida, que coincide com situações relatadas pelo casal e EIDs similares ativados. Alguns exemplos são:

- terapeuta com esquema de abandono que está vivendo separação conjugal e atende casal em processo de divórcio;
- terapeuta com esquema de desconfiança/abuso atendendo casal em crise por infidelidade e traição;
- terapeuta com esquema de privação emocional atendendo casal com o cônjuge do sexo oposto narcisista;
- terapeuta com esquema de defectividade/vergonha atendendo casal em que ambos os cônjuges têm esquemas de padrões inflexíveis (PIs) ou um dos cônjuges têm PIs e o outro apresenta esquema de subjugação;
- terapeuta com esquema de autossacrifício e casal com esquema de autodisciplina e autocontrole insuficientes.

Se não conseguir identificar suas dificuldades em lidar com um casal específico, o terapeuta fracassará em responder de forma empática, resultando na intensificação da emoção negativa do paciente, no reforço do ciclo esquemático do casal e no abandono da terapia (Leahy, 2008). Além dessas questões, o terapeuta que mostrar excesso de preocupação com técnicas, agendas e protocolos pode levar os pacientes a pensar nele como um técnico que não entende sua experiência ou não se preocupa com a individualidade dos pacientes e, na verdade, não quer ouvir sobre as emoções com as quais estão em conflito (Leahy, 2016).

O terapeuta do esquema e o automonitoramento

O terapeuta do esquema utiliza o automonitoramento como técnica com os casais e também consigo. Ao monitorar suas próprias reações físicas e emocionais, ele pode perceber ativações esquemáticas que ocorrem nas interações com os pacientes. Quando isso acontece, em vez de ser receptivo com os pacientes, o terapeuta se torna reativo, permanecendo aprisionado no seu esquema ativado e incapaz de ser o adulto saudável para seus pacientes. Por isso, é relevante observar seu modo de enfrentamento e acionar seu modo adulto saudável para acalmar seu estado interno quando gatilhos ocorrem nas sessões de terapia com casais (Atkinson, 2016).

Durante a sessão de terapia de casal, o terapeuta observa atentamente cada sinal dos pacientes, contemplando não apenas a comunicação verbal, mas o contato visual, expressões faciais, tom de voz, postura, gestos, tempo e intensidade das respostas, com o objetivo de perceber as ativações esquemáticas. O terapeuta pergunta a si mesmo o que suas sensações internas lhe dizem sobre a dinâmica do relacionamento e sobre cada parceiro. Logo que perceba qualquer ativação esquemática em si, utiliza técnicas de respiração e mudança de foco com a finalidade de responder de forma adaptativa aos pacientes (Siegel, 2011). Assim, o terapeuta do esquema permanece em um estado receptivo, realizando a reparentalização limitada a ambos os parceiros, em vez de se tornar reativo (Gottman & Gottman, 2014). O terapeuta serve de modelo para cada cônjuge sobre como permanecer "presente" na sessão. Assim, a conexão com cada parceiro se aprofunda, fazendo com que se sintam seguros em responder de forma mais eficaz aos esforços terapêuticos para mudança (Norcross, Beutler, & Levant, 2005).

Do mesmo modo que na terapia individual, no processo de psicoterapia de casal, o terapeuta trabalha para estabelecer uma forte aliança terapêutica. No entanto, uma interrupção na aliança é altamente provável quando se trabalha com casais. Essa interrupção poderá ser percebida por desmarcações consecutivas e faltas às sessões de terapia. O terapeuta deve ser sensível e vigilante para lidar com qualquer mal-entendido ou dificuldade de aliança com um dos parceiros. O progresso da terapia pode ser interrompido até que a aliança tenha sido reparada. É preciso que o terapeuta entenda o gatilho da ruptura da relação (Atkinson, 2012).

Armadilhas à relação terapêutica

O terapeuta de casais lida com diversas dificuldades devido à complexidade dessa modalidade de tratamento. O vínculo terapêutico é fundamental para o sucesso da terapia de casais, bem como os métodos de tratamento utilizados, as características dos pacientes e as habilidades do terapeuta (Norcross et al., 2005). Quando ocorrem tensões ou quebras no relacionamento terapêutico, o sucesso do tratamento diminui e a incapacidade de resolver as rupturas pode levar ao fim da terapia (Atkinson, 2016).

De acordo com Norcross e colaboradores (2005), a ruptura na terapia de casais pode estar relacionada a três áreas principais: o entendimento de cada parceiro sobre as tarefas terapêuticas, os objetivos do tratamento para o casamento/relacionamento amoroso e a força do vínculo entre o terapeuta e ambos os parceiros. A primeira área sensível à ruptura diz respeito ao terapeuta ter flexibilidade para ajustar as intervenções às necessidades de cada parceiro (Atkinson, 2016). Pacientes tímidos, com esquemas de defectividade e inibição emocional podem precisar de mais empatia e delicadeza na construção do vínculo, demandando tempo e sensibilidade para se entregarem às vivências emocionais intensas da terapia. Cabe ao terapeuta avaliar e manejar as peculiaridades de cada parceiro do casal, respeitando o tempo de cada indivíduo e da relação.

Os objetivos do tratamento podem ser outras áreas em que ocorram quebras na relação. Um dos parceiros, ou ambos, pode se concentrar nas queixas quanto ao que o outro faz de errado e não se mostrar disponível a perceber a sua contribuição para os problemas do casamento (Atkinson, 2016). Com o objetivo de evitar uma ruptura definitiva no tratamento, o terapeuta precisa manejar adequadamente as expectativas do parceiro no que diz respeito à terapia, como, por exemplo, fazendo a psicoeducação sobre como as relações são sistemas interligados que se retroalimentam positiva ou negativamente – cada lado do casal tem sua parte de responsabilidade na relação.

Por fim, a terceira área sensível à ruptura é a relação de confiança do terapeuta com o casal que estará sendo sempre fortalecida e testada. Quando houver ativações esquemáticas, a possibilidade de rupturas na relação será maior. As erupções do esquema ocorrem durante todo o tratamento, e um terapeuta que esteja ciente dos esquemas centrais de cada parceiro será capaz de prever quando as rupturas têm mais probabilidade de ocorrer. Por exemplo, um parceiro com um esquema de privação emocional ativado pode esperar que o terapeuta não o entenda, mostrando-se extremamente sensível à possibilidade de o terapeuta validar ou apoiar o outro parceiro. De outra forma, um cônjuge com um esquema de desconfiança/abuso ativado terá mais ansiedade e insegurança sobre o processo terapêutico, e o terapeuta do esquema preparado irá prever rupturas em torno de seu padrão de desconfiança (Atkinson, 2016).

Nessas situações, se o terapeuta do esquema permanecer aberto e não defensivo à expressão de sentimentos desagradáveis por parte dos pacientes, assumindo sua participação no problema da relação terapêutica, servirá como modelo de reparação de conflitos no relacionamento conjugal. O terapeuta de casal compreende a dificuldade que o paciente pode ter enfrentado para elevar a tensão na relação com o terapeuta e o incentiva a expressar seus pensamentos e sentimentos. Conforme a ruptura da relação é reparada, tanto o terapeuta como o parceiro trabalham para generalizar o processo de reparo para a dinâmica do casal (Atkinson, 2016).

Outro fator de extrema relevância, e que pode ser uma armadilha em terapia de casal, é o trabalho com regras de privacidade e segredos. A confidencialidade pode ser uma armadilha no processo de terapia de casal. O terapeuta deve contratar com o casal que qualquer contato individual é conduzido como se o parceiro fosse incluído na conversa. Ou seja, isso se refere a contatos telefônicos feitos com o terapeuta entre as sessões, assim como às sessões individuais previstas na fase de avaliação. Portanto, se em algum momento da terapia de casal houver uma revelação ao terapeuta de conteúdo sobre o qual o parceiro não esteja ciente, cabe orientar que, para que a relação de confiança de ambos os parceiros com o terapeuta não seja rompida e para que a eficácia do tratamento seja garantida, se torna imprescindível que o cônjuge revele o segredo ao parceiro (Atkinson, 2012).

O resultado dos reparos terapêuticos às armadilhas e rupturas será percebido na força do vínculo de confiança entre o casal e o terapeuta. Ao sintonizar com cada parceiro do casal, o terapeuta entende a cultura e os valores peculiares do relacionamento conjugal, além de descobrir as partes individuais de cada um que compõem o todo da relação. O terapeuta do esquema utiliza seu modo adulto saudável para ser curioso, aberto e aceitar cada parceiro do casal, independentemente dos modos ativados que podem tentar afastá-lo dos pacientes. Apesar das dificuldades ao longo do caminho, cada parceiro aprende, por meio de esforços de reparação bem-sucedidos, a confiar no terapeuta, sendo a confiança o elemento mais poderoso de um relacionamento (Siegel, 2011). A confiança se desenvolve em uma aliança terapêutica quando o terapeuta está aberto e conectado consigo mesmo e é capaz de praticar, de forma consistente, bondade e compaixão com cada parceiro, de modo que a espontaneidade não seja interrompida na sala de tratamento. Quando as rupturas na aliança terapêutica são efetivamente reparadas pelo terapeuta e pelos parceiros em um relacionamento, o casal aprende a confiar no que apenas a experiência proporciona: a capacidade de prever de maneira positiva como o cuidador responderá (Atkinson, 2016).

CONSIDERAÇÕES FINAIS

A relação terapêutica em TE é o pilar que sustentará a implementação das intervenções e abordagens técnicas para a mudança. O terapeuta do esquema e sua bagagem pessoal são fatores indispensáveis que contribuem para a habilidade do profissional de criar e manter um vínculo de confiança com o casal ao longo de todo o processo terapêutico.

Inicialmente, o terapeuta é ativo e se mostra como modelo para intervenções durante as ativações emocionais dos pacientes. Ele atua como um modelo de adulto saudável para os pacientes. A meta é que o casal se aproprie desse modelo e consiga ser o adulto saudável um para o outro nos momentos de sensibilidade e ativação esquemática do parceiro.

A relação terapêutica oferece as condições ideais para desabrochar as vulnerabilidades do casal, da mesma maneira que será a oportunidade de utilizar-se da reparentalização limitada e da confrontação empática nas situações em que surjam as estratégias desadaptativas de enfrentamento durante o processo psicoterápico. Portanto, o objetivo da TE com casais é identificar e modificar a química esquemática conjugal, possibilitando a construção e a manutenção de um vínculo seguro e saudável (Atkinson, 2012).

Em geral, os terapeutas são pessoas com grande sensibilidade emocional, experienciam as emoções das outras pessoas de forma intensa e buscam ajudá-las de alguma maneira. Eles se sentem valorizados por partilhar da intimidade emocional de quem está em sofrimento e buscam incessantemente aprimorar suas habilidades técnicas.

Ao observar que os pacientes estão desenvolvendo novos recursos, aprimorando a qualidade de seu relacionamento conjugal e tendo maiores benefícios quanto ao seu bem-estar subjetivo, o terapeuta também encontra suas necessidades supridas. Ao perceber o quão útil ele foi na transformação dos comportamentos desadaptativos do casal, o terapeuta sente-se recompensado.

REFERÊNCIAS

Alexander, F., & French, T. (1965). *Terapeutica psicanalítica*. Buenos Aires: Paidós.

Andriola, R. (2016). Estratégias terapêuticas: reparentalização limitada e confrontação empática. In R. Wainer, K. Paim, R. Erdos, & R. Andriola, R. (Orgs.), *Terapia cognitiva focada em esquemas: integração em psicoterapia* (pp. 67-84). Porto Alegre: Artmed.

Aponte, H., & Carlsen, J. C. (2009). An instrument for person of the therapist supervision. *Journal of Marital and Family Therapy, 35*(4), 395-405.

Atkinson, T. (2012). Schema therapy for couples: Healing partners in relationship. In M. F. van Vreeswijk, J. Broersen, & M. Nadort (Orgs.), *The Willey-Blackwell handbook of schema therapy: theory, research and practice* (pp. 323-336). Malden: Willey-Blackwell.

Atkinson, T. (2016). Ruptures in the therapeutic alliance: repairing and rebuilding trust with a couple. Recuperado de: https://schematherapysociety.org/Ruptures-in-the-Therapeutic-Alliance-Repairing-and-Rebuilding-Trust-with-a-Couple.

Beck, A. T., Freeman, A., & Davis, D. (2005). *Terapia cognitiva dos transtornos da personalidade* (2. ed.). Porto Alegre: Artmed.

Bowlby, J. (2006). *Formação e rompimento dos laços afetivos*. (4. ed.). São Paulo: Martins Fontes.

Farrell, J. M., Reiss, N., & Shaw, I. A. (2014). *The schema therapy clinician's guide: a complete resource for building and delivering individual, group and integrated schema mode treatment programs*. Sussex West: Willey-Blackwell.

Freud, S. (1964). Analysis terminable and interminable. In J. Strachey (Ed. and Trans.), *The standard edition of the complete psychological works of Sigmund Freud* (Vol. XXIII, p. 249). London: Hogarth. (Original work published 1937).

Friedlander, M. L., Escudero, V., & Heatherington, L. (2006). *Therapeutic alliances in couple and family therapy*. Washington: American Psychological Association.

Gilbert, P. (2010). *Compassion focused therapy: distinctive features*. London: Routledge.

Gottman, J. M., & Gottman, J. S. (2014). *10 principles for doing effective couples therapy*. New York: Norton.

Johnson, S. M. (2003). *Emotionally focused couple therapy with trauma survivors: strengthening attachment bonds*. New York: Guilford.

Kazantzis, N., Dattilio, F. M., & Dobson, K. S. (2017). *The therapeutic relationship in cognitive-behavioral therapy: a clinician's guide*. New York: Guilford.

Leahy, R. L. (2001). *Overcoming resistance in cognitive therapy*. New York: Guilford.

Leahy, R. L. (2008). *Superando a resistência em terapia cognitiva*. São Paulo: Paulista.

Leahy, R. L. (2016). *Terapia do esquema emocional: Manual para o terapeuta*. Porto Alegre: Artmed.

Norcross, J. C., Beutler, L. E., & Levant, R. F. (2005). *Evidence based practices in mental health: debate and dialogue on the fundamental questions*. Washington: American Psychological Association.

Paim, K. (2016). A Terapia do esquema para casais. In R. Wainer, K. Paim, R. Erdos, & R. Andriola (Orgs.), *Terapia cognitiva focada em esquemas: integração em psicoterapia* (pp. 205-220). Porto Alegre: Artmed.

Petry, M. C., & Basso, L. A. (2016). O trabalho com imagens mentais. In R. Wainer, K. Paim, R. Erdos, & R. Andriola (Orgs.), *Terapia cognitiva focada em esquemas: integração em psicoterapia* (pp. 129-146). Porto Alegre: Artmed.

Rafaeli, E., Bernstein, D. P., & Young, J. (2011). *Schema therapy*. London: Routledge. The CBT Distinctive Feature Series.

Siegel, D. J. (2011). *The mindful therapist*. New York: Norton.

Simeone-DiFrancesco, C., Roediger, E., & Stevens, B. A. (2015). *Schema therapy with couples: a practitioner's guide to healing relationships*. Sussex West: Willey-Blackwell.

Vyskocilova, J., & Prasko, J. (2013). Countertransference, schema modes and ethical considerations in cognitive behavioral therapy. *Activitas Nervosa Superior Rediviva, 55*(1-2), 33-39.

Young, J. E., Klosko, J. S., & Weishaar, M. E. (2008). *Terapia do esquema: Guia de técnicas cognitivo-comportamentais inovadoras*. Porto Alegre: Artmed.

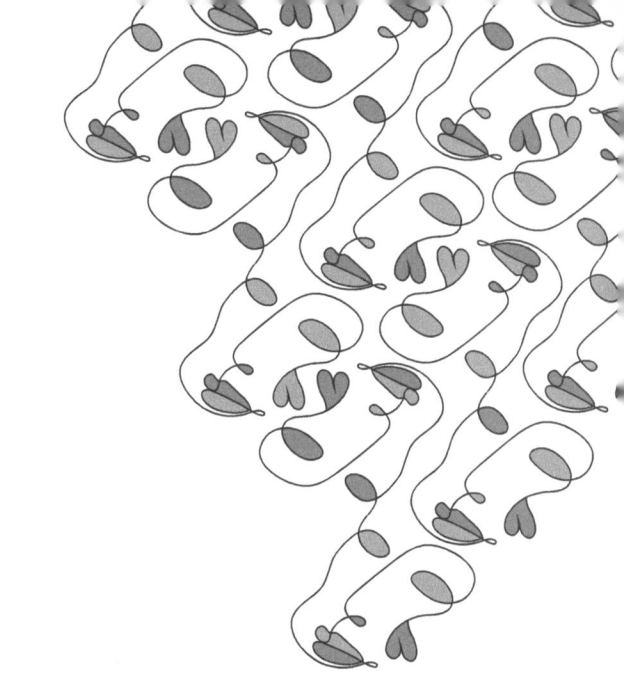

PARTE III

Problemas e dificuldades nas relações conjugais

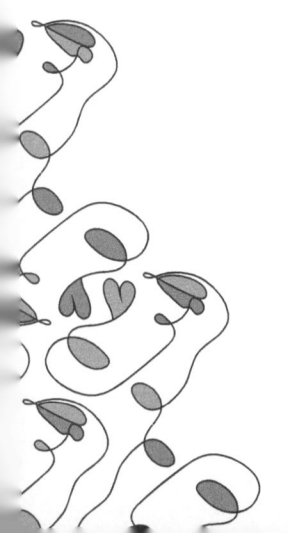

9

Até que a morte nos separe: a contribuição da cultura para a manutenção de esquemas iniciais desadaptativos em relacionamentos abusivos

Bruno Luiz Avelino Cardoso
Maria Alice Centanin Bertho
Kelly Paim

> *Tem uma câmera no canto do seu quarto. Um gravador de som dentro do carro. E não me leve a mal se eu destravar seu celular com sua digital. Eu não sei dividir o doce. Ninguém entende o meu descontrole. Eu sou assim não é de hoje. É tudo por amor. E tá pra nascer alguém mais cuidadoso e apaixonado do que eu. Ciumento, eu? E o que é que eu vou fazer? Se eu não cuidar, quem vai cuidar do que é meu? [...] Melhor falar baixinho, se não vão te roubar de mim.*
>
> Henrique & Diego – "Ciumento eu" feat Matheus & Kauan, 2017

Diversas regras sociais são estabelecidas sobre as relações conjugais. Manter os padrões "felizes para sempre", "ser uma só pessoa após o casamento", "ser propriedade um do outro" e viver juntos "até que a morte os separe" são algumas das demonstrações dessas regras ensinadas pela cultura e que, em alguns casos, tendem a causar sofrimento aos sujeitos envolvidos (Algarves, 2018; Cardoso, 2017; Cardoso & Costa, 2019).

O aprendizado dessas crenças dificulta a identificação e o reconhecimento dos relacionamentos conjugais violentos. Isso ocorre pois um comportamento abusivo pode ser interpretado como forma de demonstração de amor, cuidado ou estratégia efetiva para alcançar objetivos, dependendo das necessidades emocionais básicas não supridas nas relações primárias de cuidado e dos esquemas que os parceiros desenvolveram durante suas histórias de vida (Algarves, Cardoso, & Paim, sd; Barros & Schraiber, 2017; Calvete & Orue, 2013; Paim & Falcke, 2016; Skeen, 2011). Um exemplo dessa questão pode ser ilustrado no trecho da música descrita no início deste capítulo, em que o comportamento controlador é interpretado como "amor e/ou cuidado" e a parceira, como propriedade do parceiro.

As demonstrações patológicas dessas emoções (p. ex., amor patológico) são equivalentes a comportamentos violentos na relação entre parceiros íntimos, e alguns aspectos culturais ditam diversas regras quanto aos papéis de gênero para cada um em uma relação afetivo-sexual (Bertho, Dantas, Cardoso, & D'Affonseca, no prelo; Ogletree, 2014). Como exemplo dessa prerrogativa, destacam-se alguns padrões estereotipados:

a. *Homens* – devem ser fortes; não podem expressar sentimento de tristeza ou outro semelhante, caso contrário, serão frágeis; devem ser superiores nos relacionamentos, pois são os provedores do lar; a raiva/agressividade é aceitável porque denota força.
b. *Mulheres* – devem ser submissas aos parceiros e não podem questionar as opiniões/decisões deles; cuidar dos seus próprios corpos (no padrão cultural de beleza) como propriedade dos maridos; estar prontas para uma relação sexual mesmo quando não têm interesse ("se elas não transarem com eles, eles procurarão outras"); devem ser as donas do lar e ter como atribuição central lavar, passar, cozinhar e cuidar dos filhos.

O fomento dessas regras, sobre o que cada um deve ser (ou vivenciar) em uma relação conjugal, não está distante das experiências precoces que cada parceiro experimentou em suas histórias familiares ao longo do seu desenvolvimento nem dos aspectos culturais (Paim, 2016; Wainer, 2016; Young, Klosko, & Weishaar, 2008). Desse modo, a estruturação esquemática torna-se rígida, inflexível e de difícil alteração, pois constituem "verdades absolutas" para cada indivíduo (Skeen, 2011; Young et al., 2008). Pensar que será abandonado em uma relação conjugal e recorrer a diversos recursos para tentar manter essa relação, mesmo com comportamentos controladores, é uma estratégia de enfrentamento ao esquema de abandono que está sendo ativado e precisa de uma resposta. Todavia, o uso dessas estratégias dificulta o relacionamento e tende a trazer prejuízos graves para a saúde de ambos os parceiros.

A cultura, por sua vez, pode ser compreendida como "um conjunto difuso de suposições e valores básicos, orientações para a vida, crenças, políticas, procedimentos e convenções comportamentais que são compartilhadas por um grupo de pessoas e que influenciam (mas não determinam) o comportamento de cada membro e suas atribuições de significado sobre o comportamento das outras pessoas" (Spencer-Oatey, 2008, p. 3). A cultura, como aspecto multideterminado, influencia diretamente a estruturação esquemática (Young et al., 2008). Assim, tanto as experiências de criação de cada parceiro quanto a naturalização cultural de comportamentos violentos como modo de resolução de conflitos contribuem para a manutenção dos esquemas iniciais desadaptativos (EIDs) em relacionamentos abusivos. A partir das compreensões destacadas, este capítulo visa analisar aspectos específicos de uma cultura que fomenta a permanência em uma relação abusiva e a manutenção (e não modificação) dos EIDs, sob uma perspectiva de desenvolvimento. Ao final, será apresentado um caso clínico que ilustra os conceitos debatidos ao longo do capítulo e as contribuições culturais para a manutenção de um relacionamento abusivo.

ESTRUTURAÇÃO DE EIDs ABUSIVOS SOB UMA PERSPECTIVA DESENVOLVIMENTAL

"Eu não sei dividir o doce. Ninguém entende o meu descontrole."

De acordo com Young e colaboradores (2008, p. 22), os EIDs "são padrões emocionais e cognitivos autoderrotistas iniciados em nosso desenvolvimento desde cedo e repetidos ao longo da vida". Essa estrutura cognitiva tem origem na interação entre três aspectos: a) as necessidades emocionais fundamentais (vínculos seguros com os outros – segurança, estabilidade, cuidado e aceitação; autonomia, competência e sentido de identidade; liberdade de expressão, necessidades e emoções validadas; espontaneidade e lazer; limites realistas e autocontrole); b) o temperamento emocional, geneticamente herdado; e c) as experiências traumáticas na vida de um sujeito. Neste capítulo, defende-se que esses aspectos também podem estar relacionados com as práticas culturais nas quais o indivíduo está envolvido (Young, 2018).

O não suprimento das necessidades fundamentais durante a infância contribui para que o indivíduo não se desenvolva de modo psicologicamente saudável (Young et al., 2008). A família, como protótipo cultural vivenciado pela criança (com um histórico temperamental de cada membro familiar), oferece modelos de como lidar com as situações diversas (Wainer, 2016). Essas experiências contribuem para que o sujeito instale seus primeiros EIDs quanto ao mundo.

Os modelos de coerção aprendidos historicamente e instalados pela cultura de cada família como formas de resolução de situações-problema influenciam diretamente a formulação de esquemas das crianças. Por exemplo, os pais de João agrediam-no para corrigir comportamentos. Bater era visto como sinônimo de "eu lhe bato porque me importo com você". Esse mesmo modelo é utilizado por João em seu relacionamento com Maria. As agressões e os comportamentos controladores são interpretados por ele como demonstrações de amor, de que se importa com Maria. Por mais que resulte em prejuízos graves em seu relacionamento, ele acredita que sua forma de pensar está correta. Afinal, foi a forma de receber amor que vivenciou em sua infância. Para João, esse é um modo de resolver problemas de maneira eficaz (Colossi, Marasca, & Falcke, 2015).

As formas de coerção e controle do comportamento pelos pais (p. ex., punições severas e necessidades básicas não supridas) resultam, na criança, em medo de perder seu amor (Benneti, 2006; Renner & Slack, 2006; Zancan, Wasserman, & Lima, 2013). Além disso, os estudos têm indicado que os estilos de enfrentamento de meninos e meninas à violência sofrida (ou vivenciada) no contexto familiar são diferentes. Para os meninos, há prevalência de comportamentos externalizantes, como agressividade, e para as meninas, problemas internalizantes, como depressão (Arata, Langhinrichsen-Rohling, Bowers, & O'Brien, 2007; Calvete & Orue, 2013).

Não obstante as consequências durante a infância e adolescência, período essencial para a formação de EIDs, os indivíduos que vivenciaram formas coercitivas de correção de comportamentos tendem a generalizar, na vida adulta, os mesmos modelos para os relacionamentos amorosos, utilizando-se de respostas violentas/abusivas para a manutenção do relacionamento conjugal. Os EIDs, por sua vez, influenciam diretamente as relações afetivas (Paim & Falcke, 2016; Paim, Madalena, & Falcke, 2012; Skeen, 2011), como ilustra o Quadro 9.1.

A depender de qual EID está em maior ativação, o indivíduo em um relacionamento abusivo pode, por exemplo, se sentir merecedor do sofrimento (p. ex., apanhar, ser humilhado) ou acreditar que seu parceiro deve ser punido. O comportamento adotado pelo indivíduo (resposta de enfrentamento) estará relacionado ao estilo de enfrentamento aos EIDs (Young et al., 2008): resignação (consentir e aceitar o esquema como verdadeiro, comportando-se de modo a confirmá-lo), evitação (agir de modo a bloquear os pensamentos e imagens que podem ativar o esquema), hipercompensação (lutar contra o esquema, comportando-se exageradamente de modo oposto a ele). A ativação e a instalação dos EIDs podem se dar por aspectos culturais específicos, como será analisado adiante.

QUADRO 9.1 Domínios esquemáticos, EIDs, emoções centrais, principais pensamentos e estilos de enfrentamento em uma relação abusiva

---

DESCONEXÃO E REJEIÇÃO
1) Abandono/instabilidade
Emoções centrais: ansiedade, tristeza, depressão, raiva.
Principais pensamentos: "Pessoas importantes da minha vida me abandonarão." "Meu(minha) parceiro(a) não conseguirá me dar apoio/suporte emocional." "Meu(minha) parceiro(a) é instável e imprevisível." "Meu(minha) parceiro(a) pode me abandonar a qualquer momento por uma pessoa melhor que eu."
Exemplos de estilos de enfrentamento: tornar-se extremamente "pegajoso"; comportamentos de possessão e ciúmes exagerados; ataques e controle; o perpetrador de violência ameaça abandonar o(a) parceiro(a).

2) Desconfiança/abuso
Emoções centrais: medo e ansiedade.
Principais pensamentos: "Não posso confiar nas pessoas." "Meu(minha) parceiro(a) pode me machucar, abusar, mentir ou se aproveitar de mim." "Meu(minha) parceiro(a) está me traindo."
Exemplos de estilos de enfrentamento: pode ser abusivo para manter o controle e esquivar-se de ser magoado. Resignação a uma relação como forma de manutenção esquemática.

3) Privação emocional
Emoções centrais: solidão, amargura, frustração, depressão.
Principais pensamentos: "As pessoas jamais compreenderão (ou atenderão) as minhas necessidades." "Meu(minha) parceiro(a) não me dá a atenção/cuidado/afeto que preciso."
Exemplos de estilos de enfrentamento: exigência para que suas necessidades sejam satisfeitas; irritação quando o(a) parceiro(a) não consegue satisfazer suas necessidades.

4) Defectividade/vergonha
Emoções centrais: medo e vergonha.
Principais pensamentos: "Sou mau." "Não sou desejado/amado." "Sou inferior/falho." "Se me revelar, posso perder o amor do(a) meu(minha) parceiro(a)." "Não mereço o amor do(a) meu(minha) parceiro(a)."
Exemplos de estilos de enfrentamento: criticar; agir com superioridade; apresentar-se como perfeito; postura acusatória; comparações. Submeter-se a relações com parceiros exageradamente críticos.

5) Isolamento social/alienação
Emoções centrais: solidão, vergonha, medo, ansiedade, raiva.
Principais pensamentos: "Sou diferente das outras pessoas." "Sou muito diferente do(a) meu(minha) parceiro(a), nunca vai dar certo." "Eu sou muito difícil de ser amado(a) mesmo."
Exemplos de estilos de enfrentamento: focar excessivamente nas diferenças em relação ao(à) parceiro(a); evitar situações sociais; assumir as preferências e personalidade do(a) parceiro(a).

(Continua)

(Continuação)

AUTONOMIA E DESEMPENHO PREJUDICADOS
6) Dependência/incompetência
Emoções centrais: medo, ansiedade, raiva e insegurança.
Principais pensamentos: "Sou incapaz de dar conta das minhas responsabilidades sem ajuda." "Não consigo viver sem o apoio do(a) meu(minha) parceiro(a), mesmo sendo um relacionamento abusivo." "Não sou capaz de terminar esse relacionamento, mesmo que esteja me fazendo mal."
Exemplos de estilos de enfrentamento: pedir ao(à) parceiro(a) que tome decisões importantes no seu lugar; evitar assumir desafios; tornar-se autossuficiente na relação; não pedir ajuda ao(à) parceiro(a).

7) Vulnerabilidade ao dano/doença
Emoções centrais: ansiedade e medo.
Principais pensamentos: "A qualquer momento pode acontecer algo terrível que não tenho como impedir." "Quando ele(a) chegar, vou ser agredido(a)." "A qualquer momento posso morrer."
Exemplos de estilos de enfrentamento: agir de forma negligente. Preocupar-se continuamente com uma catástrofe.

8) Emaranhamento/*self*-subdesenvolvido
Emoções centrais: ansiedade, culpa, tristeza e raiva.
Principais pensamentos: "Não consigo sobreviver sem o apoio do(a) meu(minha) parceiro(a)." "Meu(minha) parceiro(a) não consegue sobreviver sem mim."
Exemplos de estilos de enfrentamento: envolver-se emocionalmente de modo excessivo com o(a) parceiro(a). Não desenvolver uma identidade separada daquela do(a) parceiro(a). Evitar relacionamentos com pessoas independentes. Agir de modo autônomo excessivamente, tornando-se egoísta no relacionamento.

9) Fracasso
Emoções centrais: medo, tristeza, ansiedade, raiva, vergonha e inveja.
Principais pensamentos: "Sou muito incompetente para manter um relacionamento." "Sou inferior a meu(minha) parceiro(a)." "Fracassei com meu(minha) parceiro(a)."
Exemplos de estilos de enfrentamento: comparar-se de maneira tendenciosa e desfavorável ao(à) parceiro(a). Diminuir as realizações do(a) parceiro(a). Estabelecer padrões perfeccionistas para diminuir a sensação de fracasso pelas situações adversas no relacionamento.

LIMITES PREJUDICADOS
10) Arrogo/grandiosidade
Emoções centrais: raiva, solidão e ansiedade.
Principais pensamentos: "Sou superior a meu(minha) parceiro(a)." "Mereço tratamento especial do(a) meu(minha) parceiro(a)." "Posso fazer tudo o que eu quiser neste relacionamento."
Exemplos de estilos de enfrentamento: controlar o comportamento do(a) parceiro(a); manipulação; egoísmo; competitividade excessiva; não se preocupar com o desejo ou necessidade do(a) parceiro(a).

(Continua)

(Continuação)

11) Autocontrole/autodisciplina insuficientes
Emoções centrais: ansiedade, irritação e raiva.
Principais pensamentos: "Não consigo controlar meus impulsos." "Se ele(a) fizer algo que me deixe chateado(a), vou bater nele(a)." "Eu bati nele(a), porque ele(a) provocou."
Exemplos de estilos de enfrentamento: dificuldade ou recusa para o autocontrole emocional; baixa tolerância à frustração na relação; evitar desconforto; desistir rapidamente do (ou evitar o) relacionamento; tornar-se exageradamente autocontrolado/autodisciplinado.

DIRECIONAMENTO PARA O OUTRO
12) Subjugação
Emoções centrais: tristeza, culpa, medo, raiva e ansiedade.
Principais pensamentos: "Meus sentimentos, opiniões e desejos não são importantes para meu(minha) parceiro(a)." "Devo submissão a meu(minha) parceiro(a)." "Não posso sair com meus(minhas) amigos(as), pois meu(minha) parceiro(a) pode ficar bravo(a)."
Exemplos de estilos de enfrentamento: submeter-se excessivamente ao controle do(a) parceiro(a); negar suas próprias necessidades, preferências, desejos e emoções; uso excessivo de álcool e drogas como forma de lidar com as emoções desconfortáveis no relacionamento; deixar que o(a) parceiro(a) controle a situação; evitar situações que possam envolver conflito com o(a) parceiro(a); rebelar-se contra o(a) parceiro(a).

13) Autossacrifício
Emoções centrais: culpa e ansiedade.
Principais pensamentos: "Devo suprir as necessidades do(a) meu(minha) parceiro(a)." "Se eu sair com meus(minhas) amigos(as), meu(minha) parceiro(a) pode não gostar, então me sentirei culpado(a)." "Gostei dessa roupa, mas não posso comprar, pois meu(minha) parceiro(a) ficará chateado(a)."
Exemplos de estilos de enfrentamento: focar excessivamente nas necessidades do(a) parceiro(a). Irritar-se com o(a) parceiro(a) e decidir não fazer mais nada para ele(a).

14) Busca de aprovação/reconhecimento
Emoções centrais: ansiedade, tristeza, ciúmes e inveja.
Principais pensamentos: "Necessito que meu(minha) parceiro(a) diga palavras bonitas sobre mim, para que eu me sinta bem." "Para eu saber se isso é bom, meu(minha) parceiro(a) também tem que aprovar." "Meu(minha) parceiro(a) precisa me dar atenção."
Exemplos de estilos de enfrentamento: buscar de modo excessivo a atenção e reconhecimento do(a) parceiro(a); hipersensibilidade à rejeição; agir de modo a impressionar o(a) parceiro(a); manter-se em segundo plano.

(Continua)

(Continuação)

SUPERVIGILÂNCIA/INIBIÇÃO

15) Negativismo/pessimismo
Emoções centrais: ansiedade, culpa, ressentimento e tristeza.
Principais pensamentos: "Meu(minha) parceiro(a) não consegue suprir nenhuma das minhas expectativas." "Meu(minha) parceiro(a) faz tudo errado." "Estou sempre errado(a) mesmo." "Ninguém mais me amará."
Exemplos de estilos de enfrentamento: focar nos aspectos negativos; minimizar os aspectos positivos do relacionamento; vigilância aos comportamentos do(a) parceiro(a); preocupação excessiva; beber compulsivamente para evitar sentimentos desagradáveis.

16) Inibição emocional
Emoções centrais: vergonha, medo e solidão.
Principais pensamentos: "Não consigo controlar minha raiva, tenho que agredir." "Não posso demonstrar tristeza, ou serei uma pessoa fraca." "Não posso demonstrar raiva em relação às coisas que meu(minha) parceiro(a) faz de ruim para mim."
Exemplos de estilos de enfrentamento: comportar-se de modo a evitar a desaprovação do(a) parceiro(a); dificuldade para expressar vulnerabilidade ao(à) parceiro(a) e em comunicar sentimentos; ênfase na racionalidade; desconsiderar emoções.

17) Padrões inflexíveis/postura crítica exagerada
Emoções centrais: raiva, culpa e ansiedade.
Principais pensamentos: "Não posso abandonar meu(minha) parceiro(a), pois isso é contra os princípios divinos." "É meu dever, como mulher, o sucesso do meu casamento." "Não vou fazer estas atividades domésticas, pois não é coisa de homem."
Exemplos de estilos de enfrentamento: perfeccionismo; atenção exagerada a detalhes; regras rígidas sobre o relacionamento; ideias de como as coisas deveriam ser no relacionamento, baseados em concepções morais, éticas, culturais e religiosas; necessidade de fazer mais do que já faz para o/a parceiro/a.

18) Postura punitiva
Emoções centrais: culpa, raiva e tristeza.
Principais pensamentos: "Ele(a) me bateu, porque eu mereci." "Ela(e) apanhou porque mereceu." "As situações ruins que têm acontecido no meu relacionamento são culpa minha." "As pessoas devem ser punidas pelos seus erros."
Exemplos de estilos de enfrentamento: tendência à raiva; comportar-se de modo intolerante e punitivo com o(a) parceiro(a); dificuldades em perdoar os erros do(a) parceiro(a); dificuldade em ter empatia com os sentimentos do(a) parceiro(a); acreditar que merece ser punido(a).

Fonte: Adaptado de McKay, Lev e Skeen (2012), Paim e Copetti (2016), Skeen (2011) e Young e colaboradores (2008).

CULTURA COMO FATOR DE MANUTENÇÃO DOS EIDs EM RELAÇÕES ABUSIVAS

"Eu sou assim não é de hoje."

Como detalhado anteriormente, cada indivíduo interpreta a vivência dos relacionamentos conforme os seus próprios esquemas, que foram desenvolvidos em suas histórias de vida (Young et al., 2008; Wainer, 2016). A cultura, como formadora de opiniões (e ativação de esquemas), contribui com as formas em que os parceiros enfrentarão as situações.

Historicamente, várias culturas são marcadas por valores patriarcais, referentes à subordinação das mulheres aos homens (Narvaz & Koller, 2006). Tais valores estabelecem a maneira como a sociedade se organiza ao se expressar em crenças, atitudes e condutas machistas, determinadas pela contraposição entre o masculino e o feminino e a superioridade do primeiro em relação ao segundo (Castañeda, 2006). Essa oposição entre os gêneros favorece o surgimento de papéis estereotipados para homens e mulheres, os quais estipulam a maneira considerada adequada sobre como cada um deve ser e agir (Bertho et al., no prelo).

Dessa maneira, os indivíduos são socializados a incorporar os valores predominantes na sociedade e a assumir os comportamentos e papéis previamente normalizados (Acosta, 2007). Nessa dinâmica, os papéis de superioridade associados ao masculino só se expressam de maneira tão espontânea e natural por terem um correspondente feminino (construído socialmente) marcado pela mulher submissa e dependente econômica e emocionalmente (Castañeda, 2006). A oposição e complementariedade entre os papéis leva à reprodução e perpetuação de elementos mais profundos, como é o caso da violência de gênero. Esses elementos podem variar em suas manifestações de acordo com o contexto social ou se adaptar a novas referências, mas dificilmente mudarão sua essência enquanto estiverem relacionando à identidade de "ser homem" o uso da violência e à identidade feminina, a aceitação e normalização dessa violência (Acosta, 2007).

Gomes (2008) aponta que há uma articulação entre masculinidade e violência tão acentuada que a violência é compreendida como inerente à masculinidade de forma bastante naturalizada. Para o autor, esse modelo produz atitudes que desculpam/permitem comportamentos masculinos violentos e funciona como uma cobrança que opera de modo a diferenciar os homens das mulheres e reforçar a masculinidade. Tais atitudes refletem o conceito de masculinidade hegemônica, entendido como um padrão de práticas que possibilitou a dominação dos homens sobre as mulheres (Connel & Messerschmidt, 2013), em que a dominância, a falta de sensibilidade (podendo acarretar em uso da violência), o sentimento de proteção e posse e a necessidade estereotipada do homem como provedor familiar são características (Flecha, Puigvert, & Redondo, 2005).

Connel e Messerschmidt (2013, p. 245) destacam que a masculinidade hegemônica não foi assumida como um padrão por ser majoritária entre os homens, visto que talvez seja adotada por uma minoria deles. No entanto, essa forma de masculinidade se expressa claramente como normativa, considerando que "incorpora a forma mais honrada de ser um homem, exige que todos os outros homens se posicionem em relação a ela e legitima ideologicamente a subordinação global das mulheres aos homens [...]". Assim, embora modelos alternativos de masculinidades coexistam mais recentemente, ainda prepondera a ideia que associa a masculinidade viril à competição e à violência (Souza, 2005). Apesar disso, vale ressaltar que hegemonia não significa necessariamente violência (embora possa ser sustentada pela força); mas sim a ascendência masculina alcançada por meio da cultura, das instituições e da persuasão (Connel & Messerschmidt, 2013).

No contexto das relações afetivo-sexuais, Flecha e colaboradores (2005) afirmam que o modelo masculino hegemônico se materializou como forma de exercício de poder dos homens em determinadas situações. Concomitantemente a isso, as autoras apontam que esse modelo é apresentado tradicionalmente como atrativo e, portanto, somos majoritariamente socializados a ele ao longo da vida a partir das interações, dos meios de comunicação e da mídia. Dessa maneira:

> A mídia e muitas outras instituições e interações sociais estão promovendo um processo de socialização que consiste em dois elos opostos: por um lado, um elo entre violência e excitação sexual e, por outro lado, um elo entre a igualdade e a falta de excitação sexual. [...] só precisamos passar pela TV para perceber que na maioria dos filmes os homens "que enlouquecem as meninas na cama" não são homens que fazem tarefas domésticas, mas sim aqueles que matam os outros, começando com James Bond. A combinação da perpetuação das desigualdades de gênero com as mensagens massivas que recebemos desde que nascemos socializa alguns meninos para a dependência de agressões violentas e algumas meninas para a dependência de meninos violentos (Flecha, Puigvert, & Ríos, 2013, p. 95).

Nesse processo, os produtos culturais, como músicas, filmes e novelas, reproduzem a organização patriarcal da sociedade, assim como a associação entre atração e violência. Consequentemente, contribui-se para a naturalização desses padrões, gerando modelos e ideais de comportamentos. Assim como exemplifica a música que abre este capítulo, comportamentos possessivos com frequência são compreendidos como sinônimo de amor/cuidado em produções midiáticas.

Em 2015, a novela *Malhação*, exibida pela Rede Globo e direcionada ao público adolescente, retratou um sequestro de uma menina pelo ex-namorado e seus amigos (entre eles um adulto) com a seguinte justificativa: como ela se recusava a conversar com o menino, ele deveria insistir até que obtivesse sucesso. Após a exibição da cena, interpretada como uma grande "prova de amor", a manchete no *site* da emissora descrevia *"Ufa! Pedro consegue capturar Karina. A esquentadinha se debate, mas a galera consegue colocá-la dentro de um saco"* (Gshow, 2015).

Exemplos como esses não são raros na mídia, em especial entre o público mais jovem. Embora o aprendizado sobre ser homem e ser mulher ocorra ao longo de toda a vida, a adolescência constitui um momento singular nesse processo, sendo também a fase do ciclo vital em que acontecem as primeiras experiências com relacionamentos afetivos (Diniz & Alves, 2015). Nesse período, a exposição a conteúdos que naturalizam a violência e a dominação ao associá-las com amor contribui para que a construção das relações afetivas se paute nesses valores, os quais podem se manifestar até a vida adulta.

Além dos produtos culturais, crenças sociais e alguns dogmas religiosos contribuem para a manutenção de relacionamentos violentos. O casamento, especialmente para as mulheres, é visto como um objetivo a atingir, devendo ser mantido a qualquer custo – desde a noção coletiva de que "quem ama sofre" e de que se faz "tudo por amor", até as frases proferidas nas cerimônias de casamentos, como "o que Deus uniu, o homem não separa" e "na alegria e na tristeza, na saúde e na doença, até que a morte nos separe". Tais crenças (esquemas), que se refletem nas relações interpessoais, especialmente entre casais, determinam o papel que cada um tem no relacionamento e as condutas aceitáveis nesse contexto.

Além disso, como destacam Pérez e Fiol (2013), esses esquemas fomentam a ideia de que o amor e o casamento são o que daria sentido à vida dos indivíduos. Nesse sentido, romper um relacionamento está associado a renunciar ao amor, sendo interpretado como um fracasso. No contexto dos relacionamentos violentos, as autoras apontam que essa ideia pode atrasar ou impedir a decisão da mulher em buscar ajuda, permanecendo a crença de que o amor pode superar qualquer dificuldade no relacionamento e/ou mudar um parceiro (mesmo que ele seja agressivo). Além disso, considerar que a violência e o afeto são compatíveis e que certos comportamentos violentos são provas de amor justifica o ciúme, o desejo de posse e o comportamento abusivo do parceiro. Com isso, a responsabilidade pelos episódios de violência pode ser atribuída à mulher, alegando-se que descumpriu seu papel no relacionamento ("para ter apanhado, alguma coisa deve ter feito"; "ele pode não saber por que está batendo, mas ela sabe por que está apanhando").

De acordo com a Organização Mundial da Saúde (OMS, 2014), de todos os tipos de violência, a praticada por um parceiro íntimo é a mais pesquisada. Isso se dá devido às consequências danosas à saúde física, psicológica, sexual e reprodutiva decorrente dos episódios de violência. Apesar dessas consequências negativas, o número de mulheres agredidas pelos parceiros ainda é bastante elevado (Waiselfisz, 2015), demonstrando ser esse um problema atual nos relacionamentos. Tal realidade está intrinsecamente associada ao imaginário social acerca do amor e dos modelos de relacionamento e de atração ligados ao sofrimento e à violência, advindos da socialização a que o indivíduo é continuamente exposto pela cultura e contexto nos quais está imerso (Flecha et al., 2005). Dessa maneira, pode-se compreender a importante influência da cultura sobre a construção de EIDs e como mantenedora de padrões masculinos agressivos e da aceitação feminina de tais comportamentos.

> **VINHETA CLÍNICA**
>
> **CAROLINA E ROBERTO – UM CASO DE VIOLÊNCIA CONJUGAL**
>
> Roberto (23 anos) e Carolina (36 anos) foram encaminhados para atendimento psicoterápico devido a episódios de violência conjugal. Por se tratar de um caso que envolve violência e ameaça à vida de Carolina, o atendimento foi conduzido separadamente, por terapeutas distintos. As informações apresentadas a seguir visam ilustrar como os EIDs e os estilos de enfrentamento desadaptativos, formados culturalmente ao longo da história de cada um (como ilustra a Fig. 9.1), contribuíram para um relacionamento prejudicial entre o casal.
>
> **Histórico de vida de Roberto**
>
> Roberto foi abandonado em uma rodoviária, quando recém-nascido, pelos pais. No local em que estava, um senhor o encontrou e levou-o para um abrigo. Uma senhora retirou Roberto do abrigo e cuidou dele por 15 dias. Logo após, ele foi adotado por uma família, que era composta pela mãe adotiva e dois filhos. A relação de Roberto com a família era marcada por muitas discussões e agressões físicas e psicológicas. Ele relata que se sentia desprezado emocionalmente tanto pela mãe como pelos irmãos, tendo maior proximidade e relação de afeto com um tio (irmão da mãe adotiva), que se suicidou quando Roberto tinha 12 anos de idade. Roberto relata que desde os 10 anos de idade começou a fazer uso de substâncias (álcool e drogas) e comumente passava noites fora de casa (nas ruas ou em baladas), pois era a forma como se sentia mais livre.
>
> **Histórico de vida de Carolina**
>
> Carolina teve um pai muito punitivo na infância, que agredia a mãe física e verbalmente, e era pouco afetuoso, não demonstrando carinho e preocupação com elas. Sobre a mãe, Carolina relata que era carinhosa na maioria dos momentos, mas também utilizava violência para discipliná-la, especialmente quando queria que a filha ficasse quieta para não perturbar o pai. Aos 16 anos, Carolina engravidou e se mudou para a casa do primeiro namorado, com quem teve dois filhos (uma menina, atualmente com 20 anos, e um menino, hoje com 19 anos). Esse relacionamento foi marcado por brigas e agressões verbais constantes (xingamentos e humilhações: "Você é burra, não sabe fazer nada"; "Não vai conseguir se virar sozinha sem mim"), fazendo com que Carolina se sentisse sempre errada e culpada, tanto pelas discussões quanto pelo fim do relacionamento. Ela relata que o antigo companheiro era bom, pois não deixava faltar nada para ela e para os filhos e nunca havia "encostado um dedo" nela. A relação terminou após seis anos, porque o ex-parceiro traiu Carolina e constituiu uma nova família.

Histórico conjugal

Roberto e Carolina se conheceram pela internet, quando ele a adicionou como contato nas redes sociais alegando que a conhecia. Ela disse que estranhou e que não se lembrava dele, mas cedeu às conversas, pois Roberto era muito gentil e se dizia "encantado" por ela. Na época, Roberto tinha 20 anos e Carolina, 33. Após seis meses, eles estavam morando juntos. Ambos relataram que, desde então, o relacionamento ficou mais difícil devido à frequência das brigas. Carolina afirma que as agressões começaram como brincadeira (bater, beliscar, estrangular/"lutinhas"), mas que eram situações que causavam dor e deixavam marcas em seu corpo. Após os episódios de agressão, ela diz que Roberto sempre a fazia ter dó dele e sentir-se culpada pelo que estava acontecendo.

Carolina também relata que a princípio pensava que a história de vida de Roberto justificava seus comportamentos violentos e, portanto, tinha pena dele. Com o tempo, ela diz que entendeu que isso não era motivo, pois o principal antecedente das agressões era o ciúme excessivo de Roberto. De acordo com Carolina, ele sempre acreditava que a companheira estava olhando para outros homens na rua, o que o levou a ficar aguardando por ela na saída do trabalho, por exemplo, para evitar que pegasse ônibus e ficasse "de conversa com outro".

No momento dos atendimentos, Carolina já havia prestado queixa contra Roberto pela Lei Maria da Penha, após a última agressão. No entanto, depois de passar uma noite na cadeia, ele estava em liberdade, o que deixou Carolina confusa: ela dizia que não queria mais reatar o relacionamento, mas, ao mesmo tempo, relatava dificuldades em impor isso a ele, justificando especialmente o medo que sentia de novas agressões. Ela relatava diversas situações em que tem dificuldades em dizer não a Roberto, como, por exemplo, gastar o dinheiro de seu salário comprando utensílios que ele quer. Carolina diz não ter interesse em se envolver em novos relacionamentos afetivo-sexuais, alegando o receio de experienciar violência por novos parceiros.

"Melhor falar baixinho, se não vão te roubar de mim."

Nesta seção será apresentado um caso formulado a partir de um conjunto de informações obtidas em atendimentos a mulheres, homens ou casais em situação de violência, assim como de dados da literatura que caracterizam aspectos comuns às situações de violência conjugal. O caso representa a história de vida individual e conjugal e o histórico de violência familiar e das relações afetivo-sexuais de um casal. A partir dessa descrição, serão analisados os EIDs e os aspectos culturais que contribuem para a manutenção dos relacionamentos abusivos.

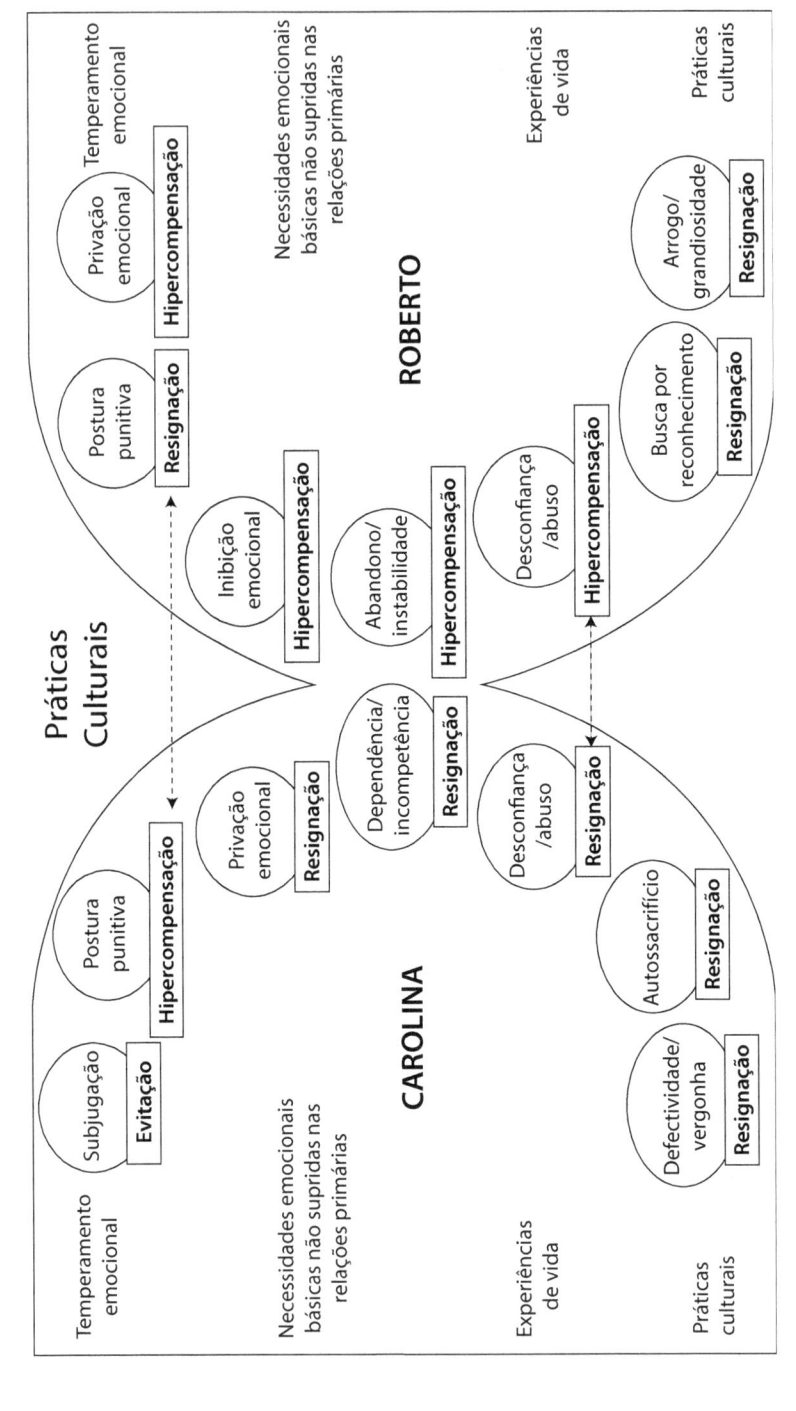

FIGURA 9.1 Relação esquemática conjugal entre Carolina e Roberto.

Aspectos culturais de manutenção do EIDs em relacionamentos abusivos

O histórico de violência na família de Carolina reflete a estruturação familiar pautada nos valores patriarcais, com papéis distintos e bem definidos para homens e mulheres, sendo a esposa submissa ao marido e a filha submissa aos pais. A postura punitiva e pouco afetuosa do pai de Carolina, tanto com ela como com a esposa, representa o estereótipo de homem que não demonstra sentimentos e não se envolve afetivamente com a família, sendo responsável apenas por provê-la financeiramente.

Esse modelo na família de origem de Carolina é reafirmado na vida adulta, quando ela valoriza o primeiro parceiro (pai de seus filhos) por seu compromisso financeiro ("ele não deixa faltar nada pra mim e para os filhos"). Nesse sentido, pode-se considerar que tais aspectos, assim como o ciúme excessivo de Roberto, contribuem para a manutenção do esquema de dependência/incompetência de Carolina que, ao resignar-se a tal esquema, procura por parceiros que são "superprotetores" e/ou se responsabilizam por suprir as necessidades financeiras familiares.

A vivência com um pai punitivo na infância, conjuntamente com outros aspectos culturais e estereótipos sociais aos quais Carolina foi exposta ao longo da vida – a partir de produtos culturais, mídia e reprodução de valores sociais machistas – reforçaram a ideia da submissão feminina e a associação entre amor e violência, naturalizando tais práticas nos relacionamentos íntimos. Dessa forma, pode-se compreender a origem e as formas de manutenção do esquema de postura punitiva de Carolina e como o seu estilo de enfrentamento (hipercompensação) resulta em atitudes de minimizar as violências vividas nos relacionamentos (não reconhece a violência psicológica do primeiro relacionamento como prejudicial; busca explicações na história de vida de Roberto que justifiquem suas agressões físicas), mesmo que lhe causem sentimentos de raiva, humilhação e culpa. Além disso, Carolina, ao resignar-se ao esquema de desconfiança/abuso, não tem interesse em iniciar novos relacionamentos, pois pensa que em todos ela poderá sofrer violência.

Diante do mesmo esquema de postura punitiva, Roberto, ao resignar este esquema, apresenta comportamentos violentos em relação à parceira. Quanto ao esquema de abandono/instabilidade, o estilo de enfrentamento (hipercompensação) utilizado por ele reflete-se em atitudes possessivas e controladoras em relação a Carolina. Além disso, Roberto tem uma alta ativação do esquema de desconfiança/abuso e, ao hipercompensá-lo, acredita constantemente que será traído pela parceira e, a partir disso, engaja-se em comportamentos controladores (vigia Carolina na saída do trabalho, acusando-a de olhar e sorrir para outros homens).

Nesses casos, pode-se compreender que as respostas resultantes dos estilos de enfrentamento adotados por Roberto são, de certa forma, permitidas pela cultura em que ele vive. A forma como as famílias de origem do casal lidam com os comportamentos violentos de Roberto ("é coisa de homem"; "não se mete em briga de marido e mulher") explicita os valores machistas naturalizados na sociedade, que estimula, permite e até exige do homem comportamentos agressivos, controladores e possessivos em relação à parceira como forma de manter sua superioridade e atestar sua masculinidade.

Relação esquemática conjugal

Os EIDs ativados em Carolina e Roberto estão em relação, afetando-se mutuamente (como ilustrado na Fig. 9.1). Esses esquemas são resultado de: a) práticas culturais mais globais (p. ex., contexto brasileiro em que o casal se insere, aspectos religiosos, estereótipos sociais) e específicas de cada parceiro (cultura da qual Carolina e Roberto fizeram/fazem parte); b) experiências de vida que Carolina e Roberto tiveram antes de iniciar o relacionamento atual e após iniciar a relação; c) temperamento emocional de cada um (Roberto é ansioso, agressivo, sociável, obsessivo; Carolina é calma, distraída, passiva, tímida): e d) necessidades emocionais básicas não supridas. Os estilos de enfrentamento desadaptativos utilizados pelo casal respondem aos EIDs de cada um e mantêm um relacionamento violento. Destaca-se que, caso não ocorra uma intervenção específica, o relacionamento pode se manter de modo prejudicial, o que resulta, em alguns casos mais graves, em morte de ambos ou de um dos parceiros (OMS, 2012). Os indivíduos também podem iniciar novas relações abusivas com novos parceiros, caso acabem a relação e não mudem os seus EIDs.

POSSIBILIDADES DE INTERVENÇÃO EM CASOS DE VIOLÊNCIA CONJUGAL

"E o que é que eu vou fazer?"

Em resposta ao trecho da música apresentado no início desta seção: há muito o que fazer e várias alternativas ao comportamento violento. Inicialmente, compreende-se que situações de violência que persistem e/ou ameaçam a integridade física ou psicológica de alguma das partes devem ser analisadas com cautela. O terapeuta deve considerar atentamente as leis específicas sobre violência (Brasil, 2006), propondo uma intervenção personalizada ao caso (Wenzel, 2018). Em algumas situações, o atendimento deve ser realizado individualmente, pois pode implicar risco tanto para os clientes quanto para o terapeuta (Dattilio, 2011).

Quando o casal não se encontra em uma situação de perigo, há possibilidade de uma intervenção conjunta. Hamberger e Holtzworth-Munroe (2010) indicam aspectos fundamentais a serem observados pelo terapeuta no manejo de crises. Deve-se: a) avaliar e mapear situações de violência nos períodos de atendimento clínico; b) ter conhecimento sobre os serviços especializados ao atendimento de casos de violência; c) assumir uma posição moral (contudo, não moralista) sobre o caso. Isso envolve compreender que a violência é errada, inaceitável e que aquele que agride tem responsabilidade por seu comportamento; e d) disponibilizar-se para estruturar intervenções que favoreçam a segurança e interrompam as situações de violência entre os parceiros.

Em casos em que o casal se encontra em perigo, recomendam-se intervenções individuais. Na terapia do esquema (TE), a intervenção com um perpetrador e com a pessoa que sofreu violência consiste em identificar: a) as práticas culturais das quais os parceiros fazem/fizeram parte; b) quais EIDs estão ativados; c) quais são os estilos de enfrentamento adotados pelos parceiros; d) quais modos esquemáticos são utilizados por eles (ver sobre identificação e trabalho com modos esquemáticos nos Caps. 4 e 6); e e) quais necessidades básicas não foram supridas nas histórias de vida dos parceiros.

Independentemente de quais situações estejam sendo foco de intervenção, para que haja uma livre expressão de cada parceiro sobre suas emoções, deve-se ter uma boa relação terapêutica (ver Cap. 8). Para Young e colaboradores (2008), o terapeuta deve assumir uma postura de confronto empático, expressando compreensão das razões pelas quais os parceiros utilizam determinados tipos de comportamento, mas confrontando-os para a mudança; e fazer uso da reparação parental limitada, ou seja, proporcionar, nos limites terapêuticos, o suprimento das necessidades emocionais básicas dos parceiros.

O combate às vozes parentais internalizadas é um dos focos terapêuticos da TE (Young et al., 2008). Tais vozes podem ser, inclusive, internalizações de crenças sociais/culturais punitivas/abusivas. No atendimento de casais com experiências de ambientes familiares e/ou cultura punitivos/abusivos, é fundamental que as cognições que permitem a experiência de relações abusivas sejam modificadas com técnicas cognitivas e experienciais/emocionais.

O primeiro passo para o combate às vozes punitivas internalizadas é a identificação das experiências abusivas da vida dos parceiros. O segundo passo consiste em ajudá-los a se conectar com as dores por terem vivido relações punitivas na infância e adolescência. A raiva de relações, ambientes e experiências abusivas no passado é fundamental para que o casal consiga mudar a dinâmica abusiva no presente. O terceiro passo consiste em usar técnicas para combater as vozes internalizadas que estimulam as punições.

Técnicas imagísticas, nas quais os parceiros revivem cenas de abusos na infância e adolescência, têm o objetivo de suprir a necessidade de proteção, com os adultos (parceiros e terapeuta) protegendo a criança das figuras abusivas (essa técnica é descrita nos Caps. 6 e 7). A técnica da cadeira vazia também pode ser usada com essa finalidade. Assim, os parceiros podem dizer às figuras punitivas (representadas em uma cadeira vazia) o quanto os abusos e as punições lhes trouxeram sofrimento e os prejudicaram. Outro recurso importante é escrever uma carta à(s) figura(s) abusiva(s) mostrando toda a dor e os prejuízos causados por ela(s). Em todas as técnicas, é preciso deixar claro que as punições devem parar (Young et al., 2008). O uso dessas técnicas com o casal tem como objetivo direcionar a raiva de ambos para a proteção dos seus "modos criança" das punições. Nesse sentido, a raiva, que tinha foco destrutivo na relação, passa a ter um caráter protetivo.

No que concerne a comportamentos saudáveis em um relacionamento conjugal, o treinamento de habilidades sociais conjugais é um recurso indicado para casais que estão dispostos à mudança e não estão em situação de perigo (Cardoso, 2018; Cardoso & Costa, 2019). Os estudos têm indicado que os parceiros envolvidos em um relacionamento abusivo apresentam déficits específicos em habilidades sociais (Cardoso & Costa, 2019; Holtzworth-Munroe, 1992). Desse modo, o treinamento consiste em ampliar os repertórios de habilidades como empatia, expressividade emocional, assertividade (afetivo-sexual), comunicação, resolução de problemas, civilidade, entre outras, além de diminuir a quantidade de comportamentos concorrentes nos relacionamentos (p. ex., utilizar violência na resolução de problemas).

Como alternativa de intervenção social para a permanência em relações violentas, destaca-se a implementação de novas regras culturais relativas aos relacionamentos afetivo-sexuais. Primeiramente, a instituição de regras contrapostas ao "até que a morte os separe". A ideia é fazer com que a sociedade compreenda que não é necessário que a morte ou algo grave ocorra para que haja separação em uma relação violenta, visto que o processo de "morte"/adoecimento tem início no primeiro ato de violência. Logo após, compreender que o "felizes para sempre" só é possível com a aceitação de respostas emocionais como tristeza e raiva. O objetivo aqui é promover a expressão adequada desses sentimentos na relação conjugal sem utilizar agressão ou chantagens. E, por fim, entender que não é possível "ser uma só pessoa" após o casamento, mas que se pode construir um ambiente satisfatório e validante para que ambos os parceiros possam desenvolver suas habilidades interpessoais na relação conjugal e ter as suas necessidades emocionais fundamentais satisfeitas no relacionamento.

CONSIDERAÇÕES FINAIS

A violência entre parceiros é um fenômeno complexo e multifacetado, que envolve aspectos diversos e ainda hoje é muito frequente nos relacionamentos afetivo-sexuais, resultando em consequências danosas para a saúde física e psicológica dos parceiros. Diante disso, a investigação da violência nesse contexto precisa adotar uma perspectiva ampla e que tenha como objetivo embasar intervenções tanto individuais como sociais.

Como forma de contribuir para essa investigação, este capítulo teve como propósito analisar os relacionamentos violentos adotando a perspectiva da TE, investigando o desenvolvimento e a manutenção dos EIDs dos parceiros envolvidos. Nesses relacionamentos, os estilos de enfrentamento de tais esquemas podem implicar o uso de práticas punitivas, comportamentos possessivos, assim como em sentimento de culpa e na aceitação da situação de violência.

A cultura (familiar e social) também foi foco de investigação deste capítulo, uma vez que é o pano de fundo que contextualiza as aprendizagens, o desenvolvimento e as vivências de um sujeito, tornando-se imprescindível pensá-la de maneira integrada às condutas e aos comportamentos dos indivíduos. Especialmente no contexto de violência sob a perspectiva da TE, as práticas culturais (estereótipos de gênero, crenças/regras sobre relacionamentos, naturalização da violência – aspectos aprendidos pela família e reforçados socialmente, inclusive pela mídia) contribuem para a manutenção dos EIDs, assim como para os estilos de enfrentamento que resultam em respostas condizentes (permitidas) pela cultura.

Nesse sentido, destaca-se a importância de as intervenções com casais em situação de violência não se restringirem aos aspectos individuais dos parceiros e adotarem uma perspectiva cultural para a compreensão ampla do fenômeno, proporcionando uma intervenção abrangente. Além disso, é de particular importância o investimento em intervenções sociais que visem a promoção de novas concepções sobre relacionamento, que desnaturalizem a violência e que "desromantizem" (especialmente nos produtos culturais e na mídia) a articulação entre amor/cuidado e posse/violência. Para interações íntimas mais saudáveis, não basta reeducar individualmente os protagonistas de uma relação. É necessário reconstruir todo o cenário em que esses sujeitos nascem, crescem e aprendem a se relacionar.

REFERÊNCIAS

Acosta, M. L. (2007). Violencia de género, educación, y socialización: acciones y reacciones. *Revista de Educación, 342,* 19-35.

Algarves, C. P. (2018). *Esquemas iniciais desadaptativos de mulheres em situação de violência perpetrada por parceiro íntimo* (Monografia de graduação em Psicologia, Departamento de Psicologia, Universidade Federal do Maranhão, São Luís).

Algarves, C. P., Cardoso, B. L. A., & Paim, K. (sd). *Análise dos esquemas iniciais desadaptativos de mulheres em situação de violência perpetrada por parceiro íntimo: um estudo preliminar.* Manuscrito em preparação.

Arata, C. M., Langhinrichsen-Rohling, J., Bowers, D., & O'Brien, N. (2007). Differential correlates of multi-type maltreatment among urban youth. *Child Abuse & Neglect, 31*(4), 393-415.

Barros, C. R. dos S., & Schraiber, L. B. (2017). Violência por parceiro íntimo no relato de mulheres e de homens usuários de unidades básicas. *Revista de Saúde Pública, 51*(7), 1-10.

Benneti, S. P. da C. (2006). Conflito conjugal: impacto no desenvolvimento psicológico da criança e do adolescente. *Psicologia: Reflexão e Crítica, 19*(2), 261-268.

Bertho, M. A. C., Dantas, A. S., Cardoso, B. L. A., & D'Affonseca, S. M. (No prelo). Estereótipos de gênero e divisão das tarefas conjugais e familiares. In B. L. A. Cardoso, & K. Paim. (Orgs.), *Terapias cognitivo-comportamentais para casais e famílias: bases teóricas, pesquisas e intervenções.* Novo Hamburgo: Sinopsys.

Brasil. (2006). *Lei n. 11.340, de 7 de agosto de 2006*. Recuperado de: http://www.planalto.gov.br/ccivil_03/_ato2004-2006/2006/lei/l11340.htm

Calvet, E., & Orue, I. (2013). Cognitive mechanisms of the transmission of violence: Exploring gender differences among adolescents exposed to family violence. *Journal of Family Violence, 28*(1), 73-84.

Cardoso, B. L. A. (2017). *Habilidades sociais e satisfação conjugal de mulheres em situação de violência perpetrada por parceiro íntimo* (Dissertação de mestrado em Psicologia, Programa de Pós-Graduação em Psicologia, Universidade Federal do Maranhão, São Luís).

Cardoso, B. L. A. (2018). Foi apenas um sonho: Análise, conceitualização e treinamento de habilidades sociais conjugais. In B. L. A. Cardoso, & J. B. Barletta (Orgs.), *Terapias cognitivo-comportamentais: analisando teoria e prática por meio de filmes* (pp. 403-426). Novo Hamburgo: Sinopsys.

Cardoso, B. L. A., & Costa, N. (2019). Desenvolvimento de habilidades sociais de mulheres em situação de violência por parceiro íntimo: um estudo teórico. *Interação em Psicologia, 23*(1), 20-32.

Castañeda, M. (2006). *O machismo invisível*. São Paulo: A Girafa.

Colossi, P. M., Marasca, A. R., & Falcke, D. (2015). De geração em geração: a violência conjugal e as experiências na família de origem. *Psico, 46*(4), 493-502.

Connel, R. W., & Messerschmidt, J. W. (2013). Masculinidade hegemônica: repensando o conceito. *Estudos feministas, 21*(1), 241-282.

Dattilio, F. M. (2011). *Manual de terapia cognitivo-comportamental para casais e famílias*. Porto Alegre: Artmed.

Diniz, G. R. S., & Alves, C. de O. (2015). Gênero e violência no namoro. In S. G. Murta, J. S. N. F. Bucher-Maluschke, & G. R. S. Diniz (Orgs.), *Violência no namoro: estudos, prevenção e psicoterapia* (pp. 19-42). Curitiba: Appris.

Flecha, A., Puigvert, L., & Redondo, G. (2005). Socializacíon preventiva de la violencia de género. *Feminismos, 6*, 107-120.

Flecha, A., Puigvert, L., & Ríos, O. (2013). Las nuevas masculinidades alternativas y la superacíon de la violencia de género. *International and Multidisciplinary Journal of Social Sciences, 2*(1), 88-113.

Gomes, R. (2008). A dimensão simbólica da violência de gênero. *Athena Digital, 14*, 237-243.

Gshow (2015). *Ufa! Pedro consegue capturar Karina*. Recuperado de: http://gshow.globo.com/novelas/malhacao/2014/vem-por-ai/noticia/2015/03/ufa-pedro-consegue-capturar-karina.html

Hamberger, L. K., & Holtzworth-Munroe, A. (2010). Spousal abuse. In F. M Dattilio, & A. Freeman (Orgs.), *Cognitive-behavioral strategies in crisis intervention* (pp. 277-299). New York: Guilford.

Holtzworth-Munroe, A. (1992). Social skills deficits in maritally violent men: interpreting the data using a social information processing model. *Clinical Psychology Review, 12*(6), 605-617.

McKay, M., Lev, A., & Skee, M. (2012). *Acceptance and commitment therapy for interpersonal problems: using mindfulness, acceptance, and schema awareness to change interpersonal behaviors*. Oakland: New Harbinger.

Narvaz, M. G., & Koller, S. H. (2006). Famílias e patriarcado: da prescrição normativa à subversão criativa. *Psicologia e Sociedade, 18*(1), 49-55.

Ogletree, S. M. (2014). Gender role attitudes and expectations for marriage. *Journal of Research on Women and Gender, 5*, 71-82.

Organização Mundial de Saúde. (2012). *Prevenção da violência sexual e da violência pelo parceiro íntimo contra a mulher: ação e produção de evidência*. Washington: OPAS.

Organização Mundial de Saúde. (2014). *Relatório mundial sobre a prevenção da violência 2014*. São Paulo: Núcleo de Estudos da Violência da Universidade de São Paulo.

Paim, K. (2016). A terapia do esquema para casais. In R. Wainer, K. Paim, R. Erdos, & R. Andriola (Orgs.), *Terapia cognitiva focada em esquemas: integração em psicoterapia* (pp. 205-220). Porto Alegre: Artmed.

Paim, K., & Copetti, M. E. K. (2016). Estratégias de avaliação e identificação dos esquemas inicias desadaptativos. In R. Wainer, K. Paim, R. Erdos, & R. Andriola (Orgs.), *Terapia cognitiva focada em esquemas: integração em psicoterapia* (pp. 85-127). Porto Alegre: Artmed.

Paim, K., & Falcke, D. (2016). Perfil discriminante de sujeitos com histórico de violência conjugal: o papel dos esquemas iniciais desadaptativos. *Revista Brasileira de Terapia Comportamental e Cognitiva, 8*(2), 112-129.

Paim, K., Madalena, M., & Falcke, D. (2012). Esquemas iniciais desadaptativos na violência conjugal. *Revista Brasileira de Terapias Cognitivas, 8*(1), 31-39.

Pérez, V. F., & Fiol, E. B. (2013). Del amor romántico a la violencia de género: Para una coeducación emocional em la agenda educative. *Profesorado, 17*(1), 105-122.

Renner, L. M., & Slack, K. S. (2006). Intimate partner violence and child maltreatment: Understanding intra-and intergenerational connections. *Child Abuse & Neglect, 30*(6), 599-617.

Skeen, M. (2011). *The critical partner: How to end the cycle of criticism and get the love you want*. Oakland: New Hanbinger.

Souza, E. R. de (2005). Masculinidade e violência no Brasil: Contribuições para reflexão no campo da saúde. *Ciência & Saúde Coletiva, 10*(1), 59-70.

Spencer-Oatey, H. (2008). Introduction. In H. Spencer-Oatey (Org.), *Culturally speaking: Culture, communication and politeness theory*. New York: Continuum International.

Wainer, R. (2016). O desenvolvimento da personalidade e suas tarefas evolutivas. In R. Wainer, K. Paim, R. Erdos, & R. Andriola (Orgs.), *Terapia cognitiva focada em esquemas: Integração em psicoterapia* (pp. 15-26). Porto Alegre: Artmed.

Waiselfisz, J. J. (2015). *Mapa da violência 2015: Homicídio de mulheres no Brasil*. Brasília: Flacso Brasil.

Wenzel, A. (2018). *Inovações em terapia cognitivo-comportamental: Intervenções estratégicas para uma prática criativa*. Porto Alegre: Artmed.

Young, J. E. (2018). *Positive parenting schemas, positive schemas and the development of the healthy adult mode*. In INSPIRE 2018. Amsterdam Conference.

Young, J. E., Klosko, J. S., & Weishaar, M. E. (2008). *Terapia do esquema: Guia de técnicas cognitivo-comportamentais inovadoras*. Porto Alegre: Artmed.

Zancan, N., Wasserman, V., & Lima, G. Q. de. (2013). A violência doméstica a partir do discurso de mulheres agredidas. *Pensando Famílias, 17*(1), 63-76.

Leitura recomendada

Cardoso, B. L. A., & Neufeld, C. B. (2018). Conceitualização cognitiva para casais: um modelo didático para formulação de casos em terapia conjugal. *Pensando Famílias, 22*(2), 172-186.

10

Juntos, mas separados: do entendimento à intervenção em relacionamentos distantes

Kelly Paim
Ana Letícia Castellan Rizzon
Bruno Luiz Avelino Cardoso

> *Às vezes consigo sentir os meus ossos tensos*
> *sob o peso de todas as vidas que não estou vivendo.*
> Jonathan Safran Foer

A busca pela satisfação das necessidades emocionais primárias está no cerne dos relacionamentos amorosos (Paim, 2016; Simeone-DiFrancesco, Roediger, & Stevens, 2015; Stevens & Roediger, 2017). Nessa interação, o funcionamento da personalidade, constituída a partir da inter-relação entre os componentes biológicos, psicológicos e sociais, influencia a dinâmica dos relacionamentos interpessoais estabelecidos.

A rigidez nos padrões cognitivos, emocionais e comportamentais da personalidade tende a causar prejuízos e sofrimento em diversas áreas da vida, sobretudo nas relações conjugais. Conforme Young, Klosko e Weishaar (2008), na base dos problemas interpessoais estão os padrões rígidos da personalidade permeados por esquemas iniciais desadaptativos (EIDs). Os EIDs são traços autoderrotistas da personalidade que definem como o sujeito vê a si mesmo, o mundo e os outros.

De acordo com Young (1990), além dos EIDs, os estilos de enfrentamento (padrões comportamentais) adotados pelo indivíduo também compõem a personalidade. Essas formas de se comportar ante as situações podem resultar em desadaptação do indivíduo ao seu meio, nas suas relações e na estabilidade emocional. Desde muito cedo em sua vida, as pessoas desenvolvem estilos e respostas de enfrentamento como uma forma de lidar com as emoções intensas e desconfortáveis dos seus EIDs. Nesse sentido, o que no passado foi útil e adaptativo, no presente pode tornar-se desnecessário e desadaptativo, mas, como já faz parte da estrutura de personalidade, torna-se enraizado, rígido e de difícil mudança. "Embora os estilos de enfrentamento auxiliem os pacientes a evitar um esquema, não o curam. Dessa forma, todos os estilos de enfrentamento desadaptativos ainda servem como elementos no processo de perpetuação do esquema" (Young et al., 2008, p. 44).

Ao se deparar com a frustração de alguma necessidade emocional não suprida (vínculo seguro, autonomia, limites realistas, liberdade de expressão, espontaneidade e lazer), fundamentais para o desenvolvimento e a formação dos EIDs, a criança percebe instintivamente uma ameaça. Dessa forma, Young (1990) propõe três respostas básicas à ameaça: lutar (hipercompensar), paralisar (resignar) ou fugir (evitar). A *hipercompensação* é a reação de luta pela busca das necessidades e contra as sensações esquemáticas. A *resignação* seria a paralisação, ou rendição às frustrações, como um desamparo aprendido. Já a *evitação* é um estilo de enfrentamento que busca a fuga de qualquer sensação ou cognição referente a um EID, provocando o distanciamento emocional, cognitivo e comportamental, inclusive nos relacionamentos íntimos.

A ativação dos EIDs é bastante vivenciada nas relações amorosas, por isso os estilos de enfrentamento se fazem tão presentes. Sendo assim, na forma como o indivíduo se relaciona pode haver uma tendência hipercompensatória, lutando por controle: "Eu estou no topo!". No outro extremo há a resignação como tentativa de aceitar as frustrações para preservar o vínculo: "Eu me rendo!". E entre esses polos está a evitação, como variações de comportamentos de afastamento e desconexão: "Eu me retiro!".

Este capítulo descreve os relacionamentos regidos pela evitação, "os relacionamentos distantes". Para tanto, o estilo de enfrentamento evitativo será explorado, assim como suas consequências nos relacionamentos amorosos. Também serão apresentadas propostas interventivas para o processo terapêutico individual e conjugal.

O ESTILO DE ENFRENTAMENTO EVITATIVO NOS RELACIONAMENTOS DISTANTES

O relacionamento íntimo desperta um senso de ameaça em cada um dos cônjuges, pois é uma fonte de gatilhos para a ativação esquemática. Na díade conjugal, os casais costumam interagir em um nível mais regressivo de funcionamento do que em outras relações interpessoais, fazendo com que a dinâmica relacional seja muito influenciada pelos estilos de enfrentamento (Simeone-DiFrancesco et al., 2015).

Com o objetivo de não terem os seus EIDs ativados, as pessoas que utilizam a evitação como estilo de enfrentamento organizam suas vidas com escolhas que mantêm o padrão evitativo, tudo isso na tentativa de viver sem consciência de seus EIDs, como se não existissem (Young et al., 2008). Muitos indivíduos evitam iniciar relacionamentos íntimos, mas outros usam esse estilo de enfrentamento na relação, provocando um distanciamento entre o casal na dinâmica conjugal (Simeone-DiFrancesco et al., 2015; Stevens & Roediger, 2017; Young et al., 2008). A Tabela 10.1 apresenta as principais estratégias evitativas de cada EID usadas nos relacionamentos íntimos.

TABELA 10.1 Esquemas iniciais desadaptativos e principais estratégias evitativas nos relacionamentos

Esquemas iniciais desadaptativos	Principais estratégias evitativas
Abandono/instabilidade	Evitar relacionamentos íntimos. Usar álcool, drogas ou dissociar-se em situações de conflito. Sexo compulsivo fora da relação conjugal.
Desconfiança/abuso	Evitar mostrar qualquer vulnerabilidade e expressão afetiva. Manter segredos na relação.
Privação emocional	Evitar totalmente relacionamentos íntimos. Evitar falar de suas necessidades. Evitar pedir ajuda para não se frustrar.
Defectividade/vergonha	Evitar expressar pensamentos e sentimentos. Não deixar que o parceiro se aproxime.
Isolamento social	Evitar relacionamentos íntimos. Afastar-se do parceiro para evitar a sensação de não pertencimento caso o outro aceite a aproximação.
Dependência/incompetência	Evitar assumir responsabilidades na relação (p. ex., morar juntos ou ter filhos).
Vulnerabilidade ao dano ou à doença	Evitar situações em que não se sinta seguro, por isso, não acompanha o parceiro em atividades diárias.
Emaranhamento/self-subdesenvolvido	Evitar a proximidade para não ser "engolido" com a demanda do outro. Afastar-se do parceiro para não sentir a culpa por estar se afastando dos pais.
Fracasso	Evitar desafios na relação que exijam desempenho, (p. ex., sexo, projetos, dividir um lar e ter filhos).

(Continua)

(Continuação)

Esquemas iniciais desadaptativos	Principais estratégias evitativas
Arrogo/grandiosidade	Evitar intimidade para não se submeter a limites, acordos e negociações. Infringir regras conjugais para não se sentir "comum".
Autocontrole/autodisciplina insuficientes	Não aceitar responsabilidades conjugais.
Subjugação	Evitar se posicionar com o parceiro. Evitar negociações e conflitos.
Autossacrifício	Evitar ter qualquer direito e atenção focada em si.
Busca de aprovação	Evitar interagir com aqueles cuja aprovação é cobiçada.
Inibição emocional	Evitar discussões, conflitos e qualquer situação que envolva expressão de sentimentos.
Padrões inflexíveis	Evitar ou postergar situações na relação em que o desempenho será julgado.
Postura punitiva	Evitar outros por medo de punição.
Negativismo	Beber para dissipar sentimentos pessimistas e infelicidade.

As evitações são usadas como forma de proteção, sendo que o principal medo é de sentir as intensas emoções que o EID ativa (Paim, 2016; Stevens & Roediger, 2017). Na dinâmica das relações é possível que haja variações de ciclos esquemáticos envolvendo estilos de enfrentamento evitativo. Um tipo de dinâmica conjugal possível implicaria o emprego de estilos de enfrentamento distintos pelos parceiros: enquanto um utiliza a evitação, o outro utiliza o estilo de enfrentamento hipercompensatório para buscar a conexão, ou mesmo o estilo de enfrentamento resignado, quando há a rendição para a sensação de frustração. Um exemplo das relações que envolvem mais de um estilo de enfrentamento em sua dinâmica basal seria o de Sandra e Pedro. Ela utiliza o estilo de enfrentamento hipercompensatório para lidar com seu esquema de abandono e ele lida com seu esquema de desconfiança/abuso por meio do estilo evitativo. Sandra critica Pedro pela sensação de abandono que sente diante do silêncio dele durante o jantar. Ele se sente agredido e vai até o computador jogar. Quanto mais ela o critica, mais ele se desconecta. Quanto mais ele se desconecta, mais ela o critica. Esse tipo de interação gera instabilidade e conflitos.

Outro tipo de dinâmica conjugal possível envolveria a utilização do estilo de enfrentamento evitativo por ambos os parceiros. Por exemplo, Maria e Mateus têm esquema de privação emocional e o enfrentam usando o estilo evitativo. Eles vivem sob o mesmo teto, em aparente harmonia, mas sem conexão emocional. Levam suas vidas de forma paralela, permanecendo emocionalmente desapegados. A relação é, na aparência, estável, sem conflitos, mas insatisfatória para ambos.

O exemplo anterior demonstra uma típica relação distante, que é absorvida pelo estilo de enfrentamento evitativo dos dois parceiros. Nessa díade há uma aparente estabilidade, pois não existem conflitos. Entretanto, quando algum conflito vem à tona, por algum estressor da vida, e acontece a ativação esquemática em um dos parceiros, a dificuldade de lidar com as emoções é extrema (Simeone-DiFrancesco et al., 2015).

PADRÕES COMPORTAMENTAIS EVITATIVOS TÍPICOS NAS RELAÇÕES DISTANTES

A estratégia evitativa pode ter como um dos alicerces o apego evitativo na infância. Em casais, a perpetuação desse tipo de apego pode ser um possível preditor de infidelidade conjugal (Josephs & Shimberg, 2010). Ter um caso extraconjugal é, muitas vezes, representativo de problemas na intimidade conjugal, mas, em se tratando de pacientes que usam o estilo de enfrentamento evitativo, pode ser uma questão central (Farrell, Reiss, & Shaw, 2014). Casais com essa dinâmica evitativa possuem mágoas e raivas reprimidas, pois apresentam déficits nas habilidades de resolução de conflitos. Sendo assim, pode haver hostilidade mútua que fundamenta a justificativa para investir em uma terceira pessoa.

Nesse cenário solitário, a raiva também dá a segurança da distância evitativa (Simeone-DiFrancesco et al., 2015; Stevens & Roediger, 2017), e a desconexão resulta em falta de empatia ou culpa em manter relações fora do casamento (Josephs & Shimberg, 2010; Stevens & Roediger, 2017). Um exemplo disso é a relação de Karine e Rodrigo; ela tem esquema de desconfiança/abuso em decorrência de um pai abusivo e uma mãe submissa, incapaz de defendê-la. Casou-se com Rodrigo, que também lida com seu esquema de desconfiança/abuso com o uso da evitação. Ambos compartilham uma convivência sem conflitos e sem conexão, em uma aparente harmonia desconectada. Ela evita lidar com o sentimento de desamparo pelo modo protetor desligado autoaliviador (ver Cap. 4), sendo infiel e fazendo sexo casualmente com outros parceiros sempre que tem oportunidade. Diz sentir-se viva com a adrenalina do proibido.

Nem sempre relacionamentos extraconjugais são estratégias evitativas, porém o acordo de "relacionamento aberto" pode ser, em alguns casos, uma estratégia de evitação da intimidade (Simeone-DiFrancesco et al., 2015). Diante desse cenário, é importante avaliar se há evidência de algum modo de enfrentamento atuante ou se a escolha por "abrir a relação" é feita de forma consciente e conectada ao modo adulto saudável (Farrell et al., 2014). Uma ruptura de limites tão criativa exige um alto grau de autoconhecimento (Perel, 2018). Como terapeuta, é preciso atentar para vários aspectos necessários para legitimar esse caminho como saudável. Há intimidade no vínculo conjugal? Há o atendimento das necessidades primárias recíprocas? Essa é uma decisão compartilhada e desejada por ambos? As relações com terceiros encaixam-se no escopo combinado pelo par conjugal? Há sensação de pertencimento na independência? A relação está sendo fortalecida por limites fluidos ou destruída por eles?

Outro componente típico de relações com estilo de enfrentamento evitativo, e bastante atual, é a utilização excessiva de eletrônicos e da internet. *Smartphones*, *tablets*, *notebooks*, computadores e outros, com uso da internet ou não, são recursos muito empregados para evitação emocional, podendo fortalecer a desconexão do casal (Young & Abreu, 2011). Além disso, buscar relações virtuais e tê-las como a principal fonte de intimidade é uma forma de manifestação de um estilo de enfrentamento evitativo (Simeone-DiFrancesco et al., 2015).

MODOS DE ENFRENTAMENTO DESADAPTATIVOS QUE PERPETUAM OS RELACIONAMENTOS DISTANTES

Os modos de enfrentamento acionam-se diante do não atendimento a alguma necessidade emocional e alicerçam a explicação sobre comportamentos mantenedores em uma dinâmica conjugal desadaptativa (ver Cap. 4; Paim, 2016; Young et al., 2008). Os modos de enfrentamento desadaptativos obedecem ao comando: "Não sinta!".

Quando o estilo de enfrentamento é a evitação, há a tentativa de viver sem a consciência da existência do esquema, bloqueando possíveis pensamentos e imagens eliciadoras ou, ainda, os repelindo quando da sua ativação (Young et al., 2008). Para isso, há a utilização dos modos de enfrentamento evitativos, sendo os principais modos de enfrentamento descritos na literatura os seguintes: modo protetor desligado, modo autoaliviador desligado, modo protetor zangado e modo protetor evitativo (Simeone-DiFrancesco et al., 2015; Stevens & Roediger, 2017; Wainer & Wainer, 2016).

Um modo de enfrentamento evitativo não é, necessariamente, desadaptativo. Desligar-se também pode ser uma estratégia adaptativa. Por exemplo, em uma discussão com intensas emoções, sair de cena por 10 minutos pode aliviar a tensão. Distrair-se em uma fila de banco também pode ser útil. Quando um modo de enfrentamento evitativo é utilizado de forma adaptativa, a capacidade de manter-se integrado à situação, de alguma forma, é preservada (Simeone-DiFrancesco et al., 2015; Stevens & Roediger, 2017; Young et al., 2008).

A seleção inconsciente dos modos de enfrentamento depende da ativação dos modos pais internalizados e dos modos criança (Stevens & Roediger, 2017). É, precisamente, o bloqueio dos modos criança subjacentes que prejudica as tentativas de lidar com as demandas emocionais de forma saudável (Simeone-DiFrancesco et al., 2015). Por exemplo: Lilian tem esquema de privação emocional e teve seu modo criança zangada ativado quando o marido desconsiderou suas necessidades ao planejar as férias. A expressão de sua raiva foi vetada por seu modo pai crítico internalizado, com os seguintes pensamentos: "Você está sendo intransigente e mimada!". Para desligar-se desse conflito interno, ela faz uso, sem perceber, de um modo de enfrentamento evitativo, o modo protetor desligado. Então, passa a sentir-se em um nevoeiro emocional, com um vazio no lugar das emoções. Repetindo, em seu relacionamento conjugal, a mesma estratégia que utilizava na infância quando os pais não eram sensíveis a suas necessidades emocionais. "Ausentar-se" para não sentir foi um modo de enfrentamento adaptativo na infância de Lilian, mas que se cristalizou pela intensa repetição inconsciente e tornou-se desadaptativo nas situações da vida adulta (Farrell et al.,2014; Simeone-DiFrancesco et al., 2015; Young et al., 2008). Entre os principais modos de enfrentamento evitativos estão:

Protetor desligado – Neste modo de enfrentamento, a pessoa retira-se da dor das ativações de esquemas, desapegando-se emocionalmente. Desliga todas as emoções, desconectando-se dos outros, rejeitando ajuda e funcionando de maneira quase robótica. Não sente "nada", parecendo emocionalmente distante e evitando aproximar-se das pessoas. Sinais e sintomas incluem despersonalização, distração, vazio, tédio, abuso de substâncias, automutilação, queixas psicossomáticas. Há a esquiva de suas necessidades internas, emoções e pensamentos (Stevens & Roediger, 2017; Wainer & Wainer, 2016; Young et al., 2008). O caso de Lilian, descrito anteriormente, exemplifica a utilização do modo protetor desligado.

Protetor evitativo – Neste modo, há a utilização massiva da evitação situacional e comportamental, sendo que o isolamento é empregado como estratégia de sobrevivência (Simeone-DiFrancesco et al., 2015). Por exemplo, Alex tem esquema de desconfiança/abuso. O pai era alcoolista e violento e a mãe era frágil e não protetiva. Para "proteger-se", tornou-se sozinho. Mudou-se de país para trabalhar com pesquisa, sem manter os poucos vínculos que tinha. Vivia completamente só em uma rotina entre trabalho e casa.

Autoaliviador desligado – Aparentemente a utilização deste modo deixa a pessoa mais ativa, porém tem a mesma função dos outros modos de enfrentamento desadaptativos: reduzir ou substituir os sentimentos desconfortáveis por uma busca de sensações superficiais. Neste modo, há o bloqueio das emoções pelo envolvimento em atividades ou pelo uso de substâncias que, de alguma forma, acalmam, estimulam ou distraem, de forma a aliviar sentimentos.

As atividades são geralmente agradáveis ou excitantes, mas são utilizadas de maneira viciante ou compulsiva. Nessa direção, podem ser incluídos comportamentos *workaholic*, exercício excessivo, jogos de azar, esportes de risco, sexo excessivo, dependência de internet ou abuso de drogas. Algumas pessoas se envolvem compulsivamente em interesses solitários, mas autoestimulantes, como jogos de computador, comer demais, assistir televisão ou fantasiar. É comum que haja a busca por um estado constante de excitação (Simeone-DiFrancesco et al., 2015). Por exemplo, Carlos tem esquema de privação emocional. Ele teve pais fisicamente presentes, mas a qualidade da relação emocional não era suficientemente boa, carecendo de empatia e afeto. Os relacionamentos de Carlos são distantes, e ele se sente carente. De forma incontrolável, procura garotas de programa e busca fazer sexo com elas em lugares com risco de ser pego. O caso de Carmem também exemplifica a utilização do modo autoaliviador desligado: ela tem esquema de defectividade/vergonha, fortalecido na relação com a mãe narcisista que exigia que Carmem fosse a filha linda para exibi-la aos demais. Carmem comia compulsivamente e, quando adulta, buscou tratamento porque a obesidade a estava colocando em risco.

Protetor zangado – Neste estado, o indivíduo exibe uma irritabilidade generalizada difusa contra tudo e todos. A raiva também pode ser expressa indiretamente, por meio de irritação, mau humor ou comportamento de oposição. Segundo Simeone--DiFrancesco e colaboradores (2015), é uma parede de raiva para desligar as emoções do modo criança vulnerável. A mensagem é "fique longe", usando a raiva para manter as pessoas, e potencialmente suas demandas, a uma distância segura (Stevens & Roediger, 2017). Um exemplo da utilização do modo protetor zangado é Gabriela. Ela é médica e ocupa uma importante posição em sua equipe de trabalho. Ela se sente constantemente estressada e seus colaboradores sabem exatamente quando evitá-la. Nos momentos de mais dificuldades, ela se mostrava hostil e rejeitava ajuda.

O PROCESSO TERAPÊUTICO INDIVIDUAL

O uso intenso de estratégias de enfrentamento evitativas leva a uma desconexão com as emoções. Sendo assim, o grande desafio do trabalho terapêutico é estimular e apoiar uma maior conexão dos pacientes com suas próprias emoções. De forma geral, esse estilo de enfrentamento pode fazer com que o indivíduo pareça perfeitamente ajustado, controlado e racional, afastado, entretanto, de situações que ativem vulnerabilidades, como, por exemplo, relacionamentos íntimos e desafios profissionais (Young et al., 2008).

Na maioria dos casos, a evitação do esquema pode afastar qualquer motivação para iniciar um processo terapêutico. A busca por terapia só costuma ocorrer quando acontece algum "escape emocional" por alguma situação de vida mais estressante, em que os modos de enfrentamento evitativos não foram suficientes. Outro gatilho comum para a busca de atendimento psicoterápico são as consequências acumuladas (decorrentes da evitação), como déficits funcionais e ocupacionais, extrema solidão e problemas conjugais/familiares.

Em psicoterapia, os pacientes continuam evitando a terapia – por exemplo, esquecer do horário ou atrasos, não realizar tarefas de casa, deixar de expressar sentimentos, conversar apenas sobre questões superficiais ou, até mesmo, encerrar o tratamento prematuramente. Em termos cognitivos, a evitação pode aparecer pela negação de eventos ou memórias traumáticas, incluindo defesas psicológicas como dissociação (distanciamento emocional), desatenção, despersonalização e desrealização (Young et al., 2008). Em relação ao comportamento, a evitação pode aparecer em forma de resistência ao processo terapêutico, ou, ainda, na adoção de atitudes cínicas, pessimistas ou excessivamente autoconfiantes a fim de manter os outros afastados (Wainer & Wainer, 2016). Caso o terapeuta não perceba e/ou não trabalhe na evitação, o resultado é que o esquema não "aparece" e, portanto, não será alterado ou curado (Young et al., 2008).

Quando o terapeuta percebe a barreira da evitação, é necessário que ele possa conceituá-la dentro de um diagrama de modos, como visto na Figura 10.1. A primeira parte da conceitualização a ser preenchida será o quadrante dos modos de enfrentamento evitativos, em que o terapeuta lista os modos e as estratégias evitativas usadas pelo paciente para não sentir. Essa construção pode ser feita junto com o paciente. Com o avançar das sessões, o terapeuta ajudará o paciente a se conectar com os medos e as sensações dos modos criança, bem como com os pensa-

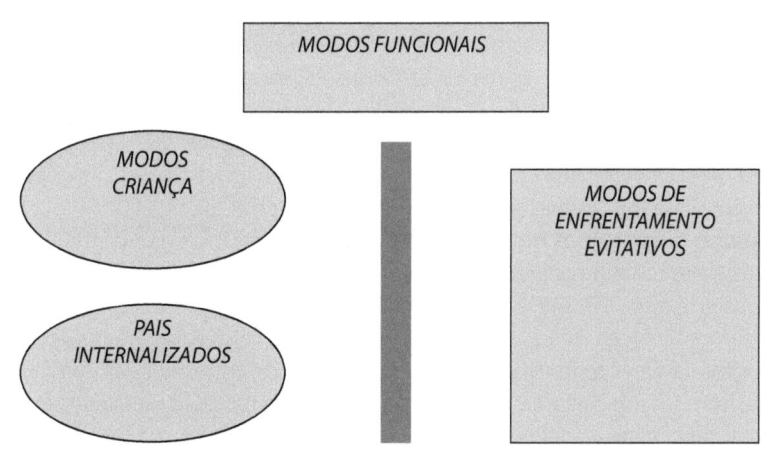

FIGURA 10.1 Diagrama de conceitualização de casos baseado em modos.
Fonte: Farrell e colaboradores (2014).

mentos críticos, punitivos e exigentes dos modos pais disfuncionais internalizados. O preenchimento pode demandar muitas sessões, dependendo do nível de evitação.

Stevens e Roediger (2017) sugerem que um caminho para a construção de um diagrama de modos seria pedir ao paciente para relembrar uma situação emocionalmente mobilizadora. Solicitar que ele escolha entre raiva, tristeza, nojo ou medo, considerando qual das quatro emoções se encaixaria melhor ao que sentiu. É importante solicitar que ele descreva como essa emoção se reflete no corpo. Dor no peito? Nó na garganta? Frio na barriga? Peso nos ombros? O uso exagerado de estratégias evitativas leva a uma desconexão com as emoções. Sendo assim, o terapeuta ajuda, aos poucos, o paciente a entender as emoções e, com isso, vai conduzindo as lembranças emocionais, chegando ao modo criança.

Um exemplo de como explorar uma situação para acesso emocional é descrito no seguinte caso: Marcos tem esquema de defectividade/vergonha, sendo filho de pais exigentes e preterido em relação ao irmão mais velho "perfeito". Marcos carrega dentro de si o sentimento de ser insuficiente. Dedica muito do seu tempo livre a jogos de computador que o colocam em uma posição de poder e aliviam sentimentos de impotência. Nas sessões, tende a dizer que está tudo bem e que não percebeu emoções durante a semana. Então, o terapeuta sugere que relembrem a última situação em que ele viveu emoções de uma forma mais intensa. O paciente diz que provavelmente foi na última entrevista de emprego. Com isso, o terapeuta o estimula a fechar os olhos e tentar lembrar da cena, orientando-o para que perceba suas reações físicas e emocionais, bem como suas estratégias defensivas para lidar com a emoção. Ao final do exercício, o terapeuta preenche o diagrama da Figura 10.1. Na cena explorada, Marcos conseguiu identificar medos, inseguranças e vozes internalizadas de seus pais exigentes lhe cobrando.

Utilizar a psicoeducação sobre as emoções básicas e suas expressões biológicas é fundamental. O paciente precisa entender que as emoções estão intimamente ligadas a sensações corporais e às respostas defensivas de evitação. Criar uma conexão entre o que é sentido no corpo e as emoções pode ser uma via para aumentar a percepção emocional do paciente. É importante também solicitar que siga observando seus gatilhos, emoções eliciadas e reações corporais no intervalo das consultas para que, assim, haja o enfraquecimento da evitação (Farrell et al., 2014).

Explorar a origem dos modos de enfrentamento evitativos na história de vida é necessário para que o paciente compreenda sua função inicial. Entretanto, a confrontação empática (Young et al., 2008), estratégia terapêutica que serve como um dos alicerces técnicos da TE, deve ser empregada. Na confrontação empática, o terapeuta valida a necessidade da utilização do modo de enfrentamento no passado, mas indica a importância da mudança no presente. O uso da técnica das duas cadeiras ou da cadeira vazia para conversar com o modo de enfrentamento é recomendado (Simeone-DiFrancesco et al., 2015; Young et al., 2008). Nessa conversa, é importante ressaltar suas vantagens e desvantagens.

O PROCESSO TERAPÊUTICO CONJUGAL

Quebrar a barreira protetiva da evitação é o foco do trabalho terapêutico com casais "distantes", já que, na TE, acessar os sentimentos de vulnerabilidade é condição para a efetividade do processo terapêutico (Mckay, Lev, & Skeen, 2012; Young et al. 2008). Sendo assim, o terapeuta busca alguma ativação emocional para encontrar a direção do foco de suas estratégias e intervenções. Quando se trata de atendimentos de casais, diante do conflito, o terapeuta deve imediatamente questionar pensamentos, significados esquemáticos, sensações e estratégias de enfrentamento (Paim, 2016; Young, 2012).

O trabalho com modos é uma estratégia facilitadora da TE (Atkinson, 2012). Entretanto, é comum que terapeutas tenham dificuldade em saber o que fazer diante de um casal que utilize modos de enfrentamento evitativos de forma rígida, já que a emoção é uma matéria-prima importantíssima na TE. Stevens e Roediger (2017) nomeiam de "ponto de escolha" o momento em que o paciente está ciente de que está sob a influência de um modo. A ideia dos autores, baseada na terapia de aceitação e compromisso, é que, com a conscientização do modo, já seja possível escolher agir sob o comando do modo adulto saudável. O indivíduo é capaz de reavaliar pensamentos automáticos e crenças fundamentais, substituí-los por pensamentos adequados sobre si mesmo ou sobre os outros, bem como enfraquecer ou "reprovar" modos parentais disfuncionais internalizados (Farrel et al., 2015). Desse modo, é possível suavizar e integrar o uso das estratégias de enfrentamento e modos de enfrentamento de maneira adaptativa e flexível. Assim, torna-se possível que, diante da ativação esquemática, o modo adulto saudável busque resposta para a importante questão: "O que a criança precisa?".

Ter um mapa (ver Cap. 6) desse campo minado facilita o entendimento das mudanças de comportamento na díade conjugal e contribui para diminuir o automatismo no uso dos modos (Wainer & Wainer, 2016). Isso possibilita ao casal compreender os padrões que criam uma ruptura em sua conexão e a avaliar a situação com clareza. Como resultado, as interações podem se tornar significativamente mais positivas e menos propensas a armadilhas dos esquemas (Simeone-DiFrancesco et al., 2015).

Fase de avaliação

Na fase de avaliação, buscam-se compreender os EIDs e o ciclo de modos do casal (ver Cap. 4). O início da caminhada é a demanda atual, as queixas e as insatisfações sobre a relação que estão trazendo incômodo no momento (Paim, 2016). Usar uma situação "prototípica" (Young, 2012) de conflito do casal pode ajudar a identificar os modos desadaptativos dos parceiros e, não menos importante, o ciclo de modos do casal.

Principalmente quando se trata de pacientes evitativos, é importante uma anamnese detalhada da história psiquiátrica de cada um dos cônjuges. O uso problemático de psicotrópicos ou outras substâncias pode estar a serviço do modo protetor desligado. Se necessário, o terapeuta deve colocar o tratamento individual para uso de substância como uma condição para a continuidade do processo psicoterápico com o casal (Paim, 2016).

O entendimento da história familiar pode ancorar de forma consistente a compreensão do padrão relacional. O genograma é uma maneira simples de organizar informações sobre famílias e outras pessoas importantes de forma transgeracional (Simeone-DiFrancesco et al., 2015). Investigam-se os estressores familiares, as transições significativas, os padrões culturais e religiosos. Mapeiam-se psicopatologias, abuso de substâncias, suicídio, violência, acidentes, instabilidade no trabalho, problemas com jogos e abuso sexual. De quem são as histórias de sucesso na família? Quais são os critérios (sucesso comercial, acadêmico, esportivo ou financeiro)? Quão importantes são as posições dos irmãos? Quem é o "bode expiatório" e por quê? Quem é o preferido? Quais são as regras da família, os tabus, os assuntos delicados, os segredos e os *scripts* familiares? Em que ambiente emocional a criança que habita o paciente cresceu? Como os pais lidam com as emoções? Qual o padrão relacional conjugal e parental? Quais as estratégias de enfrentamento utilizadas de forma mais frequente? As estratégias evitativas foram construídas na família? Por meio desse entendimento, é possível identificar padrões esquemáticos transgeracionais que sustentam o funcionamento atual do casal (Simeone-DiFrancesco et al., 2015).

No "quebra-cabeça" da fase de avaliação, uma peça importante é compreender o histórico dos relacionamentos amorosos de cada um dos cônjuges. Para isso, Simeone-DiFrancesco e colaboradores (2015) sugerem como tarefa de casa que um dos parceiros escreva uma autobiografia dos seus relacionamentos amorosos. Orienta-se que a história mantenha o foco em altos e baixos emocionais e que busque encontrar padrões. Há características comuns nas escolhas de parceiros? O que o atraiu? Quais eram os pontos de conflito? Quais estratégias de resolução de conflitos eram utilizadas? Quais os motivos e como foram os términos dos relacionamentos? O trabalho com esse material deve ser cuidadosamente manejado pelo terapeuta. O uso de sessões individuais para a análise do conteúdo é uma forma mais tranquila de trabalhar com a díade.

A cronologia da história conjugal, com seus fatos relevantes, também deve ser colhida nessa fase. Ela ajuda a compreender como e por que o casal chegou ao momento atual. É útil construir com o par a história do relacionamento, atendo-se à progressão dos problemas conjugais ao longo do tempo e a como as estratégias evitativas se desenharam. Paim (2016) sugere que essa descrição possa ser feita ouvindo atentamente as duas partes e focando nas polaridades positivas e negativas do relacionamento. Objetiva-se identificar, nessa narrativa, se as necessidades individuais foram ou não atendidas. No trabalho com esse material, o terapeuta deve criar um espaço seguro para que as insatisfações sejam escutadas e validadas pelo cônjuge (Paim, 2016). Nesse momento, é clinicamente relevante observar a comunicação não verbal entre os parceiros, bem como a empatia e a capacidade de *insight*.

Essa construção alicerça o trabalho com modos esquemáticos. O foco é identificar e compreender os modos desadaptativos mais empregados pelos cônjuges (Paim, 2016). A psicoeducação deve ser realizada tendo em mente a construção de um entendimento racional e emocional de cada um dos modos que atuam na conjugalidade. A Figura 10.2 representa um diagrama que evidencia a barreira criada pelos modos de enfrentamento evitativos dos parceiros. Ao preencherem as manifestações dos modos de enfrentamento, listando as estratégias evitativas de ambos os parceiros, ficará claro como esses modos defensivos os afastam das necessidades infantis. É importante que sejam descritas no diagrama, nos quadrantes respectivos, as necessidades emocionais infantis não atendidas e sentidas nos modos criança.

Relacionar experiências nocivas nas relações primárias e suas sensações infantis tóxicas com as emoções aversivas vivenciadas na conjugalidade é a matéria-prima do processo terapêutico em TE (Paim, 2016). Essa ponte pode ser construída fazendo uso de exercícios de imagem (ver Caps. 5 e 7) (Young, 2012). A partir do entendimento da história individual e da história da relação, e da revisão detalhada dos conflitos específicos, inicia-se o desenho do entendimento esquemático profundo do par conjugal (Paim, 2016). Desse modo, o terapeuta e o casal terão claros os objetivos terapêuticos de mudança.

Fase da mudança

Concluída a etapa de avaliação, o casal já está ciente de seus esquemas de modos. Esse mapa é de fundamental importância para que os parceiros possam seguir impedindo o acionamento de gatilhos, amparando o modo criança vulnerável e em-

Modo criança (parceiro 1)	MODOS DE ENFRENTAMENTO EVITATIVOS (parceiro 1)	MODOS DE ENFRENTAMENTO EVITATIVOS (parceiro 2)	Modo criança (parceiro 2)

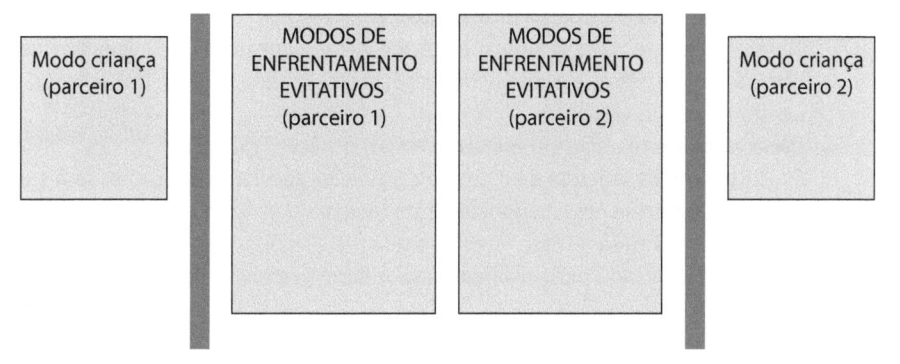

FIGURA 10.2 Diagrama sobre o impacto dos modos de enfrentamento evitativos para casais.

poderando o modo adulto saudável. Mas o que fazer para resgatar o casal das estratégias evitativas? Como conduzi-los a contatar necessidades esquemáticas? Como ajudá-los a construir a reparentalização recíproca?

Só é possível combater aquilo que pode ser visto com clareza. Assim, inicialmente, pode-se pedir que desenhem um gráfico de *pizza* em termos dos modos mais comuns que encontram em si mesmos. O tamanho de cada pedaço da *pizza* representa quanto da sua vida adulta é investida em diferentes modos (Simeone-DiFrancesco et al., 2015; Stevens & Roediger, 2017). Esse exercício pode ser realizado individualmente, e também pode ser feita uma tentativa de mapear o parceiro. Isso evidencia o nível de conhecimento recíproco do casal e também ajuda os cônjuges a perceberem-se através do olhar um do outro (Stevens & Roediger, 2017). A meta é que cada um construa, no processo terapêutico, a compreensão compassiva de si mesmo e do outro (Simeone-DiFrancesco et al., 2015).

Posteriormente, em consulta, os mapas podem ser comparados e discutidos. Paim (2016) sugere alguns aspectos importantes na identificação de gatilhos e na reparação dos EIDs que podem ser somados a esse gráfico:

- Ao lado de cada modo, revisar os principais EIDs e listar os possíveis gatilhos, com exemplos. Casais mais criativos podem fazer uso de imagens, recortes ou desenhos. A utilização de fotos da infância é uma ferramenta visual interessante, pois oferece a imagem materializada do modo criança (Stevens & Roediger, 2017).
- Anotar os gatilhos mais comuns de cada um dos cônjuges em um cartão lembrete. O casal pode hierarquizar os gatilhos mais "quentes", reorganizando o cartão nessa ordem (Stevens & Roediger, 2017).
- Orientam-se os parceiros para que, diante do acionamento dos gatilhos, possam apontar os EIDs que foram ativados.
- Conjuntamente, eles podem avaliar as queixas válidas, bem como as reações exageradas causadas pela ativação dos EIDs.
- Nesse momento, eles já têm o histórico bem mapeado para relacionar as queixas atuais com situações ocorridas na infância e situações similares presentes na relação atual.
- Pedir ao parceiro outra perspectiva sobre a situação-gatilho.
- Praticar novas maneiras de resolver a situação-gatilho no futuro e, se for o caso, desculpar-se pelo comportamento insensível.
- Sugerir como tarefa de casa o registro dos EIDs acionados no intervalo entre as consultas, e cada parceiro pode responder e praticar uma resposta assertiva.

Ao perceber melhor as ativações emocionais, será mais fácil acessar o modo criança, orientar o paciente evitativo para que contate com a necessidade emocional, entender esses sentimentos como resultado da ativação do modo criança e acessar o modo adulto saudável para dar conta dessa situação. É importante que haja o compartilhamento desse processo com o parceiro. Qual a necessidade? Como o parceiro pode me atender? Esse movimento inicialmente para dentro e posteriormente para fora é o caminho para o rompimento da estratégia evitativa.

RELAÇÃO TERAPÊUTICA

Pacientes evitativos percebem-se "adultos" e "adaptados", já que não acessam as emoções avassaladoras dos modos criança (Simeone-DiFrancesco et al., 2015). Tendem a ser "bons pacientes", fazendo o que deveria ser feito e agindo de maneira adequada. Não atuam e nem perdem o controle de suas emoções. Fundamentam sua identidade na obtenção de aprovação do terapeuta, sem um envolvimento emocional real na relação terapêutica. Erroneamente, muitos terapeutas até reforçam esse modo, sem perceber que há uma desconexão com necessidades e sentimentos. Nesse ciclo esquemático entre paciente e terapeuta, não há avanço clínico significativo, o paciente transita entre sessões (Young et al., 2008).

Proporcionar um *setting* terapêutico seguro e reparentalizador é pré-requisito para que o casal possa trazer à tona o arsenal de emoções contidas pela barreira da evitação. O terapeuta é compassivo e configura-se um modelo de apego seguro (Young et al., 2008). A compaixão é um dos objetivos finais. Ela acrescenta qualidades como compreensão e boa vontade, influenciando a mudança e incentivando o crescimento recíproco (Simeone-DiFrancesco et al., 2015; Stevens & Roediger, 2017).

Para facilitar essa construção, é útil encorajar os cônjuges a compreender mutuamente seus antecedentes e fundamentos pessoais. Ressentimentos, microagressões e rejeições do ontem e do hoje precisam de palco para serem sentidas, compreendidas e reparadas. Como indica Perel (2018, p. 100), "o amor ferido se assenta sobre outros amores feridos". Essa profundidade do entendimento psicológico, com seus excessos e déficits, possibilita o desenvolvimento de um novo *script* sob comando do modo adulto saudável. Essa construção alicerça uma melhor compreensão do relacionamento íntimo e aponta a direção da mudança (Simeone-DiFrancesco et al., 2015; Stevens & Roediger, 2017).

CONSIDERAÇÕES FINAIS

Os estilos de enfrentamento refletem reações comportamentais instintivas, para defesa de ameaças, de luta, de fuga e de congelamento. Tais reações também são encontradas no comportamento animal, porém, para eles, o inimigo é externo; já para os humanos, o inimigo pode ser interno, em suas emoções e cognições.

Não é raro que a evitação aconteça até mesmo na escolha amorosa, e que o parceiro escolhido também utilize intensamente um estilo de enfrentamento evitativo. No atendimento aos casais com esse estilo de enfrentamento, o objetivo da terapia é ajudá-los a se conectar com as carências emocionais, geradas pelas estratégias de enfrentamento evitativas. Além disso, com a evolução do processo terapêutico, as emoções que estão sendo sentidas na relação conjugal começam a ser relacionadas com as emoções sentidas ao longo da vida, principalmente na infância e adolescência. Young e colaboradores (2008) ressaltam que, quando acessam partes mais emotivas de si mesmos, pacientes evitativos experimentam uma sensação de alívio profundo.

Pacientes que usam intensamente o estilo de enfrentamento da evitação costumam ser desafiantes para os terapeutas. Diante disso, este capítulo se propôs a descrever o entendimento de estilos de enfrentamento, em especial o evitativo, caracterizando as suas principais estratégias nos relacionamentos. Além disso, os modos de enfrentamento evitativos foram descritos e exemplificados com casos que evidenciam como eles aparecem nas relações íntimas. Por fim, orientações sobre o processo terapêutico, tanto individual como conjugal, foram descritas no intuito de orientar os terapeutas a manejar de forma eficiente os atendimentos de pacientes com essa demanda.

REFERÊNCIAS

Atkinson, T. (2012). Schema therapy for couples: Healing partners in a relationship. In M. Vreeswijk, J. Broersen, & M. Nadort (Orgs.), *The Wiley-Blackwell Handbook of Schema Therapy, research and practice* (pp. 323-339). Oxford: John Wiley & Sons.

Farrell, J. M., Reiss N., & Shaw, I. A. (2014). *The schema therapy clinician´s guide: a complete resource for building and delivering individual, group and integrated schema mode treatment programs*. Oxford: Wiley-Blackwell.

Josephs, L., & Shimberg, J. (2010). The dynamics of sexual fidelity: personality style as a reproductive strategy. *Psychoanalytic Psychology, 27*(3), 273-295.

Mckay, M., Lev, A., & Skeen, M. (2012). *Acceptance and commitment therapy for interpersonal problems: using mindfulness, acceptance, and schema awareness to change interpersonal behaviors*. Oakland: New Harbinger.

Paim, K. (2016). A terapia do esquema para casais. In R. Wainer, K. Paim, R. Erdos, & R. Andriola (Orgs.), *Terapia cognitiva focada em esquemas: integração em psicoterapia* (pp. 205-220). Porto Alegre: Artmed.

Perel, E. (2018). *Casos e casos: Repensando a infidelidade*. Rio de Janeiro: Objetiva.

Simeone-DiFrancesco, C., Roediger, E., & Stevens, B. (2015). *Schema therapy with couples: a practitioner's guide to healing relationships*. Oxford: Wiley-Blackwell.

Stevens, B., & Roediger, E. (2017). *Breaking negative relationship patterns: a schema therapy self-help and support book*. Oxford: Wiley-Blackwell.

Wainer R., & Wainer, K. (2016). O trabalho com modos esquemáticos. In K. Wainer, K. Paim, R. Erdos, & R. Andriola. (Orgs.), *Terapia cognitiva focada nos esquemas: integração em psicoterapia* (pp. 205-220). Porto Alegre: Armed.

Young, J. (2012). *Schema therapy with couples*. American Psychological Association Series IV. 1 DVD.

Young, J. E. (1990). *Cognitive therapy for personality disorders: a schema-focused approach*. Sarasota: Professional Resource.

Young, J., Klosko, J. S., & Weishaar, M. E. (2008). *Terapia do esquema: guia de técnicas cognitivo-comportamentais inovadoras*. Porto Alegre: Artmed.

Young, K., & Abreu, C. N. (2011). *Dependência de internet: manual e guia de avaliação e tratamento*. Porto Alegre: Artmed.

Leituras recomendadas

Behary, B., & Young, J. (2011). *Terapia dos esquemas para casais: Curando parceiros na relação*. Porto Alegre. Material Didático utilizado na III Jornada WP.

Paim, K., & Copetti, M. E. K. (2016). Estratégias de avaliação e identificação dos esquemas inicias desadaptativos. In R. Wainer, K. Paim, R. Erdos, & R. Andriola (Orgs.), *Terapia cognitiva focada em esquemas: integração em psicoterapia* (pp. 85-127). Porto Alegre: Artmed.

11

De casal a pais: contribuições da terapia do esquema na transição para a parentalidade

Caroline L. Mallmann
Marcela Bortolini
Mariana Squefi

> *Os nossos pais amam-nos porque somos seus filhos, é um fato inalterável.*
> *Nos momentos de sucesso, isso pode parecer irrelevante, mas,*
> *nas ocasiões de fracasso, oferecem um consolo e uma segurança*
> *que não se encontram em qualquer outro lugar.*
>
> Bertrand Russell

O nascimento do primeiro filho, referido também como transição para a parentalidade (TPP), representa uma das mais intensas mudanças que o sistema familiar enfrenta. Mesmo sendo um acontecimento normativo e, em muitos casos, desejado e esperado, também é acompanhado de grande estresse e desafios (Doss & Rhoades, 2017; Moreno-Rosset, Arnal-Remón, Antequera-Jurado, & Ramírez-Uclés, 2016). Tornar-se pai e mãe exige do casal a reconstituição do sistema familiar, que passa de uma relação diádica a uma relação triádica. A chegada do filho dá origem a um novo subsistema – o parental – e implica novos papéis, tarefas e projetos de vida (Moreno-Rosset et al., 2016; Ohashi & Asano, 2012).

Tendo em vista que a TPP impõe mudanças importantes na dinâmica do casal, ela pode ser compreendida como uma crise do ciclo vital (Carter, McGoldrick, & Petkov, 2014). Estudos apontam, inclusive, que é comum haver declínio na qualidade da relação conjugal nesse período (Doss & Rhoades, 2017; Kamp Dush et al., 2017; Moreno-Rosset et al., 2016). As mulheres passam, na gestação e no período pós-parto, por mudanças físicas, emocionais e hormonais mais intensas do que seus parceiros (Moreno-Rosset et al., 2016). Em contrapartida, os homens também vivenciam dificuldades emocionais no período perinatal, como depressão e ansiedade (Da Costa et al., 2017).

As mudanças negativas tendem a ser temporárias, melhorando após o primeiro ano do bebê, mas variam de acordo com a qualidade prévia do relacionamento conjugal (Lawrence, Rothman, Cobb, Rothman, & Bradbury, 2008). Por sua vez, o risco de conflitos mais graves, duradouros e destrutivos aumenta quando os cônjuges apresentam padrões emocionais frágeis ou quando o relacionamento já está prejudicado (Menezes & Lopes, 2007; Moreno-Rosset et al., 2016). Nesses casos, dificuldades vivenciadas entre o casal podem interferir negativamente no exercício da parentalidade, prejudicando a interação pais-criança e comprometendo o desenvolvimento do bebê (Hameister, Barbosa & Wagner, 2015).

As principais mudanças associadas à TPP dizem respeito à reorganização de papéis e de identidade e implicam a necessidade de assumir novas tarefas e responsabilidades (Solmeyer & Feinberg, 2011). Para dar conta das demandas do filho, é comum que os cônjuges se dediquem menos um ao outro nesse momento, aumentando interações negativas e comprometendo aspectos positivos da relação (Kamp Dush et al., 2017). Quando o casal enfrenta dificuldades adicionais, como um bebê com temperamento reativo ou irritável, ou pouco envolvimento de um dos cônjuges nas obrigações parentais, o nível de estresse e de problemas conjugais tende a aumentar (Belsky, 1984).

Desse modo, é especialmente importante oferecer aos casais em TPP intervenções psicológicas que os auxiliem a dar conta das intensas demandas associadas a esse período. Muitas intervenções com pais em TPP costumam enfocar estratégias educativas, com o objetivo de oferecer informações importantes para a promoção de bem-estar físico e psicológico à criança (Gilmer et al., 2016). No entanto, o treinamento parental com foco exclusivamente educativo e comportamental tem demonstrado tamanhos de efeito pequenos, e moderados e baixos efeitos em relação à manutenção de ganhos (David, 2014). Com isso, fazem-se necessárias intervenções que também contemplem aspectos emocionais e cognitivos dos pais.

Nesse sentido, a terapia do esquema (TE) figura como uma opção adequada à TPP, visto que seu modelo de tratamento permite compreensão mais profunda sobre a dinâmica dos conflitos conjugais do que foco em comportamentos aparentes (Simeone-DiFrancesco, Roediger, & Stevens, 2015). Diante disso, o objetivo do presente capítulo é apresentar contribuições da TE para compreensão e intervenção clínica com casais em TPP.

RELAÇÃO CONJUGAL E SUAS NECESSIDADES EMOCIONAIS

A TE compreende quais necessidades emocionais não atendidas ao longo da infância e adolescência relacionam-se às dificuldades emocionais enfrentadas na vida adulta (Young, Klosko, & Weishaar, 2008). Young e colaboradores (2008) apontam que, para o desenvolvimento emocional saudável, o indivíduo necessita de figuras de vinculação que ofereçam apego seguro, de autonomia e de senso de competência e identidade, de liberdade de expressão e validação, de brincadeira e diversão e de limites realistas. Assim, diante de lacunas no atendimento a tais necessidades, originam-se esquemas iniciais desadaptativos (EIDs), que representam adaptações a tais experiências negativas (van Genderen, 2012). Quando ativados, os esquemas desencadeiam padrões emocionais e comportamentais, que são os modos esquemáticos.

Os relacionamentos conjugais, por constituírem fonte de grandes demandas e de intensa troca interpessoal, tendem a propiciar ativação de EIDs e de modos esquemáticos. Geralmente os eventos ativadores da engrenagem esquemática são aqueles que se relacionam, mesmo que não intencionalmente, a necessidades emocionais não atendidas no passado. Por exemplo, se um dos cônjuges experimentou, na infância, alto nível de criticismo e demandas exageradas por parte de seus pais, é provável que críticas atuais do parceiro ativem determinados EIDs e modos, os quais se manifestam por meio de ativação emocional e comportamentos defensivos. Por sua vez, se o outro cônjuge passou por experiências de maus-tratos na infância, quando o parceiro expressa raiva diante de críticas, essa manifestação emocional pode remetê-lo às necessidades de apego seguro não atendidas no passanno (ver Cap. 2), ativando, então, seus próprios EIDs e modos.

Diante do nascimento de um filho, novas responsabilidades e tarefas interpõem-se à vida do casal, de modo que se incrementam as possibilidades de frustração de necessidades. Conforme descrito anteriormente, a TPP tende a exigir do casal reorganização de papéis e novas atribuições, de forma a incluir os cuidados com um filho em sua nova rotina. Assim, os pais apresentam necessidades específicas a essa fase, como, por exemplo, receber auxílio em tarefas práticas relacionadas ao bebê (alimentar, trocar fraldas, dar banho, colocar para dormir) e em cuidados emocionais (ninar, acalmar, brincar) (Kamp Dush et al., 2017).

Por si só, a privação de necessidades específicas ao contexto da TPP já é capaz de gerar fortes manifestações emocionais de tristeza ou raiva (Entsieh & Hallström, 2016; Kamp Dush et al., 2017). No entanto, se essa frustração remete a memórias de necessidades não satisfeitas na infância e na adolescência, a dor emocional tende a ser ainda mais intensa. Por exemplo, é esperado que uma mãe tenha manifestações emocionais diante do baixo envolvimento do parceiro nas demandas rotineiras do bebê recém-nascido. Porém, quando essa privação remete a experiências de falta de auxílio e cuidados por parte de seus pais em sua própria infância, a dor e a reação emocional tendem a recrudescer. Em tais situações, a expressão emocional pode inclusive ser destinada à criança na forma de comportamentos críticos ou punitivos. Nesses casos, observa-se que o manejo parental se relaciona mais à estratégia adotada para buscar alívio em relação à própria privação de necessidades do que ao atendimento de necessidades do filho.

A TE propõe, então, que os novos pais "mergulhem dentro de si" e conectem-se com suas próprias demandas emocionais, a fim de que possam comunicá-las e solicitá-las a seus parceiros, de maneira que sejam supridas. Assim, a psicoeducação a respeito das necessidades emocionais básicas dos indivíduos é uma estratégia terapêutica fundamental para que os pais tomem consciência sobre quais delas estão sendo possivelmente frustradas. Porém, em muitos casos, mesmo que o casal tenha consciência de suas necessidades emocionais, é comum que, diante da frustração, assumam-se comportamentos defensivos (chamados em TE de modos de enfrentamento desadaptativos), que comprometem a expressão adequada das necessidades e contribuem, por sua vez, para a ativação de comportamentos defensivos no parceiro, originando-se, então, ciclos de ativação esquemática. Portanto, para que a expressão das necessidades possa ocorrer de forma adequada, torna-se necessária a compreensão dos EIDs e dos modos esquemáticos.

OS ESTILOS PARENTAIS E A TRANSIÇÃO PARA A PARENTALIDADE

A relação pais-filho é a fonte primária de recursos e oportunidades necessárias para o desenvolvimento infantil saudável (Kooraneh & Amiirsardari, 2015). No entanto, o suprimento ou privação de tais necessidades depende, em grande parte, do estilo dos pais de criar e educar seu filho – o chamado estilo parental. Muitas pesquisas foram realizadas nos últimos 80 anos para se compreender melhor a influência de práticas parentais sobre o desenvolvimento infantil. Baumrind (1971) foi pioneira no estudo de comportamentos parentais ao apresentá-los condensados sob a forma de estilos, ao contrário das investigações até então realizadas, focadas em dimensões (Power, 2013).

Os estudos de Baumrind (1971) buscaram identificar padrões de autoridade parental em três grupos de crianças pré-escolares com comportamentos socioemocionais distintos. A partir de observações das crianças nas creches e das interações pais-criança nas residências, e de entrevistas com a mãe e o pai, encontraram-se três estilos parentais: autoritativo, autoritário e permissivo.

Segundo Baumrind (1971), o estilo autoritativo diz respeito a pais com alto nível de controle sobre o comportamento dos filhos, mas também alto nível de afetividade e incentivo à autonomia da criança. Esse estilo mostrou-se associado às crianças com comportamentos mais assertivos e confiantes. Já o estilo autoritário relaciona-se a alto nível de controle parental e baixo nível de afetividade, sendo associado a comportamento infantil retraído e desconectado. Em contrapartida, no estilo permissivo, os pais apresentam nível baixo de controle e nível mediano de afeto, o que se relaciona a crianças com pouca autoconfiança e autocontrole. Posteriormente, Maccobi e Martin (1983) acrescentaram o estilo negligente, que se relaciona a comportamentos parentais de pouco controle e pouco afeto.

A TE atribui grande importância à satisfação de necessidades emocionais básicas para o desenvolvimento socioemocional sadio da criança. Quanto mais privador é o estilo parental dos pais, maior a associação com psicopatologias e EIDs do filho na idade adulta (Batool, Shehzadi, Riaz, & Riaz, 2017). Em uma pesquisa conduzida por Kooraneh e Amirsardari (2015) foi verificado, por meio de análise de regressão, que o estilo parental autoritário prediz positivamente o surgimento dos EIDs de privação emocional, defectividade/vergonha, desconfiança/abuso, abandono e isolamento social. Assim, o estilo parental autoritativo predizia negativamente esses mesmos EIDs.

Em um estudo recente desenvolvido por Bach, Lockwood e Young (2017), foi verificada a compreensão teórica de que determinados estilos parentais estariam diretamente associados à origem de certos EIDs e ao modo criança vulnerável. As análises evidenciaram a presença de quatro domínios esquemáticos – que são grandes grupos de EIDs – associados a estilos parentais privadores. O estilo parental agressivo, frio, crítico e rejeitador estaria associado ao domínio de desconexão e rejeição, de modo que a criança vulnerável tenderia a se sentir solitária, abandonada e rejeitada (p. ex., criança solitária/abandonada). O estilo controlador e superprotetor estaria relacionado ao domínio de autonomia e desempenho prejudicados, que está associado à sensação do modo criança vulnerável de não se sentir autônoma e confiante (p. ex., filho dependente). O estilo parental narcisista, condicional e com fornecimento de muitas gratificações estaria associado ao domínio de limites prejudicados, não diretamente associado ao modo criança vulnerável, mas às posteriores dificuldades dos EIDs decorrentes desse estilo parental. E, por fim, o estilo perfeccionista se associou ao domínio de padrões e responsabilidades excessivas, relacionado ao modo criança vulnerável com sensações de muita responsabilidade e altas demandas (p. ex., criança com padrões incansáveis, autossacrifício).

Nesse sentido, a TE considera que todo um aparato cognitivo e emocional permeia os estilos parentais e, dessa forma, intervenções nesses aspectos auxiliariam na interrupção do uso de estilos parentais disfuncionais e na interrupção do ciclo de perpetuação esquemático familiar. Com isso, é possível elaborar medidas preventivas parentais, apoiando os pais na identificação dos seus EIDs, finalizando o ciclo de perpetuação na dinâmica familiar.

CICLO DE PERPETUAÇÃO ESQUEMÁTICA NA DINÂMICA FAMILIAR

A interação entre as ações, percepções, pensamentos e sentimentos de cada membro da família é considerada pela TE no trabalho com pais e filhos, de modo que as estruturas interacionais precisam ser examinadas (Graaf, 2019). Nesse sentido, a dinâmica familiar, nas diferentes etapas do desenvolvimento, pode ser caracterizada por padrões relacionais conflitivos.

Segundo Dattillio (2006), situações vivenciadas na relação parental tendem a desencadear uma interação esquemática entre os pais e a criança, caracterizando um padrão autoperpetuado e destrutivo, envolvendo um ciclo complexo de respostas cognitivas, comportamentais, emocionais e biológicas. Com base na TE, essas interações estão relacionadas à frustração das necessidades emocionais, tanto da criança como dos pais, sendo que estratégias de enfrentamento disfuncionais são utilizadas pelos membros para lidar com a frustração. Entretanto, por serem desadaptativas, tais estratégias perpetuam um ciclo interativo e o desenvolvimento não saudável da criança, visto que não permitem a satisfação das necessidades emocionais na relação parental (Paim & Rosa, 2016).

Esses ciclos não satisfazem as necessidades emocionais das crianças e, assim, as qualidades do esquema quanto à valência tendem a potencializar o grau de problemas emocionais, cognitivos e comportamentais na infância. Além disso, esses ciclos auxiliam na compreensão da transmissão intergeracional dos EIDs. Por exemplo, uma mãe com EID de privação emocional pode adotar uma estratégia ou estilo de enfrentamento evitativo na relação com o filho de 8 anos ao não atender suas necessidades de vínculo seguro. Esse padrão, quando repetitivo, pode promover o desenvolvimento de um EID de privação emocional na criança. Entretanto, o filho pode adotar um estilo de enfrentamento de hipercompensação, de modo a exigir ainda mais atenção da mãe e, por consequência, a mãe pode ficar emocionalmente mais privada.

Cabe destacar que a diferença de gênero entre pais e mães, de domínios de esquemas e de EIDs também foi identificada em um estudo comparativo (Squefi & Andretta, 2016). Os resultados indicaram diferença significativa em que as mães apresentaram mais domínio de orientação para o outro, esquemas de autossacrifício e emaranhamento que os pais.

Os ciclos contribuem para a perpetuação dos EIDs, especialmente por meio da transmissão intergeracional. Um exemplo seria a busca dos pais pela satisfação das próprias necessidades emocionais por meio do filho. Nesse entendimento, pais emocionalmente frágeis não são considerados "gananciosos" quanto a suas necessidades, mas com necessidade de investimentos emocionais. Na parentalidade, os pais tendem a cobrar esse retorno dos filhos ou a não conseguir oferecer o que os filhos precisam devido às faltas emocionais da sua história de vida. Por exemplo, pais frustrados com as suas carreiras e, possivelmente, com EID de fracasso tendem a adotar práticas educativas extremamente exigentes com os filhos em relação à disciplina de estudos a fim de buscar o sucesso profissional por meio deles. Pais com esquema de privação emocional tendem a exigir dos filhos o preenchimento emocional de carinho e empatia. Os ciclos esquemáticos também podem ser característicos de determinadas fases do desenvolvimento dos filhos entre o casal, conforme descrito a seguir.

ETAPAS DO DESENVOLVIMENTO E A ATIVAÇÃO DE EIDs e MEs NO EXERCÍCIO DA PARENTALIDADE

Conforme identificado em diversos teóricos do ciclo vital, cada etapa do desenvolvimento tende a ser caracterizada por necessidades emocionais particulares. Tais necessidades, quando não satisfeitas pelos pais ou cuidadores, tendem a associar-se a importantes dificuldades emocionais, cognitivas e comportamentais nos filhos. É essencial, por exemplo, que nos primeiros anos de vida seja estabelecido um vínculo de apego seguro (Bowlby, 1960), assim como limites adequados, conforme a idade, são necessários para auxiliar na constituição da estrutura psíquica do sujeito (Grusec & Goodno, 1994). Da mesma forma, permitir e incentivar a autonomia da criança é essencial para a promoção do sentido de competência (Seligman & Maier, 1967). Além disso, autores referem a importância da validação da expressão das emoções e do brincar para um desenvolvimento emocional saudável (Bjorklund, 1997; Leslie, 1994).

Wainer e colaboradores (2016) sinalizam o quanto a TE denota a árdua tarefa dos pais e a importância destes em atender às necessidades emocionais dos filhos considerando o seu temperamento e as quantidades de cada necessidade emocional. Apesar da singularidade de cada criança quanto ao temperamento e necessidades específicas, Loose (2011) aponta que as diferentes fases do desenvolvimento, de modo geral, apresentam demandas comuns, as quais tendem a acionar alguns EIDs nos pais, especialmente pela frustração das próprias necessidades emocionais, que normalmente são revivências emocionais ou situacionais familiares e estressantes durante a infância ou adolescência. Desse modo, o acionamento dos EIDs pode ser mais intenso para um dos pais do que para o outro, dependendo do quanto as demandas da criança em determinada idade frustrarão as necessidades emocionais dos pais, os quais tenderão a acionar estratégias de enfrentamento desadaptativas ou modos esquemáticos.

A Tabela 11.1, com base em Loose (2011), Graff e Loose (2013) e Bizinoto (2015), apresenta alguns possíveis EIDs dos pais que podem ser acionados conforme cada etapa do desenvolvimento, bem como alguns exemplos clínicos para caracterizar possíveis dinâmicas.

TABELA 11.1 Etapa do desenvolvimento, vivências parentais ante as etapas do desenvolvimento e possíveis EIDs acionados nos pais

Etapa do desenvolvimento	Vivências parentais ante as etapas do desenvolvimento dos filhos	Possíveis EIDs acionados nos pais nas etapas do desenvolvimento dos filhos	Exemplos clínicos
Bebê	– Sentimentos ambíguos; – Contato direto com a parentalidade; – Pai pode sentir rejeição ante a vinculação mãe-bebê; – Sentimentos de incapacidade ante as novas demandas; – Elevada frustração de necessidades básicas como sono.	– EIDs do primeiro domínio (p. ex., privação emocional devido à diminuição da atenção às suas necessidades de atenção e carinho); – EIDs do segundo domínio (p. ex., fracasso devido à sensação de não dar conta das demandas do filho e do início da parentalidade).	Uma mãe com um EID de abandono poderia adotar uma estratégia hipercompensatória e não deixar o filho aos cuidados de outras pessoas em nenhum momento.
Pré-escolar	– Preocupações quanto ao desenvolvimento cognitivo, relações sociais e desenvolvimento moral; – Aumento de demandas laborais e familiares, como, por exemplo, o envelhecimento dos próprios pais; – Demandas da criança quanto aos medos de figuras estranhas, desastres naturais e separações; – Forte vinculação da criança com os professores.	– Acionamento de EIDs dos pais por meio de lembranças do início do período escolar (p. ex., isolamento social devido a lembranças infantis de *bullying*); – EIDs do primeiro domínio referente à vinculação com outras figuras (p. ex., abandono ante a criança gostar de permanecer na escola de educação infantil); – EIDs do quinto domínio ante as exigências e a diminuição do descanso (p. ex., padrões inflexíveis ante eventuais dificuldades de concentração do filho).	A elevada exigência de uma mãe com EID de padrões inflexíveis com a dificuldade do filho de apresentar autocontrole e apresentar comportamentos hipercompensatórios como, por exemplo, gritar e bater.

(Continua)

(Continuação)

Etapa do desenvolvimento	Vivências parentais ante as etapas do desenvolvimento dos filhos	Possíveis EIDs acionados nos pais nas etapas do desenvolvimento dos filhos	Exemplos clínicos
Escolar	– Demandas da escola quanto à cooperação social, habilidades sociais e desenvolvimento de autonomia podem gerar sentimentos de fracasso nos pais.	– EIDs relacionados principalmente ao segundo domínio (p. ex., fracasso devido a inadequações do filho no contexto escolar).	Uma mãe que apresenta EID de postura punitiva e, ao se deparar com as notas escolares médias do filho, apresenta comportamentos exigentes com ele.
Adolescência	– A ocorrência de instabilidades, mudanças físicas, maior importância dos grupos, busca por individuação e turbulências emocionais pode acionar uma série de emoções intensas nos pais ante as novas exigências da fase.	– EIDs do primeiro domínio (p. ex., abandono ante o afastamento da família nuclear); – EIDs do terceiro domínio (p. ex., abuso e desconfiança ante as exigências do filho).	Um pai com EID de abuso, o qual tende a ser acionado quando o filho insiste em sair para uma festa, porém o pai interpreta esse pedido como desrespeito e age de forma extremamente punitiva com o filho.

Fonte: Adaptada de Bizinoto (2015), Loose (2011), Graff e Loose (2013).

Dessa forma, é essencial atentar para as necessidades emocionais em cada fase do desenvolvimento saudável, visto que é ao longo dessas etapas, até mesmo quando não se tem desenvolvida a linguagem, que ocorre o desenvolvimento da matriz dos primeiros esquemas. A memória emocional dessas experiências alicerça os esquemas iniciais, definindo padrões comportamentais e cognitivos que formam a personalidade (Sanchez & Wainer, 2013). Cabe destacar que, dependendo da intensidade e da vivência repetida dessas experiências, os EIDs serão caracterizados por amplitude, flexibilidade/rigidez, graus de valência, os quais repercutirão em maior ou menor disfuncionalidade (Young, 2003). Portanto, intervenções precoces previnem o grau de disfuncionalidade de cada EID.

COMO O TERAPEUTA PODE AUXILIAR O CASAL NA TRANSIÇÃO PARA A PARENTALIDADE

Como descrito, os EIDs e as estratégias de enfrentamento são ativados na relação conjugal e parental. Isso, além de interferir na relação conjugal, também exerce sérias influências no desenvolvimento da personalidade do filho que está em formação. Assim, para que os profissionais auxiliem os casais a olhar para suas próprias necessidades e para as de seus cônjuges na TPP, algumas perguntas são importantes:

O que o casal precisa receber para se conectar?
Suas expectativas e necessidades estão sendo atendidas?
Como eles mostram as necessidades para seu cônjuge ou filhos?
Como se sentem quando o cônjuge está exercendo alguma prática educativa ou afetiva com o(a) filho(a)? E o que fazem?
Quais comportamentos e gestos esperam receber do cônjuge? Como pedem?

Ajudar os casais a identificar esses gatilhos costuma auxiliá-los a satisfazer as suas necessidades de forma proporcional, mudando o modo de interpretação e a estratégia para buscar o que precisam. Além disso, é preciso identificar o tipo de psicoterapia necessário e mais urgente no momento, além de avaliar a queixa do paciente, se a demanda é para terapia individual, de casal ou de treino de pais.

A TE atua nas três possibilidades de intervenção, sendo que a terapia individual trabalha as experiências de cada um e busca auxiliar o paciente a satisfazer as próprias necessidades emocionais de forma mais assertiva (Young et al., 2008). Já a terapia de casal visa trabalhar e romper a química esquemática presente na relação conjugal que impede que o casal satisfaça suas próprias necessidades não atendidas (Paim, Madalena, & Falcke, 2012). Por fim, o treino de pais busca trabalhar o que certos comportamentos dos filhos despertam nos pais, como botões emocionais que interferem na dinâmica familiar disfuncional (Loose, 2011).

VINHETA CLÍNICA

ANA E PAULO

Ana (33 anos) é casada com Paulo (35 anos) e mãe de Bruna (4 meses). Atualmente, Ana está em licença maternidade, e o esposo trabalha 12 horas por dia, voltando para casa no turno da noite. O casal está junto há sete anos e, apesar de apresentarem valores e objetivos de vida comuns, Ana sempre se queixou de que Paulo não era empático e carinhoso a suas demandas, sendo comuns as seguintes expressões: "Ele não me dá atenção, ele não me escuta". Paulo, em contrapartida, sempre se queixou de que a esposa demandava muita atenção e normalmente referia: "Nunca é suficiente a atenção que eu disponibilizo, ela faz de propósito, ela me pede atenção quando estou estressado".

Analisando a história de vida dos pais, pode-se identificar déficits no atendimento das necessidades emocionais. Ana foi pouco atendida quanto a sua necessidade de vínculo seguro, sobretudo no que diz respeito a sentir-se verdadeiramente escutada e acolhida em suas demandas. Os pais tinham um estilo parental exigente e afetivamente distanciado. A paciente refere que a mãe raramente a abraçava ou dizia "eu te amo". O pai, em contrapartida, era mais carinhoso, mas dedicava-se muito à profissão e delegava os cuidados da filha à esposa.

Desse modo, Ana passava a maior parte do tempo com a mãe, que era bastante exigente quanto ao desempenho na escola e à organização de casa. Em situações nas quais a filha não correspondia a suas expectativas, ela tendia a ser crítica e punitiva. "Uma vez ela disse que eu era uma vergonha como filha, pois meu quarto estava sempre bagunçado", recorda Ana. Assim, devido às vivências repetidas de distanciamento afetivo, desenvolveu-se o EID de privação emocional. Além disso, as experiências de críticas, punições e falta de elogios e de reconhecimento deram origem ao EID de defectividade/vergonha. No presente, quando tais EIDs são ativados, Ana entra no modo criança zangada ou no modo protetor autoaliviador, afastando-se da pessoa ou situação que lhe causou incômodo e fazendo maratonas de séries de televisão.

Em relação a Paulo, o pai era alcoolista e fisicamente abusivo. O paciente refere que o pai era muito crítico e intolerante, repreendendo-o quando cometia erros. "Quando estava alcoolizado, meu pai perdia a paciência com facilidade e batia em mim ou me colocava de castigo", Paulo referiu. A partir dessas vivências, o paciente desenvolveu um EID de desconfiança/abuso. Atualmente, quando se sente abusado, Paulo entra no modo protetor desligado, desconectando-se de suas emoções, evitando demonstrar sentimentos na relação conjugal, bem como ficando horas entretido no trabalho ou nas redes sociais.

Com o nascimento da filha, Ana vem se queixando com mais frequência sobre o quanto se sente sozinha nos cuidados com Bruna, e que Paulo não é atencioso e afetivo com ambas. Já Paulo, ao voltar para casa cansado do ambiente laboral, escuta os pedidos diários da esposa e tende a deixá-la falando sozinha. Ante isso, Ana entra no modo criança zangada e irrita-se com o marido e com a filha. Quando esse modo é ativado, Ana grita com a filha: "Para de chorar! Para! Você não para nunca!". Por consequência, Paulo também fica irritado e grita com a menina, dizendo que vai resolver o problema.

Nesse breve relato da dinâmica de relação familiar, já é possível observar o ciclo de perpetuação esquemática. Ana sente-se privada de cuidados e afeto por parte do marido e tem o seu EID de privação emocional ativado. Quando esse EID é ativado, ela entra no modo criança solitária e, em seguida, no modo criança zangada. Por sua vez, a reação irritada da esposa ativa em Paulo o EID de desconfiança/abuso, que dá origem ao modo criança abusada e ao modo de enfrentamento protetor desligado. Ao perceber o marido distanciado, Ana sente-se ainda mais privada de afeto, ativando novamente o EID de privação emocional.

É importante considerar que o nascimento de Bruna trouxe um novo membro ao sistema familiar e, portanto, outro sujeito envolvido no ciclo de perpetuação esquemática. Quando Bruna fica mais chorosa ou irritadiça, Ana sente-se privada de auxílio por parte de Paulo e entra no modo criança zangada. Devido a tal reação emocional, ela tende a brigar com Bruna e a não acolher e atender às demandas do choro da filha. Ou seja, identifica-se a possibilidade de a menina também desenvolver o EID de privação emocional. O pai, por sua vez, ao adotar a estratégia de desconexão, também tende a contribuir para o desenvolvimento desse EID, visto que de fato pouco atende às demandas emocionais da filha. Além disso, Bruna também poderá desenvolver os EIDs de desconfiança/abuso e de defectividade/vergonha ante as reações agressivas e críticas dos pais.

Intervenções em TE

Além da compreensão teórica acerca dos elementos envolvidos na origem e na manutenção dos problemas presentes no sistema familiar, a TE também oferece uma gama de intervenções capazes de interromper o ciclo esquemático vigente. Inicialmente, o terapeuta deve realizar entrevistas com o casal para identificar as dificuldades atuais e como elas se relacionam à história de vida de cada um. Nessa etapa, a atenção também deve estar voltada à formação de um vínculo seguro com ambos os pais, que é estabelecido mostrando-se uma postura calorosa e não julgadora. Recomenda-se também que o terapeuta destaque os pontos fortes de cada cônjuge. Após a fase de coleta de informação, passa-se à psicoeducação sobre necessidades emocionais, EIDs e modos e à identificação dos modos esquemáticos acionados na interação conjugal. Para a avaliação dos modos, pode-se lançar mão do Inventário de Modos Esquemáticos (Young et al., 2014) e do mapa dos modos (Loose, 2011), conforme ilustrado na Figura 11.1.

Com o mapa dos modos, é possível identificar os principais modos do paciente e como eles se relacionam entre si. Para construir o mapa, o terapeuta questiona os cônjuges sobre seus modos positivos: "Percebi que você tem uma parte muito capaz, que cuida muito bem de sua filha. Você também a identifica? Em quais outras situações essa parte aparece?". A seguir, o terapeuta deve questionar acerca dos outros modos. Uma forma de indagar sobre o modo criança vulnerável ou zangada seria: "A maioria das pessoas sente-se triste ou assustada às vezes. Isso acontece com você? É também muito comum sentirmos raiva em alguns momentos. Como é isso para você?". À medida que foram elencados os modos criança vulnerável e/ou zangada, o terapeuta pergunta ao paciente como ele age quando tais modos são acionados. "E nos momentos em que você está se sentindo triste e sozinha, o que você faz?"

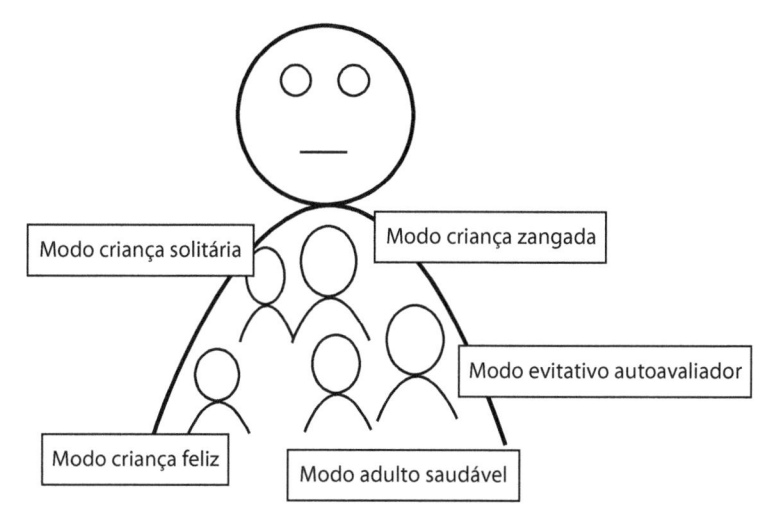

FIGURA 11.1 Mapa dos modos ilustrando os modos de Ana.
Fonte: Baseado em Loose (2011).

No caso citado, o terapeuta auxiliou o casal a identificar que o modo criança solitária de Ana era acionado quando Paulo se desconectava dela e da filha, bem como quando era agressivo verbalmente. Ou seja, ambos os comportamentos não atendiam o modo criança vulnerável dela. Ante o não atendimento, identifica-se o quanto Ana sentia raiva, ou seja, sua criança zangada era acionada por essa frustração. E, por vezes, como um modo de enfrentamento disfuncional, aparecia o modo evitativo autoaliviador, ao distanciar-se do marido e assistir à televisão, assim como o modo hipercompensador, ao exigir a atenção constante do marido, de maneira repetitiva, intolerante e exigente.

Também foi possível compreender que, a partir de suas exigências, Ana acionava o modo criança vulnerável de Paulo, ou seja, o modo criança abusada, e Paulo ativava seu modo de enfrentamento desadaptativo evitativo, ou seja, trabalhava e se entretinha nas redes sociais, ou o modo hipercompensador, de forma a reagir agressivamente com a esposa. Nessa dinâmica do casal, são identificadas as repercussões do não atendimento da necessidade emocional de vínculo seguro da filha. Ou seja, por meio dos modos de enfrentamento, identifica-se uma série de estilos parentais não favoráveis para o desenvolvimento emocional da filha, como, por exemplo, coercitividade e distanciamento afetivo.

Nesse contexto, após a psicoeducação, é sugerida a identificação dos gatilhos na relação conjugal e na relação parental, a fim de buscar o atendimento das necessidades emocionais básicas na relação conjugal, ou seja, atender aos modos criança vulnerável, bem como fortalecer os modos adulto saudável desses pais para a presença de práticas parentais mais favoráveis para o desenvolvimento emocional do filho. Assim, o fortalecimento do modo adulto saudável, o atendimento do modo criança vulnerável e o desempoderamento dos modos de enfrentamento disfuncionais seriam alcançados por meio de técnicas cognitivas, comportamentais e experienciais.

Por fim, compreende-se o quanto, em toda a intervenção, o terapeuta necessariamente deve adotar uma postura de reparentalização limitada. Isto é, suprir, nos limites da relação terapêutica, as necessidades emocionais dos pais, compreendendo que os modos de enfrentamento disfuncionais, apesar de gerarem problemas na relação conjugal e familiar, apresentam boas intenções: proteger a criança vulnerável. Dessa forma, uma postura acolhedora e não julgadora torna-se essencial para o andamento do processo terapêutico.

CONSIDERAÇÕES FINAIS

Um objetivo central da TE com pais com filhos pequenos seria interromper os ciclos de perpetuação presentes na dinâmica familiar. Para isso, o trabalho individual de reconhecimento de ativação dos EIDs e modos nas relações com o(a) filho(a) e o(a) companheiro(a) e o manejo desses nas situações familiares é crucial para o atendimento das necessidades emocionais e a prevenção de futuros problemas emocionais, cognitivos e comportamentais dos membros da família, em especial da criança. Ou seja, atentar para os modos esquemáticos dos pais configura-se como uma possibilidade de intervir em suas práticas parentais e prevenir o não atendimento das necessidades emocionais do filho e, por consequência, futuros problemas socioemocionais da criança.

Sugere-se que estudos futuros, por meio de delineamentos adequados, possam ser desenvolvidos a fim de investigar as relações teóricas e clínicas apresentadas no presente capítulo. Sugere-se também que estudos acerca das técnicas utilizadas possam ser cada vez mais desenvolvidos a fim de evidenciar a eficácia e a efetividade da TE para casais com filhos pequenos. Além disso, sugere-se com maior ênfase estudos longitudinais, de forma a acompanhar EIDs e modos esquemáticos de pais, ciclos de perpetuação esquemática, atendimento de necessidades emocionais na relação conjugal e parental, práticas parentais, além de repercussões nos EIDs e modos de enfrentamentos da criança, futuro adolescente e adulto.

REFERÊNCIAS

Bach, B., Lockwood, G., & Young, J. (2017). A new look at the schema therapy model: Organization and role of early maladaptive schemas. *Cognitive Behaviour Therapy, 47*(1), 1-22.

Batool, N., Shehzadi, H., Riaz, M. H., & Riaz, M. A. (2017). Paternal malparenting and offspring personality disorders: mediating effect of early maladaptive schemas. *Journal of Pakistan Medical Association, 67*(4), 556-560.

Baumrind, D. (1971). Current patterns of parental authority parental. *Developmental Psychology Monograph, 4*(1), 1-103.

Belsky J. (1984). The determinants of parenting: a process model. *Child Development, 55*, 83-96.

Bizinoto, J. (2015). *O modelo alemão da terapia cognitiva focada em esquemas: Conceituação, técnicas e aplicação clínica na Psicoterapia Infantil* (Dissertação de mestrado, Instituto de Psicologia, Universidade Federal de Uberlândia, Uberlândia).

Bjorklund, D. F. (1997). The role of immaturity in human development. *Psychological Bulletin, 122*(2), 153-169.

Bowlby, J. (1960). Ethology and the development of object relations. *International Journal of Psycho-analysis, 41*(2), 313-317.

Carter, B., McGoldrick, M., & Petkov, B. (2014). Be-coming parents: the family with young children. In M. McGoldrick, B. Carter, & N. Garcia-Preto (Orgs.), *The expanded family life cycle: Individual, family, and social perspectives* (4th ed., pp. 211-231). Needham Heights: Allyn & Bacon.

Da Costa, D., Zelkowitz, P., Letourneau, N., Howlett, A., Dennis, C. L., Russell, B., Khalifé, S. (2017). HealthyDads.ca: what do men want in a website designed to promote emotional wellness and healthy behaviors during the transaction to parenthood? *Journal of Medical Internet Research, 19*(10), e325.

Dattilio, F. M. (2006). Reestruturação de esquemas familiares. *Revista Brasileira de Terapia Cognitiva, 2*(1), 17-34.

David, O. A. (2014). The rational positive parenting program for child externalizing behavior: mechanisms of change analysis. *Journal of Evidence-Based Psychotherapies, 14*(1) 21-38.

Doss, B. D., & Rhoades, G. K. (2017). The transition to parenthood: impact on couples' romantic relationships. *Current Opinion in Psychology, 13*, 25-28.

Gilmer, C., Buchan, J. L., Letourneau, N., Bennett, C. T., Shanker, S. G., Fenwick, A., & Smith-Chant, B. (2016). Parent education interventions designed to support the transition to parenthood: a realist review. *International Journal of Nursing Studies, 59*, 118-133.

Graaf, P. & Loose, C. (2013). Kindbezogene Techniken und Vorgehensweisen. In C. Loose, P. Graaf, G. Zarbock (Hrsg). *Schematherapie mit Kindern und Jugendlichen*. Weinheim: Beltz Verlag.

Graaf, P. (2019) Schematherapie für Kinder und Jugendliche. In C. Loose, P. Graaf, G. Zarbock (Orgs.)., Schematherapie mit Kindern und Jugendlichen. Weinheim: Beltz.

Grusec, J. E., & Goodnow, J. J. (1994). Impact of parental discipline methods on the child's internalizing of values: a reconceptualization of current points of view. *Developmental Psychologist, 30*(1), 4-19.

Hameister, B. R., Barbosa, P. V., & Wagner, A. (2015). Conjugalidade e parentalidade: uma revisão sistemática do efeito spillover. *Arquivos Brasileiros de Psicologia, 67*(2), 140-155.

Kamp Dush, C. M., Rhoades, G. K., Sandberg-Thoma, S. E., & Schoppe-Sullivan, S. J. (2014). Commitment across the transition to parenthood among married and cohabiting couples. *Couple & family psychology, 3*(2), 126-136.

Kooraneh, A. E., & Amirsardari, L. (2015). Predicting early maladaptive schemas using Baumrind's parenting styles. *Iranian Journal of Psychiatry and Behavioral Sciences, 9*(2), e952.

Lawrence, E., Rothman, A. D., Cobb, R. J., Rothman, M. T., & Bradbury, T. N. (2008). Marital satisfaction across the transition to parenthood. *Journal of Family Psychology, 22*, 41-50.

Leslie, A. M. (1994). Pretending and believing: Issues in the theory of ToMM. *Cognition, 50*(1-3), 211-238.

Loose, C. (2011). *Schematherapy for children*. Recuperado de: https://schematherapysociety.org/Children-and-Adolescents

Maccoby, E., & Martin, J. (1983). Socialization in the context of the family: parent-child interaction. In E. M. Hetherington, & P. H. Mussen (Orgs.), *Handbook of child psychology: Socialization, personality and social development.* (4th ed., vol. 4, pp. 1-101). New York: Wiley.

Menezes, C. C., & Lopes, R. de C. S. (2007). Relação conjugal na transição para a parentalidade: Gestação até dezoito meses do bebê. *Psico-USF, 12*(1), 83-93.

Moreno-Rosset, C., Arnal-Remón, B., Antequera-Jurado, R., & Ramírez-Uclés, I. (2016). Anxiety and psychological wellbeing in couples in transition to parenthood. *Clínica y Salud*, 27(1), 29-35.

Ohashi, Y., & Asano, M. (2012). Transition to early parenthood, and family functioning relationships in Japan: a longitudinal study. *Nursing and Health Sciences*, 14, 140-147.

Paim, K., & Rosa, M. (2016). O papel preventivo da terapia cognitiva focada em esquemas para a infância. In R. Wainer, K. Paim, R. Erdos, & R. Andriola (Orgs.), *Terapia cognitiva focada em esquemas: integração em psicoterapia* (169-185). Porto Alegre: Artmed.

Paim, K., Madalena, M., & Falcke, D. (2012). Esquemas iniciais desadaptativos na violência conjugal. *Revista Brasileira de Terapias Cognitivas*, 8(1), 31-39.

Power, T. G. (2013). Parenting dimensions and styles: a brief history and recommendations for future research. *Childhood obesity*, 9(1), 14-21.

Sanches, M. M., & Wainer, R. (2013). Bebê: esquemas iniciais e saúde mental. In R. B. Araújo, Piccoloto, N. M., & Wainer, R. *Desafios Clínicos em terapia cognitivo-comportamental*. São Paulo: Casa do Psicólogo.

Seligman, M. E., & Maier, S. F. (1967). Failure to escape traumatic shock. *Journal of experimental Psychology*, 74(1), 1-9.

Simeone-DiFrancesco, C., Roediger, E., & Stevens, B. A. (2015). *Schema therapy with couples: a practitioner's guide to healing relationships*. West Sussex: John Wiley & Sons.

Solmeyer, A. R., & Feinberg, M. E. (2011). Mother and father adjustment during early parenthood: the roles of infant temperament and coparenting relationship quality. *Infant Behavior & Development*, 34(4), 504-514.

Squefi, M., & Andretta, I. (2016). Esquemas iniciais desadaptativos e habilidades sociais educativas parentais: pais e mães. *Revista Brasileira de Terapias Cognitivas*, 12(2), 83-90.

van Genderen, H. (2012). Case conceptualization in schema therapy. In M. van Vreeswijk, J. Broersen, & M. Nadort (Orgs.), *The Wiley-Blackwell handbook of schema therapy: theory, research and practice* (pp. 27-40). Oxford: Wiley-Blackwell.

Wainer, R., Paim, K., Erdos R., & Andriola, R. (2016). *Terapia cognitiva focada em esquemas*. Porto Alegre: Artmed.

Young, J. E. (2003). *Terapia cognitiva para transtornos da personalidade: uma abordagem focada em esquemas* (3. ed.). Porto Alegre: Artmed.

Young, J. E., Klosko, J. S., & Weishaar, M. E. (2008). *Terapia do esquema: guia de técnicas cognitivo-comportamentais inovadoras*. Porto Alegre: Artmed.

Young, J., Arntz, A., Atkinson, T., Lobbestael, J., Weishaar, M., Van Vreeswijk, M., & Klokman, J. (2014). Inventário de modos esquemáticos. Disponível com os autores.

Leituras recomendadas

Cowan, P. C., & Cowan, P. A. (1988). Who does what when partners become parents: implications for men, women and marriage. In R. Palkovitz, & M. B. Sussman (Orgs.), *Transitions to parenthood* (pp. 105-113). New York: The Haworth.

Lotfy, S., & Yarahmadi, Y. (2014). Study the relationship between early maladaptive schemas and parenting styles. *International Journal of Academic Research in Psychology*, 1(2), 32-41.

Sundag, J. (2018). Are schemas passed on? A study on the association between early maladaptive schemas in parents and their offspring and the putative translating mechanisms. *Behavioral and Cognitive Psychotherapy*, 46(6), 738-753.

12

Infidelidade conjugal: novidade do outro, alteridade do eu ou o amor velho que adoeceu?

Ana Letícia Castellan Rizzon

> *Como começar algo novo com todo esse ontem em mim?*
> Leonard Cohen

> *Pensava saber quem eu era, quem era ele: e de repente, não nos reconheço mais, nem a mim e nem a ele. [...] Minha vida, atrás de mim, desmoronou, como nesses terremotos em que a terra devora a si mesma: ela se esboroa às nossas costas à medida que fugimos. Não há mais retorno.*
> Simone de Beauvoir

O relacionamento amoroso constitui um mar complexo em que o indivíduo navega ao longo da existência. Nele há uma expectativa de um porto seguro adulto alicerçado em esquemas adaptativos e desadaptativos. Nesse palco fértil ao crescimento interpessoal, Eros, deus do amor e do erotismo, com sua inocente travessura, segue disparando suas flechas "envenenadas" de amor e paixão. No "mundo líquido moderno", onde o durável é preterido ao instantâneo (Bauman, 2004), Eros legitima a traquinagem das flechas disparadas. Embora o compromisso siga como um componente estabilizador na relação, a contemporaneidade eleva o nível da linha de base de merecimento e satisfação para o florescimento da relação. Há liquidez nas relações, na modernidade e no amor, gerando uma flexibilidade frágil. Esses contornos, ambiguamente maleáveis, impedem mergulhos profundos, gerando insegurança e ansiedade ante os relacionamentos. Isso compromete a capacidade de construção e preservação de laços sólidos em longo prazo.

Diante da obstinação de Eros, algumas flechas esbarram em coordenadas perigosas, tornando triangular o que nasceu com a expectativa de ser uma linha reta. É dessa geometria perigosa que tem origem a infidelidade conjugal, que começa a escrever a sua história na mesma data em que surge o compromisso monogâmico.

A infidelidade configura-se como um motivo frequente dos conflitos conjugais (Fonseca, Resende, & Crosara, 2015; Guitar et al., 2016; Viegas & Moreira, 2013) e é considerada um dos três assuntos mais difíceis de tratar na prática clínica (Snyder, Baucom, & Gordon 2008). A terapia do esquema (TE) viabiliza a identificação, por intermédio do entendimento individual e do ciclo esquemático conjugal, do que impele casais a serem alvos vulneráveis às flechadas de Eros. Busca uma mudança integrativa (interpessoal, cognitiva, emocional e comportamental) de maneira sistemática e estruturada, norteando a caminhada do novo triangulo funcional transitório: o casal e o terapeuta (Paim, 2016; Simeone-DiFrancesco, Roediger, & Stevens, 2015; Stevens & Roediger, 2017).

Dessa forma, este capítulo objetiva apresentar um norte terapêutico para o tratamento de casais pós-infidelidade conjugal, baseando-se no trabalho de Baucom, Snyder e Gordon (2011) e Snyder, Gordon e Baucom (2007; 2008). Será proposta, como estratégia, a composição entre essa metodologia estruturada da terapia cognitivo-comportamental (TCC) com a profundidade do entendimento esquemático da TE.

O QUE É INFIDELIDADE CONJUGAL?

Bater papo, fazer um *happy hour* a dois ou contar a intimidade a um colega de trabalho é trair? Enviar mensagens eróticas, receber *nudes*, participar de uma comunidade dedicada ao fetiche é ser infiel? E sobre ter uma conta secreta no Facebook ou conversar com o ex-namorado? Masturbação com vídeos pornôs ou pornografia personalizada em tempo real pode? Massagem com "final feliz", ou visitas semanais a uma profissional do sexo é o mesmo que ter um caso? Troca de *e-mails* com um completo desconhecido sobre taras sexuais íntimas é traição? E sobre manter-se em aplicativos para relacionamento? A intimidade exige transparência total? Onde está a fronteira entre o privado e o clandestino?

Nesse terreno nebuloso, em que a hermenêutica não atua como GPS, muitos autores delinearam limites tangíveis para enquadrar o fenômeno da infidelidade. Expressões como: envolvimento romântico/sexual/emocional enquanto se relaciona com outra pessoa; período curto ou longo; rompimento da exclusividade emocional ou íntima; virtual ou presencial; secreto ou clandestino; estão entre as diferentes definições para o tema (Almeida & Vanni, 2013; Figueiredo, 2013; Gottman & Silver, 2014; Paim, 2016; Santos & Cerqueira-Santos, 2016; Simeone-DiFrancesco et al., 2015; Stevens & Roediger, 2017). Cenários definidos por cultura, religião, idade, gênero, estado civil e posicionamento dentro do triângulo amoroso também definem avaliações morais sobre o tema (Kato, 2014; Perel, 2018; Shaw, Rhoades, Allen, Stanley, & Markman, 2013). No que tange à infidelidade, é a trama costurada a seis mãos que interessa. Não as definições, mas as necessidades não atendidas de seus protagonistas. Qual a melodia criada pelos diferentes esquemas dos personagens desse drama? Quais as estratégias de enfrentamento visíveis nesse ciclo esquemático *hardcore*? A tragédia central é que um parceiro se sente traído pelo outro, mas é o todo dessa dança conjugal que torna esse drama tão provocante.

Na difícil arte de caracterizar um universo composto por vidas em crise em um significante chamado infidelidade, é tomada como guia de navegação a lógica composta pelos três elementos definidores: clandestinidade, química sexual e envolvimento emocional (Baucom et al., 2011; Perel, 2018; Snyder et al., 2007; 2008).

Clandestinidade

É preceito constitutivo que a relação extraconjugal se alicerça no feitiço da ocultação. Um país das maravilhas onde é possível sentir-se um deus, dotado de poder, intensificação da carga erótica, liberdade, autonomia e controle (Perel, 2018; Stevens & Roediger, 2017). Há onipotência para construir as próprias regras, resgatar sentimentos de outras épocas, descobrir facetas de si mesmo e mergulhar fundo no mundo hedonista sob a proteção do manto do secreto. Há uma mistura explosiva de duas emoções intensas: culpa e excitação. É nesse jogo de emoções extremas, com pouca previsibilidade e controle sobre o próximo encontro, que é possível viver o sumo da empolgação da expectativa. Não há preocupações diárias, tarefas domésticas ou as pressões para viver intimamente com outra pessoa ao longo do tempo. É uma relação camuflada, compartilhada apenas com um ou dois confidentes que são escolhidos por sua capacidade de apoiar e manter o segredo. O caráter secreto fornece uma concha contra as pressões externas (Stevens & Roediger, 2017). "Os casos florescem à margem da nossa vida, e, desde que não expostos à luz, o feitiço é preservado" (Perel, 2018, p. 34).

A clandestinidade é terra fértil para as necessidades do modo criança impulsiva, para a desconexão do modo protetor desligado autoaliviador ou para o modo hipercompensador autoengrandecedor receber sua glória. Com um olhar atento, é possível encontrar muitos modos que florescem por aqui. "Sempre fui de andar na linha, a filha perfeita, a profissional impecável. Era a imagem do 'faça o que eu digo e faça o que eu faço'. Me ver em uma vida secreta mostrou um eu empolgante." "Com ela eu me sinto um Deus!" "Ele é meu oásis no meio do deserto árido, é onde desligo dos problemas e só sinto alegria."

Em seu cerne, a infidelidade é alicerçada em mentiras, enganações e estratégias complexas. A dissimulação ganha a máscara de discrição. Com o passar do tempo, o parceiro infiel pode encontrar-se tão emaranhado em fingimentos e acabar visitando, de forma compulsória, a terra do isolamento, da vergonha corrosiva e da autodepreciação, local de residência dos modos pais desadaptativos internalizados. As polaridades oscilam desde uma avaliação do modo adulto saudável: "Sou uma boa pessoa fazendo coisas que violam meu casamento", até um veredito do modo pais punitivos/críticos internalizados: "Sou um merda, sempre fui um merda". Independentemente do modo acessado, sabe-se que o país das maravilhas secreto faz fronteira, por todos os lados, com as terras hostis da culpa e do caos.

Já para o parceiro ludibriado, descobrir o segredo é desestabilizador. É um encontro com a mentira que o faz questionar todas as verdades. Não só as "verdades" ditas no decorrer da relação, mas a verdade intrínseca de sentir-se eficaz para enxergar o parceiro amoroso. A pergunta frequente é: "Como não percebi?". A mentira é gasolina no fogo da dor da infidelidade, por sequestrar a confiança avaliativa e por tornar o trauma humilhante e ofensivo (Perel, 2018; Simeone-DiFrancesco et al., 2015).

Química sexual

Compreende-se a sexualidade em um conceito abrangente, envolvendo mente, corpo e energia eróticos. Em que ponto "algo acontece"? "Eis a regra: se vocês acham que seus cônjuges ficariam incomodados ao presenciar suas interações com essa pessoa ou que se chateariam com as confidências que trocam, a intimidade está perigosa" (Gottman & Silver, 2014, p. 73). É possível discutir sobre o que é real e o que é imaginário, mas a química do erótico é evidente.

Muitos casos têm menos a ver com sexo e mais a ver com desejo: o desejo de se sentir desejado, de ser especial, de ser visto, de chamar a atenção. Com o desejo de ser único. Tudo isso carrega a magia da vivacidade erótica, da renovação. Aqui o entusiasmo pretere a ação, potencializando tanto o encantamento que, por vezes, a relação sexual é supérflua. Sob essa lógica, namorar sem intimidade física também é trair (Baucom et al., 2011; Figueiredo, 2013; Perel, 2018; Snyder et al., 2007).

Esse componente torna pífio o literalismo sexual do presidente Bill Clinton quando disse: "Não tive relações sexuais com aquela mulher". E outros similares, como: "Eu estava bêbado"; "Foi com uma puta"; "Eu não deixei ele gozar em mim"; "Eu não lembro"; "Foi só uma despedida de solteiro". O sistema de defesa do parceiro infiel é habilidoso em encontrar brechas, não medindo esforços para eliminar o sexo do sexo (Perel, 2018).

Envolvimento emocional

Um caso pode ser um mergulho de *snorkel*, apneia ou cilindro. Independentemente da profundidade, todos mergulham no mar do envolvimento emocional. Na modernidade, o mergulho raso ganhou novos palcos, alargando fronteiras e pluralizando possibilidades: *sexting*, assistir pornografia, pornografia personalizada, ser ativo em aplicativos de namoro. O mundo digital possibilitou novos caminhos para triangular (Haack & Falcke, 2013; Figueiredo, 2013; Gottman & Silver, 2014). A infidelidade virtual aparece muitas vezes como um meio para viabilizar o encontro extraconjugal presencial. Os sujeitos que se relacionam virtualmente tendem a ser mais infiéis do que aqueles que se relacionam pessoalmente. Talvez isso ocorra pela facilidade em iniciar e finalizar a relação, sem grandes embaraços (Haack & Falcke, 2013).

Em experiências recreativas, anônimas ou pagas, pode não haver sentimentos profundos, mas o fato de ter acontecido é um indício contundente da presença de uma disfuncionalidade instalada no ciclo esquemático do casal. É um sinal de fumaça mesmo quando o fogo ainda não tenha se mostrado. Muitos depreciam o envolvimento emocional para reduzir a transgressão, tendendo a penalizar com mais afinco a "concretude" característica da infidelidade sexual (Kato, 2014; Weiser, Lalasz, Weigel, & Evans, 2014).

Em mergulhos profundos, a composição de emoções passionais é integral. São comuns verbalizações como: "Parece que voltei a viver depois que o conheci"; "Ela me faz ver a vida de outro jeito"; "Antes desse amor, percebo que eu só existia". Ao definir a intensidade da experiência, são comuns expressões sacralizadoras do afeto como transcendência, destino, encontro divino, amor único. Surge uma nova consciência nascida do contraste: o novo amor *versus* o velho amor. O velho amor que careceu de zelo, que perdeu o senso de conexão, deixando de atender às necessidades primárias recíprocas. Ou o velho amor em que o modo criança vulnerável acessa o modo protetor desligado na forma passional para desconectar emoções esquemáticas. Ou ainda um velho amor que está sendo contra-atacado pelo modo hipercompensador em retaliação ao aviltamento gerado pela convivência desadaptativa. Embora a infidelidade possa ser erótica e intensamente sexual, há nela um sentido que têm pouco a ver com sexo. Ela é a febre, a infecção é a dinâmica real composta de conflito, raiva, medo, desamparo, solidão ou vazio inexplorados. Pode ser sintoma da dor de um velho amor infeliz que um caso tenta manter sob controle (Perel, 2018; Simeone-DiFrancesco et al., 2015; Stevens & Roediger, 2017).

Na inter-relação entre a clandestinidade, a química sexual e o envolvimento emocional, pode-se ter muito de todos esses elementos, mais de um ou de outro, mas, no geral, todos entram na dinâmica da infidelidade (Perel, 2018). A infidelidade tende a ser mais julgada e menos tolerada quanto mais profundo for o mergulho e mais durável for a relação (Viegas & Moreira 2013). É possível encontrar diferenças interpretativas marcantes entre os gêneros. As mulheres veem o sexo como algo que flui da intimidade, por isso tendem a praticar mais a infidelidade emocional e sentem-se mais feridas pelo envolvimento emocional do parceiro. Já os homens tendem a ver o sexo como um caminho para a intimidade, o que os torna mais propensos ao envolvimento sexual. Para eles a infidelidade sexual da parceira machuca mais profundamente (Simeone-DiFrancesco et al., 2015). A experiência clínica sugere que, quando a mulher tem um caso, o futuro da relação fica mais ameaçado.

Talvez porque, quando os elementos sexuais e emocionais interatuam, haja maior probabilidade de mergulhos relacionais profundos e consequente construção de laços emocionais mais sólidos com a terceira pessoa.

Diante desse panorama de afetos híbridos, é possível encontrar casais impactados com a constatação de que a verdade tem um peso que nenhuma mentira consegue simular. Um peso que precisa ser vivido e acrescentado na tapeçaria multimodal de suas histórias. Como cerzir esses retalhos é o que será descrito a seguir.

CARACTERÍSTICAS DE UM PROCESSO TERAPÊUTICO BEM-SUCEDIDO DIANTE DA INFIDELIDADE CONJUGAL

Na TE com casais, compreende-se que a insalubridade da relação é resultante de necessidades não satisfeitas e memórias dolorosas que se desenham em ciclos esquemáticos arraigados. Compreendendo as arestas das personalidades envolvidas, é possível enxergar a dança resultante do somatório de suas potências e vulnerabilidades. Nesse caminho costurado a seis mãos, constitui-se como meta flexibilizar características desadaptativas da personalidade e hipoativar os esquemas. O conjunto de técnicas da TE se faz eficaz até mesmo com clientes com transtornos da personalidade (Paim, 2016; Simeone-DiFrancesco et al., 2015; Stevens & Roediger, 2017; Young, Klosko, & Weishaar, 2008). Quanto mais comprometido o diagnóstico do par conjugal, mais lenta e sofisticada será a caminhada.

Esquemas de autocontrole e autodisciplina insuficientes, defectividade ou padrões inflexíveis do terapeuta podem ser entraves no tratamento de casais mais complexos. A ativação esquemática e os modos eliciados, principalmente em tratamentos difíceis, podem dar início ao contraproducente ciclo esquemático do casal *versus* terapeuta. Entende-se que um entrave para o sucesso da TE é a capacidade do terapeuta de lidar com seus próprios esquemas (Andriola, 2016; Young et al., 2008). Logo, essa metodologia pressupõe que o terapeuta e sua saúde mental são a base para o florescimento dessa técnica. O trabalho com essa problemática pode ser dividido em três estágios:

Estágio 1: absorvendo o golpe

Como bem explicou Perel (2018, p. 59): "Se você quiser mesmo ferir uma relação, arrancar seu coração, a infidelidade é uma aposta segura. É traição sob vários aspectos – falsidade, abandono, rejeição, humilhação –, todas as coisas que o amor prometia proteger".

A infidelidade provoca no cônjuge ferido uma sintomatologia semelhante ao transtorno de estresse pós-traumático (TEPT) (Baucom et al., 2011; Perel, 2018;

Snyder et al., 2007; 2008). Quando revelada, os pressupostos sobre o parceiro, sobre si próprio e sobre o relacionamento são rompidos. É aceitável esperar que o futuro seja imprevisível, mas existe a expectativa de que o passado seja confiável. A infidelidade sacramenta o luto de uma narrativa coerente do vínculo. São frequentes os pensamentos recorrentes, ruminativos e aflitivos que levam à percepção de perda de controle. A memória reconstrutiva entra em ação, elaborando explicações extremas e negativas para o caso extraconjugal (Gottman & Silver, 2014). Surgem emoções fortes como raiva, ansiedade, vergonha, impotência e vitimização.

Há uma alta incidência de depressão clínica entre parceiros que experimentam uma descoberta recente ou divulgação de um caso extraconjugal (Baucom et al., 2011; Gottman & Silver, 2014; Shaw et al., 2013; Snyder et al., 2007; 2008; Weiser et al., 2014). Em nível comportamental, há evitação de atividades, lugares ou pessoas associadas ao trauma, além do surgimento de uma série de gatilhos que eliciam forte ativação emocional. Os parceiros apresentam excitabilidade aumentada, podendo aparecer distúrbios do sono, concentração, hipervigilância, isolamento ou atos de vingança (Baucom et al., 2011; Snyder et al., 2007; 2008).

Restituir rotinas comportamentais ajuda a construir um escopo de segurança fora do *setting* terapêutico. Delimita-se, em consulta, o manejo em torno de refeições, finanças, relacionamento com filhos, contato físico e sono (p. ex., quem dorme onde). Em nível individual, é producente estimular estratégias de autocuidado, já que, em meio ao caos, é comum deixá-las em segundo plano (p. ex., exercícios, dieta, meditação, redução de doenças sexualmente transmissíveis). Essa temática pode ser abordada em sessões individuais, momento em que também será conversado sobre como estão se sentindo no andamento do processo (Baucom et al., 2011; Snyder et al., 2007; 2008).

Em meio a esse conflito, objetiva-se montar o quebra-cabeça avaliativo do funcionamento esquemático, tanto individual como do ciclo conjugal. Ao longo da caminhada ocorre a psicoeducação e a nomeação dos esquemas e modos atuantes. É fundamental diferenciar se a perturbação emocional é devida a algo que está acontecendo agora ou se é uma revivência de emoções esquemáticas. Conectar as emoções atuais com memórias infantis ajuda a construir um entendimento profundo e empático.

Nesse momento, o casal está ativado em alta potência, já choraram, discutiram e fizeram amor. Às vezes muito. Para alguns casais, o medo da perda consegue reavivar o desejo. Nessa montanha-russa, o foco é reestabelecer alguma estabilidade. Para conseguir seguir em frente, primeiro é preciso auxiliá-los a permanecer onde estão, ajudando-os a diferenciar o que sentem a respeito do caso extraconjugal das decisões que tomam sobre a relação. Nessa fase de crise, o que eles não fazem é tão decisivo quanto o que fazem (Perel, 2018).

Nesse mar de instabilidade, eles precisam de tranquilidade, clareza, estrutura, apoio e segurança. Muitas vezes, o terapeuta é a única pessoa que sabe que eles navegam em águas difíceis. Há uma intimidade extraordinária em testemunhar suas vulnerabilidades explicitamente expostas. É a dor de ambos, no sumo de sua humanidade, que precisa ser reparada por meio do respeito, da compaixão e da saúde mental do terapeuta. O papel reparentalizador inclui estar disponível para ser a base estável que escora o desmoronamento de ambos.

O *setting* terapêutico precisa ser configurado como um lugar seguro. Objetiva-se combater o modo pais disfuncionais e acessar o modo criança vulnerável em vez do modo criança zangada ou dos modos hipercompensatórios. A expressão das dores emocionais por meio do modo criança vulnerável torna mais fácil o despertar do modo adulto saudável do outro. É recomendado agir de forma profilática para impedir que o modo criança impulsiva cause danos adicionais.

Muitas vezes, inadvertidamente, o casal pode causar danos a sua rede de apoio. "A primeira coisa que fiz foi contar tudo para os meus pais", "Fui buscar apoio no nosso filho, contei o que ela fez". Sabe-se que a dor da infidelidade ressoa para além do par conjugal (Costa, Sophia, Sanches, Tavares, & Zilberman, 2015; Weiser et al., 2014). A família e os amigos da rede de apoio estendida podem "comparar" ressentimentos, ocasionando um prejuízo importante se o casal superar o trauma. Nesse momento de intensidade emocional, os cônjuges precisam de ajuda para estabelecer limites entre a intimidade da conflitiva conjugal e a permeabilidade de fronteiras com o mundo exterior.

Sob influência dos modos, prejuízos também podem ser construídos de forma proposital. O modo hipercompensador pode piorar o que já estava ruim: "Mandei uma carta para o chefe dele saber que ele anda transando com a secretária no banheiro da empresa!"; "Tá bom, então vou sair com o seu amigo para você ver como é bom!". Ou o modo criança zangada assume o controle aos gritos: "Estou indignada com você! Eu confiei, eu só precisava da sua lealdade!". Esse é um momento em que o esquema de desconfiança/abuso pode se materializar na forma hipercompensada, apresentando comportamento violento. Em casos extremos, as consequências violentas da infidelidade conjugal diferem de acordo com o gênero: os homens tendem à violência física e/ou homicídio e as mulheres, ao suicídio (Conceição, Martins, & Freitas, 2015).

Mesmo sendo um momento altamente volátil, é preciso estimular o casal a conversar. Semanas de preparação cuidadosa podem se perder em um único comentário. Ao mesmo tempo, o casal é incentivado a conversar por meio do modo criança vulnerável e do modo adulto saudável. Parte da expurgação da demanda emocional pode ser feita usando o espaço seguro da escrita. Eles podem escrever cartas como desabafo, para serem compartilhadas com o terapeuta ou usadas em consulta. Nelas, o processo de edição é mais cuidadoso e tende a ser elaborado de forma mais ponderada.

É necessário discutir limites sobre o que conversar a respeito do trauma e maneiras saudáveis para abordar o tema (Simeone-DiFrancesco et al., 2015). A fala repetitiva e viciada apresentada pelo parceiro ferido é um sintoma pós-traumático comum. Para que o relacionamento sobreviva, o parceiro participante precisa tolerar essa necessidade. É papel do terapeuta ajudá-lo a entender a transitoriedade desse sintoma e suportar a dificuldade de ver o parceiro materializando o dano sofrido. O parceiro participante é psicoeducado sobre a importância de acolher o outro em vez de defender-se ou desculpar-se (Baucom et al., 2011; Gottman & Silver, 2014; Perel, 2018; Snyder et al., 2007; 2008).

O casal é orientado a conversar mais sobre o impacto que o caso teve sobre a pessoa ferida, em detrimento de outros temas. O objetivo é que discutam sobre sentimentos e que se presenteiem com a escuta empática recíproca (Simeone-DiFrancesco et al., 2015). O casal conversa de forma produtiva, com o terapeuta orientando a discussão, ensinando boas habilidades de comunicação e propondo perguntas. Que pressupostos para o seu casamento (como cada um deveria agir) foram violados? O que o caso extraconjugal diz a respeito do seu parceiro, do relacionamento e de você? Que emoções você está sentindo e que ideias vêm junto com esses sentimentos? Tendo em vista esses pensamentos e sentimentos, que comportamentos mudaram? A expressão dos sentimentos a respeito do trauma serve de escoamento para a forte carga emocional dessa fase.

Nesse momento, o casal deve evitar detalhes sobre o relacionamento extraconjugal (Baucom et al., 2011). O foco é evitar que o cônjuge ferido materialize o discurso em imagens, o que tornaria a experiência, nesse caso, ainda mais insalubre. Pode-se sugerir ao cônjuge ferido que anote todas as perguntas que deseja fazer, acordando que, em sessões posteriores, haverá espaço para essa temática.

Para evitar fissuras no gelo fino, o casal é psicoeducado no uso da técnica do "amarelo" e "vermelho". Nas conversas entre consultas, orienta-se que fiquem atentos e sinalizem o início da ativação emocional. A mensagem a ser dita é: "Estou entrando no amarelo, a partir daqui temos que pisar com cuidado para que a conversa não se torne mais difícil do que precisa ser". Quando há ativação esquemática, há também eliciação de emoções avassaladoras. Sob essa forte influência, a sobrevivência em curto prazo supera as decisões bem pensadas, acarretando comportamentos irrefletidos e incapazes de atender às necessidades emocionais. Hora de sinalizar "vermelho", pois o casal precisa de tempo para esfriar. É importante explicar a eles que algumas conversas são mais produtivas se feitas em etapas. Resolver questões conjugais estando ativado é tão inteligente quanto fazer turismo em um país em guerra.

Nessa etapa, identificar gatilhos é fundamental (Baucom et al., 2011; Snyder et al., 2007; 2008). Pode-se solicitar ao parceiro ferido que observe e anote todas as situações-gatilho, o que inclui estímulos ambientais e pensamentos. O casal precisa compreender a importância de permanecer no modo criança vulnerável, deixando o parceiro saber o que está acontecendo (p. ex., passar de carro por um motel, ouvir a palavra amante, ver uma cena em um filme). Em consulta, o casal elenca comportamentos amparadores do parceiro participante (p. ex., ser abraçado, ser deixado sozinho, falar sobre o assunto). No decorrer do processo, outros comportamentos cuidadores podem ser solicitados com base na necessidade do momento. Objetiva-se dar ao casal uma bússola para navegar nesse oceano repleto de tempestades emocionais.

Os *flashbacks* são comuns. Desenvolver estratégias de manejo contribui para a ativação de um ciclo esquemático mais saudável. Nesse ponto, o objetivo não é eliminá-los, mas limitar sua intensidade e consequências adversas (Baucom et al., 2011; Snyder et al., 2007; 2008). Uma abordagem compassiva com o par conjugal é reparentalizadora. Momentos de *flashbacks* são delicados para ambas as partes. O parceiro traído está sob influência de forte ativação emocional, e o parceiro infiel precisa lidar com a culpa. O terapeuta precisa fazer um bom trabalho de psicoeducação para que o casal entenda o poder da ativação esquemática. "Achei que estava enlouquecendo!" é uma fala comum do parceiro ferido diante das emoções avassaladoras eliciadas por estímulos aparentemente inócuos. A construção desse entendimento normaliza a dança e contribui para o aumento da empatia do parceiro participante diante da emoção intensificada do cônjuge.

É preciso equilibrar a demanda do parceiro ferido com a rede de apoio disponível como forma de aliviar um pouco a sobrecarga do vínculo conjugal. Ajudá-los a escolher pessoas acolhedoras para essa tarefa também é tema da terapia. A privação emocional pode mostrar-se por meio de comportamento resignado ("Me sinto boba em pedir amparo, cada um tem sua vida para dar conta, só vou incomodar") ou hipercompensação ("As pessoas sabem que estou passando essa barra, deveriam saber que estou precisando de ajuda e vir até mim. Por essas e por outras aprendi que tenho que me virar sozinha"). Hora de reconectar o sentimento esquemático com memórias infantis. Deve ser estimulada a autonomia do parceiro ferido ensinando ferramentas para lidar com as próprias ativações emocionais. Estratégias cognitivas para manejo de ansiedade, como distração e respiração diafragmática, promovem o "esfriamento" e impedem que os *flashbacks* sejam o foco da sua vida.

A construção de cartões de enfrentamento ou áudios reparentalizadores do terapeuta são ferramentas úteis para servir de guia nos momentos de ativação. O parceiro ferido aprende a refrear os acessos de raiva, não por não serem lícitos, mas por não gerarem o suprimento da necessidade (Simeone-DiFrancesco et al., 2015). A raiva gera um empoderamento momentâneo, mas não é esse o remédio para a dor da infidelidade, pois a grande dor é a perda de valor. Quando o parceiro ferido fica raivoso e se sente automaticamente menos amável e amoroso (Perel, 2018), ele precisa diferenciar o que sente sobre si mesmo do que sente em relação ao parceiro amoroso e a atitude que ele teve. A autodefinição não pode estar nas mãos nem do trauma e nem do parceiro infiel. O parceiro ferido não é rejeitado e vítima apesar de ter sido rejeitado e ter sofrido um abuso. O parceiro ferido segue sendo amado, valorizado, respeitado e estimado por outras pessoas. Autocuidado, esporte, jantar com os amigos tendem a ser comportamentos que minguam pela vergonha. É importante que o casal se empenhe em encontrar os próprios caminhos para resgatar seu valor.

O parceiro ferido costuma ficar obcecado pela terceira pessoa, buscando informações ou a monitorando obsessivamente pela internet. Há um questionamento constante dirigido ao cônjuge participante sobre o seu comportamento. A repetição ajuda a restaurar a coerência que é intrínseca à cura. "Por que você fez isso?", "Por que com ela?", "Quando foi a primeira vez?". Essa curiosidade voraz do cônjuge ferido pode ser a materialização de seu modo pais hiperexigentes internalizados. Pode aparecer em exigências repetitivas de divulgação sobre como a experiência extraconjugal foi sentida pelo parceiro participante. O modo pais hiperexigentes internalizado carece de empatia com as necessidades do modo criança vulnerável. Assim, o sujeito não é capaz de construir um entendimento compassivo sobre o atual momento de conflito, minando a possibilidade de conexão, conduzindo o casal para dentro do ciclo esquemático desadaptativo. Essa averiguação só será parte do modo adulto saudável quando for motivada pela vulnerabilidade do parceiro ferido e estiver alicerçada na igualdade de direitos (Simeone-DiFrancesco et al., 2015).

Nesse estágio de reconstrução do equilíbrio é preciso estabelecer limites acerca da terceira pessoa (contato, telefonemas, *e-mails*, etc.). "Se traíram, perguntem se sentem ambivalência em relação a deixar o amante. Caso sim, provavelmente não se encontram no momento de reanimar o primeiro relacionamento" (Gottman & Silver, 2014, p. 135). Fica explícita a importância de acabar com a relação extraconjugal imediatamente, já que o tratamento se torna inviável caso o parceiro infiel siga com esse relacionamento. Aqui, inicia-se o reestabelecimento da honestidade e da confiança, acordando-se condutas que podem ou não acontecer.

Para o cônjuge ferido, a confissão não é suficiente, o comprometimento com a honestidade precisa ser total. Ele precisa de provas. Uma confirmação de que o futuro não trará nenhuma surpresa devastadora. Isso significa poder, por um período inicial, ter direito a saber dos horários, acesso ao celular, controle dos extratos do cartão de crédito e similares. A invasão de privacidade pode parecer um exagero e uma injustiça, mas é um mal necessário (Gottman & Silver, 2014; Perel, 2018). "Protocolos" são os efeitos colaterais da desconfiança. O cônjuge participante deve cortar atividades e relacionamentos conectados ao caso (Gottman & Silver, 2014). Em outras palavras, terá o uso compulsório temporário da tornozeleira eletrônica da desconfiança, sacrificando algumas atividades prazerosas e inocentes em prol da reconstrução do vínculo. Durante essa fase, a responsabilidade pela reparação cabe principalmente ao cônjuge participante. A confiança é um ativo precioso que só será reconstruído sobre evidências contínuas da fidelidade.

Perel (2018) cita Janis Spring ao sugerir a "transferência de vigília". Nela, a pessoa que saiu da relação assume a responsabilidade de lembrar e dar visibilidade ao caso. Geralmente o parceiro ferido se sente instigado a fazer perguntas, fica obcecado e deseja garantir que esse fato não seja varrido para baixo do tapete. A vigilância obsessiva é uma estratégia hipercompensatória que pode gerar uma efêmera sensação de segurança. O parceiro participante, de modo geral, está louco para deixar para trás o episódio desagradável. Ao inverter as posições, inverte-se também a dinâmica. Quando o cônjuge participante é o guardião da memória do caso, desobriga o cônjuge ferido de assegurar que o trauma não seja esquecido. O cônjuge participante toca no assunto e estimula conversas sobre o trauma, informando que não está tentando escondê-lo ou minimizá-lo. Se ele dá elementos, o outro fica livre da incumbência de viver relembrando o tema. O parceiro participante não espera que o outro pergunte: "Você já esteve nesse restaurante com ele?". Ele corre na frente e faz questão que o parceiro se sinta confortável no local. Tudo isso ajuda a recuperar a confiança (Perel, 2018).

Estágio 2: estabelecendo um sentido/significado

Nessa fase, o choque já foi parcialmente absorvido e surge o momento de construir um significado para o trauma. "Como isso pode ter acontecido?", "O que precisamos fazer agora para seguir em frente e impedir que isso ocorra novamente?". O objetivo de uma formulação adequada é responder com profundidade a essas perguntas.

Tornar "compreensível e previsível" traz a segurança necessária para que a intimidade e o equilíbrio emocional possam ser restaurados. Só assim será possível combater o modo pais punitivos internalizados por parte do cônjuge ferido e entender as vulnerabilidades impulsionadoras do cônjuge participante. O foco é aumentar os comportamentos positivos e conduzir essa dança colaborativa, ajudando-os a desenvolver habilidades de comunicação (Baucom et al., 2011; Snyder et al., 2007; 2008).

Nessa etapa, busca-se saber como estava o casamento três ou quatro meses antes do trauma. Pode-se pedir, como tarefa de casa, para que escrevam individualmente como eles viam a relação nesse período. Esse material viabiliza o exame dos potenciais fatores de risco de fora para dentro. A construção do entendimento busca compreender como o casamento e os fatores estressores externos estavam impactando o vínculo. Isso envolve filhos, família de origem, trabalho, preocupações financeiras, saúde física e emocional, e outras pessoas, incluindo a pessoa de fora que participou do caso extraconjugal (Baucom et al., 2011; Snyder et al., 2007; 2008).

Nesse momento, retoma-se a lista elaborada pelo parceiro ferido, solicitada na primeira fase, com perguntas sobre a relação extraconjugal. Quando a história é desnudada, o casal está em extrema vulnerabilidade. Nada prepara para as revelações de fato. São encontros carregados de emoção, de dor expurgante e de verdades até então protegidas da luz do compartilhamento. Há surpresa, curiosidade mórbida e raiva no parceiro ferido. O parceiro participante encontra o desconforto gerado pela culpa e a revivência de memórias. Observando a própria conduta por meio de olhos recém-abertos pelo parceiro ferido, o protagonista do caso encara uma autoimagem quase irreconhecível. A mudança da vergonha para a culpa é essencial. A vergonha é autocentrada, enquanto a culpa é uma reação empática, relacional, inspirada na mágoa causada à outra pessoa. Ela ajuda o parceiro ferido a sentir-se valorizado. O remorso é uma ferramenta de conserto essencial (Gottman & Silver, 2014; Perel, 2018) e indica zelo e compromisso com a relação, partilhando o fardo do sofrimento e restabelecendo o equilíbrio de poder. Para ajudar o parceiro ferido a se sentir melhor, primeiro, é preciso permitir que ele se sinta péssimo estando amparado. A postura compassiva e reparentalizadora do terapeuta nesse momento é fundamental.

Há uma exceção crucial nessa abordagem explícita: nenhum aspecto da atividade sexual em si deve ser discutido. Saber o que aconteceu entre quatro paredes pode levar o cônjuge ferido a ruminação obsessiva que reativa ou exacerba o TEPT (Gottman & Silver, 2014; Simeone-DiFrancesco et al., 2015; Stevens & Roediger, 2017). O terapeuta deve ter ganhado a confiança do parceiro ferido para que ele fique confortável sem saber nenhum desses detalhes. Na presença do terapeuta, o parceiro participante fornece respostas francas às perguntas sobre a terceira pessoa. Deve responder a verdade, por mais difícil que seja. Esse é um momento importante. Serve para desmistificar fantasias e, por mais paradoxal que pareça, para reconstruir a confiança. As perguntas do cônjuge tendem a convergir para: como o caso começou? Como se desenvolveu? Detalhes de onde e quando se encontravam. Normalmente o cônjuge participante se sente culpado e quer poupar o outro da mágoa, mas, para ao parceiro ferido, ter a certeza de que sabe de tudo é uma espécie de garantia de que não haverá mais surpresas (Baucom et al., 2011; Gottman & Silver, 2014; Snyder et al., 2007; 2008).

Dando seguimento à fase 2, busca-se entender como estava o vínculo conjugal no período. Quanto tempo passavam juntos? Como era a proximidade emocional entre o casal? Qual a intensidade e o conteúdo dos conflitos? Como estava o relacionamento sexual? Promovendo a montagem do quebra-cabeça conjugal, é possível detectar a presença de estressores juntamente com a ausência ou a diminuição do apoio positivo (Baucom et al., 2011; Gottman & Silver, 2014; Snyder et al., 2007; 2008).

É raro o membro do casal se tornar infiel da noite para o dia. Muitas histórias mostram que esse caminho se constrói a passos lentos e não detectados. Pesquisas norte-americanas indicam que quase 80% das pessoas que deixam o casamento dizem que a razão para se divorciar "aumenta gradativamente" (Simeone-DiFrancesco et al., 2015). A infidelidade é citada como o motivo de divórcio em cerca de 20 a 27% dos casos (Simeone-DiFrancesco et al., 2015). Sob essa perspectiva, é possível inferir que a relação extraconjugal é, em geral, um sintoma e não a verdadeira causa do colapso do relacionamento. Por caminhos inversos, tanto a fidelidade como a infidelidade operam no sentido de suprir as inquietantes faltas geradas pelas necessidades esquemáticas. A grande ironia é que relacionamentos extraconjugais podem ser fatores homeostáticos mantenedores ou estabilizadores da relação original (Gottman & Silver, 2014; Perel, 2018).

Para Gottman e Silver (2014), a infidelidade se torna uma possibilidade quando a métrica da confiança decai. Segundo os autores, a confiança é um estado específico que existe quando a felicidade ou infelicidade do par conjugal está interligada. Ela impossibilita que um parceiro se sinta feliz se a recompensa de suas escolhas ferir o outro. Casais com qualidade e satisfação conjugal compartilham de alta métrica de confiança. Maximizar o seu nível protege a relação da infidelidade e eleva as possibilidades de um futuro compartilhado feliz. É a consciência materializada no sentir e viver de que a relação é um espaço sagrado.

A queda da métrica de confiança pode se estabelecer de forma aparentemente inocente. Começa com uma tendência a virar as costas e ignorar as emoções do outro, acumulando incidentes não resolvidos, plantando no relacionamento a negatividade e transformando os parceiros em adversários. Os problemas ganham um refinamento complexo e o hedonismo leva ao afastamento. Evita-se o compartilhamento de necessidades a fim de prevenir o conflito. Essa tentativa de preservar o relacionamento tem o efeito oposto. O vínculo se encharca de emoções desagradáveis, o que torna sedutor acreditar que é melhor resolver os problemas sozinho, levando vidas paralelas e solitárias. Comparações negativas tornam-se frequentes e são expressas em frases como: "A esposa do meu irmão não reclama quando ele quer ir ao estádio ver o jogo"; "O marido da Mariana elogia a comida dela". Nessas comparações, o cônjuge sempre perde. Não é de surpreender que essa desestrutura, construída fissura a fissura, abra portas para o frescor de uma terceira pessoa. Segundo Gottman e Silver (2014), 30% dos casais que vivem nessa "cascata de distância e isolamento" permanecem fiéis. Nos outros 70%, pelo menos a métrica de confiança de um dos parceiros cai. Quando o amor se torna plural, o feitiço da unidade é rompido. Para algumas pessoas, essa dissolução ultrapassa o que o casamento é capaz de suportar.

Dando seguimento à construção do cenário mais amplo, o objetivo é construir o entendimento do processo, primeiro com o parceiro participante e depois com o parceiro ferido (Baucom et al., 2011; Snyder et al., 2007; 2008). É útil solicitar como tarefa de casa que eles elaborem, individualmente, uma linha do tempo em que constem os potenciais fatores que os impulsionaram ao trauma. Com base nesse material, objetiva-se saber se o casal estava vivenciando estresses intensos. Sucessos ou fracassos recentes? Como estavam se sentindo sobre si próprios? E em relação ao casamento e ao parceiro? Como foi o momento da descoberta da infidelidade? Como reagiram? Quais são os sentimentos atuais sobre arrependimento, restituição ou reconciliação?

A extraconjugalidade pode ser compreendida explorando as deficiências no casamento, mas nem sempre essa é a causa. Um bom casamento não impede a infidelidade, é apenas uma barreira (Baucom et al., 2011; Perel, 2018; Simeone--DiFrancesco et al., 2015; Snyder et al., 2007; 2008; Stevens & Roediger, 2017). A TE define "bom" como um relacionamento no qual os parceiros mudam de modos de enfrentamento desadaptativos para enfrentamentos atuados pelo modo adulto saudável. Dois adultos conscientes de seu espectro completo de necessidades e capazes de negociar seu mútuo cumprimento (Simeone-DiFrancesco et al., 2015; Stevens & Roediger, 2017). Em relacionamentos saudáveis, os modos insalubres aparecem com menos ocorrência, não constituindo uma ameaça. O risco de ruptura é diminuído com uma maior consciência do ciclo esquemático e maior clareza do caminho de resgate do modo adulto saudável. Na tipologia da infidelidade, geralmente se pode rastrear um confronto de modos ou esquemas ativados.

As motivações para a infidelidade sexual e emocional são similares em grande parte dos estudos. Necessidade de autoafirmação, solidão, rejeição, uso de substâncias, agressão física ou verbal, desejo de novidade, de descoberta e a insatisfação amorosa são causas comuns (Perel, 2018; Shaw et al., 2013; Weiser et al., 2014). A depressão também pode ser um fator, o que deve ser cuidadosamente avaliado. Uma rota de saída para o matrimônio insalubre, um desejo de viver uma outra opção sexual, questões de meia-idade e a saída dos filhos de casa podem adicionar outra dimensão de possíveis complicações (Simeone-DiFrancesco et al., 2015; Stevens & Roediger, 2017). Quais dessas conflitivas deliberaram a decisão de triangular?

Andando em direção ao passado, busca-se compreender sobre normose familiar. O que aprenderam e experienciaram em relação a traições, casamento, desapontamentos, compromisso e mágoas? Na família de origem, pode haver modelos de evasão, sedução, segredo e traição. O precedente para afastar-se das dificuldades da relação e evadir para um caso pode configurar-se como um modelo comportamental transgeracional? Essa cultura familiar torna-se muito mais normativa à medida que o padrão se repete. A infidelidade não é puramente a narrativa de duas ou três pessoas: ela conecta redes inteiras (Perel, 2018; Simeone-DiFrancesco et al., 2015; Stevens & Roediger, 2017).

Buscando entender a complexidade esquemática dos sujeitos, o foco é compreender as faltas primárias para detectar quais esquemas e modos estavam envolvidos na dança triangular que se efetivou. A família é um lugar primário de pertença. É onde se expressam o desejo por atenção e a necessidade de sentir-se importante. Este é o lugar em que se expressa amor pelos cuidadores primários e em que há a expectativa de que eles retribuam esse amor, materializando, em comportamentos, todo o arcabouço profilático que o amor constrói. A criança torna-se adulta, mas não menos desejosa de amor. O casamento é a segunda chance, nele há o desejo não só de ser amado, mas reparado das faltas primárias. Nele há a expectativa de que o parceiro amoroso receba amor e retribua o amor de forma reparadora.

Durante as consultas da segunda etapa, incentiva-se que os parceiros tentem construir a sua formulação como tarefa de casa. Posteriormente será feita a "costura" a seis mãos. Esse mergulho profundo nos "porquês" e "para quês" da infidelidade proporciona ao cônjuge ferido a segurança para compreender o caminho.

Já o parceiro participante precisa chegar a uma compreensão abrangente. Ela inclui reconhecer quais motivadores e esquemas impulsionaram seu comportamento e assumir responsabilidade pela decisão de sucumbir. Nessa etapa, é feita a construção do ciclo esquemático desadaptativo do casal, incluindo as reduções de riscos já alcançadas desde o início do processo e propondo passos adicionais. Ao final dessa fase, objetiva-se que cada cônjuge tenha clara a resposta para a pergunta: "Sabendo o que você sabe agora, se pudesse voltar no tempo seis meses antes do trauma, você enxerga alguma estratégia que poderia ser usada como forma de fortalecer o casamento ou de torná-lo menos vulnerável a esse tipo de evento?", "O que você faria de forma diferente?", "E hoje, o que você pode fazer diferente?" (Baucom et al., 2011; Snyder et al., 2007; 2008).

Dicas:

- É preciso adequar nossa conduta terapêutica à capacidade do casal. Eles conseguem conversar um com o outro, fora do *setting*, sobre o trauma vivido? O objetivo é ajudá-los a reestabelecer confiança e equilíbrio. Se isso ainda não é factível, é preciso trabalhar questões emocionais que estão atravancando o processo.
- Qual o nível de habilidade intelectual, verbal e cognitiva de cada cônjuge? Fazer a formulação é uma tarefa cognitiva complexa, que exige uma boa capacidade de *insight*. Por vezes, o casal precisa da colaboração intensa do terapeuta.
- Avaliar o impacto psicológico da construção das avaliações separadas *versus* compartilhadas. Nessa fase pode haver dificuldade do parceiro ferido em ouvir o parceiro e demonstrar compreensão. Gatilhos podem ser ativados, o que torna necessário retomar as estratégias do estágio 1.
- O parceiro ferido não é responsável pela escolha do outro em relação a ter uma relação extraconjugal. Essa é uma estratégia sob responsabilidade individual. Mas ambos são responsáveis pela condição da qualidade da relação conjugal, e isso deve ficar claro na formulação. Os papéis de vítima intocável e de algoz cruel não são terapêuticos em nenhuma instância. É importante que o casal fique ciente de que esse é um momento sofrido da dança de dois seres humanos falíveis.

Estágio 3: seguindo em frente

A tarefa básica é ajudar o casal a decidir se eles estão prontos para seguir em frente e como querem fazê-lo. Aqui já é possível encontrar um casal em que cada um tem percepções e expectativas mais realistas sobre o parceiro, sobre si próprio e o relacionamento. É provável que já consigam sentir-se mais seguros em termos emocionais e que sintam compaixão e bem-querer mútuos. Em termos comportamentais, é possível ter o modo pais disfuncionais internalizados hipoativado e um olhar direcionado ao futuro. Nessa fase, dois desfechos são possíveis. Para alguns casais, uma relação extraconjugal é o catalisador do fim. Nesse caso, o foco será ajudá-los a encerrar o relacionamento de forma que ambos possam se reestruturar com o mínimo de amargura, ressentimento e raiva. Ou podem decidir dar continuidade ao relacionamento, direcionando o trabalho para uma terapia de casal. Se for esse o caso, o foco será a quebra do ciclo esquemático e o atendimento das necessidades emocionais do par conjugal (Baucom et al., 2011; Snyder et al., 2007; 2008).

Em termos emocionais, busca-se compreender se eles já se consideram prontos para seguir em frente e perdoar. O perdão pode evoluir naturalmente ou precisar ser abordado de forma mais sistemática. Aqui o entendimento do ciclo esquemático que foi construído na formulação é fundamental (Simeone-DiFrancesco et al., 2015; Stevens & Roediger, 2017). Ele dará uma previsão de prognóstico e, por vezes, mostrará que é egossintônico não confiar. O caso extraconjugal foi um evento único ou é um padrão contínuo? O parceiro que participou da traição conseguiu fazer mudanças difíceis no passado? O parceiro ferido mostra resiliência em seu repertório comportamental? O parceiro que participou da traição aceitou a responsabilidade pelas suas próprias ações? Os dois parceiros estão dispostos a fazer as mudanças pessoais necessárias (Baucom et al., 2011; Snyder et al., 2007; 2008)?

Ainda é de senso comum que a longevidade é um indicador supremo de realização conjugal, mas muitas pessoas que ficam juntas "até que a morte as separe" são infelizes. Um casamento bem-sucedido não se encerra na casa funerária (Perel, 2018). Ele pode ser sepultado no respeito ao ciclo vivido, no reconhecimento honesto e profundo de que caminhos separados são mais adequados para o adulto saudável. A abordagem deve ser cuidadosa e franca, ajudando o casal a avaliar as possibilidades futuras sem a moldura dourada das expectativas irreais.

Um obstáculo na construção do perdão pode vir do modo criança vulnerável: "Tenho tanto medo de dar esse passo, acho que não suportaria viver tudo isso outra vez". Por vezes, a infidelidade pode ter causado danos permanentes, como doenças sexualmente transmissíveis (DSTs), problemas legais, exposição pública. Essa relutância se alicerça na digestão dos estragos ou no receio de serem feridos novamente. Pode o modo adulto saudável validar a forma como o modo criança vulnerável está se sentindo? O diálogo que responde a essa pergunta dá indício se o parceiro ferido está perdoando de maneira precipitada (Simeone-DiFrancesco et al., 2015; Stevens & Roediger, 2017). Quando isso acontece cedo demais, fragiliza a parte prejudicada e causa mais enfraquecimento pela evitação e pelo medo. Há uma necessidade desesperada de apego ou evitação de conflito comandada pelo modo capitulador complacente? As dúvidas também podem ser um acionamento do modo pais punitivos internalizados: "Assim fica fácil! Ela sai, transa com outro, a gente vem para terapia e eu a perdoo. Tem que doer nela o tanto que doeu em mim!". É preciso dar conta dessas ativações antes de caminhar para a construção do perdão recíproco. Não haverá funcionalidade subsequente se o cônjuge participante não tiver perspectiva de vir a ser tratado como igual (Perel, 2018; Simeone-DiFrancesco et al., 2015; Stevens & Roediger, 2017). O perdão é uma decisão livre do modo adulto saudável que se sente capaz de compreender, respeitar e acolher as necessidades do seu modo criança.

O objetivo terapêutico não é forçar o degrau necessário do perdão, mas identificar os bloqueios para a sua construção. O que cada um pensa sobre o perdão? Quais os pontos positivos e negativos? Quais as consequências de fazê-lo ou não (saúde, família, rotina)? Perdoar é uma fraqueza pessoal? Uma atitude de subjugação? Um "carimbo de aprovação"? Ou um salvo-conduto ante a atitude do parceiro infiel? As vulnerabilidades esquemáticas colorirão a crença a respeito da atitude de perdoar. O papel do terapeuta é ajudar o casal a avaliar o impacto de sua manutenção.

Perdoar é um processo que leva tempo. Perdoar é uma liberdade concedida ao futuro, construída sob uma profunda e generosa empatia com a humanidade do outro. Uma parcela se dá quando a falibilidade humana é aceita (Gottman & Silver, 2014; Simeone-DiFrancesco et al., 2015; Stevens & Roediger, 2017). Essa quebra de onipotência é um antídoto eficaz contra a tendência do modo pais punitivos internalizados de seguir castigando ou de continuar sendo controlado por pensamentos, sentimentos e comportamentos negativos. Perdoar abre espaço para que o parceiro possa amar com a mesma intensidade que ele pode ferir e, por todo esse poder, deve ser um tema avaliado em profundidade. Ao final da caminhada, se o casal estiver pronto, é interessante propor um momento para expressarem desculpas e concessão de perdão (Baucom et al., 2011; Simeone-DiFrancesco et al., 2015; Snyder et al., 2007; 2008). Como parte desse recontrato relacional, sugere-se que comuniquem à rede de apoio sobre a nova fase. Isso ajuda a estabelecer o relacionamento como algo "real" e atrai amparo das pessoas próximas (Gottman & Silver, 2014). No momento certo, esse movimento pode ser muito comovente e poderoso para o casal.

Embora perdoar seja um passo importante, não significa que seja suficiente para a reconstrução da confiança. Nessa fase do tratamento, as incertezas naturais que rondam um vínculo estão em evidência e ganham tons de possíveis ameaças. Diante da incerteza da dança, identificar áreas específicas de confiança e desconfiança no relacionamento do casal pode ajudar os parceiros a ajustar o ritmo. Para isso, cria-se uma hierarquia conjunta acerca dos aspectos que envolvem confiança. Por meio dela, é possível desenhar conjuntamente experiências de exposição gradual para o casal (Baucom et al., 2011; Snyder et al., 2007; 2008). Por exemplo: Patrícia, a parceira ferida, aceita a viagem de trabalho de Marcos, experimentando a incerteza, tolerando sensações ruins e não se engajando em verificações desadaptativas. Ao mesmo tempo, Marcos deve prover-la de informações e amparo. O parceiro ferido é estimulado a compreender que confiar não é precisar saber tudo sobre alguém, é não precisar saber.

Alicerçados no perdão e na reconstrução da confiança, será possível dar o próximo passo sobre uma estrutura sólida. Quais mudanças seriam necessárias para o relacionamento continuar? O andamento das etapas anteriores determinará o nível de complexidade dessa fase. Cada um dos cônjuges se sente motivado e capaz de fazer as mudanças desejadas? Compreende-se que a escolha de tentar "fazer dar certo" é a decisão do hoje, é não uma sentença vitalícia.

Reconciliar não é diálogo, é ação. É um presente que só é possível dar ao outro depois de experimentar totalmente a dor (Perel, 2018). Expressa a materialização cordata entre dois cônjuges atuantes no modo adulto saudável que reconhecem que o relacionamento foi ferido, compreendido e deseja evoluir. O diálogo deve continuar até que a vítima se sinta reconciliada, não apenas ao ponto em que o ofensor sente que já foi dito o suficiente. Às vezes, se os esquemas do parceiro ferido estão envolvidos, ele pode nunca chegar a dizer "terminei de falar sobre isso" (Simeone--DiFrancesco et al., 2015; Stevens & Roediger, 2017).

A verdadeira reconciliação requer uma compreensão mútua, um sentimento de arrependimento e empatia pelo dano causado. Ela se alicerça por uma nova exposição da vulnerabilidade em relação ao outro. "Como esse trauma nos tocou?", "O que cada um de nós realmente precisa?". Responder a essas questões ajuda a estabelecer uma conexão entre as origens infantis e os modos que se materializam.

O entendimento orienta a reparentalização estimulando a empatia e diminuindo a culpa. Busca-se evitar o aparecimento do modo criança zangada que muitas vezes alimenta a desconexão posterior. Compreender as necessidades primárias e potencializar o modo adulto saudável constrói a progressão para uma reconciliação mais profunda. Um dos possíveis complicadores é os desejos dos parceiros sobre as mudanças necessárias não corresponderem. Aqui, trabalhamos para diferenciar querer de precisar. Precisar envolve o atendimento das necessidades emocionais que ficaram pendentes nas relações primárias e que demandam sua completude no espaço da conjugalidade. Como bem postularam Young e colaboradores (2003), nossas necessidades giram em torno de: vínculo seguro, amor, atenção, cuidado, proteção e empatia; autonomia, competência, identidade individual; liberdade de expressão, aceitação das necessidades e emoções; espontaneidade, prazer e limites realistas. O querer engloba desejos que envolvem a gratificação da vontade, que trazem satisfação, mas sem a profundidade reparadora das necessidades primárias. Busca-se avaliar as necessidades esquemáticas, a capacidade empática e a disponibilidade afetiva de cada um nesse processo de transformação. Nessa dança, o prognóstico se desenha. É um novo ciclo em que o casal se compromete a repensar o caminhar, ajudando a corrigir os danos causados e preenchendo as necessidades individuais e recíprocas.

Nessa fase também é evidente que alguns relacionamentos fracassam apesar das medidas para reanimá-los. Na maioria dos casos, a decisão de salvar o casamento ou desistir dele não é tão clara (Gottman & Silver, 2014). A possível separação do casal precisa ser examinada no entendimento construído no estágio 2 (Baucom et al., 2011; Snyder et al., 2007; 2008), até porque boa parte da bagagem que motiva a desadaptação conjugal é intrínseca, e não apenas fruto da relação. É uma espécie de feitiço que, enquanto não for compreendido, estenderá sua magia para relações futuras. Busca-se entender qual a vulnerabilidade do esquema e como isso é expresso no modo. Qual parte está conduzindo a separação? É um modo hipercompensador ataque? Existe um modo criança vulnerável solitária, abandonada ou aterrorizada? Ou o modo criança impulsiva, com sua imaturidade para tolerar frustrações, é quem está encabeçando a decisão? Em que momento aparece o modo protetor desligado? O casal presenciou comprometimento, perseverança e persistência em suas famílias de origem? Existem altos níveis de intolerância quanto a questões menores? O que o casal tentou para consertar? Todas essas perguntas precisam ser respondidas para que uma possível separação seja encabeçada pelo modo adulto saudável (Simeone-DiFrancesco et al., 2015).

Variáveis como risco, abuso, desistência e remorso devem ser avaliadas. Ambos os parceiros estão fisicamente seguros? O relacionamento está colocando o outro em perigo? A pessoa está permitindo abuso intolerável para ficar? O parceiro participante mostra remorso genuíno e capacidade de empatia? Nessas situações, para reduzir o volume e a força do modo pais internalizados, o terapeuta pode retomar com o casal seu ciclo esquemático para que os parceiros entendam que o problema está na ativação recíproca, e não nos modos adultos saudáveis que os habitam. É útil ver as dificuldades em termos "solúveis", e não como uma razão pela qual o casal deve desistir (Simeone-DiFrancesco et al., 2015).

Muitos casais olham para o terapeuta na procura do espelhamento para sua falta de esperança na relação. É importante informar claramente ao casal o que a terapia exigirá. Dizer a eles que existe uma estrada e como ela é. O terapeuta pode sinalizar o caráter autodestrutivo da relação quando um dos parceiros continua tentando mesmo diante da falta de perspectiva de florescimento do outro. Decidir pelo divórcio também pode contar com a contribuição de manejo terapêutico insatisfatório. O terapeuta tem esquemas ativados a partir de sua experiência pessoal ou familiar que resultaram em um menor sentimento de esperança? Se for o caso, supervisão e psicoterapia individual são obrigatórios. O papel do terapeuta precisa ser isento da defesa das polaridades possíveis.

Um desfecho dolorido é quando um parceiro deseja continuar e o outro não. Se for o parceiro infiel que deseja terminar o relacionamento, o parceiro ferido pode sentir-se em uma traição dupla. Essa problemática exigirá uma grande quantidade de trabalho de encerramento e, possivelmente, algum trabalho de psicoterapia individual com o parceiro desejoso de permanecer na relação (Perel, 2018).

Diante da decisão do divórcio, a agenda muda para questões pós-separação. Diminuir a competência lesiva da fase trabalhando questões parentais, manejo com grupo de apoio e estabelecimento de novas rotinas facilita nesse momento de dor. O encaminhamento para profissionais competentes em conciliação jurídica possibilita ajustes para questões legais e financeiras de maneira tranquila e autônoma, longe dos intermináveis embates judiciais.

O divórcio é comumente visto como a erosão do paradigma do sucesso da conjugalidade. Será? Ajuda desqualificar a história e tratar a relação como um cemitério de memórias com a pessoa que deixou de amar? O fato de um dos parceiros ter se apaixonado por outra pessoa ou de o amor ter esmorecido não significa que o passado foi fraudulento. Não é preciso eclipsar todos os aspectos positivos do casamento para facilitar o distanciamento. O casamento é, em muitos casos, um vínculo de duas vidas tecidas em uma tapeçaria multimodal. Memórias, férias em família, fotos, brincadeiras, hábitos, dores compartilhadas, sabedorias construídas, rede de apoio costurada a quatro mãos. Como impedir que o divórcio venha com o rótulo do fracasso? Como impedir que a rede de apoio se divida em partidos opostos? Como ajudar o casal a reorganizar o novo ciclo de parceria familiar? É preciso aceitar que por anos houve florescimento, só que o último outono foi definitivo. É possível imprimir essa visão mais compassiva nesse momento de dor.

Da mesma forma que casamentos são celebrados para formalizar o começo de uma caminhada em parceria, é preciso um espaço para marcar o fim. Esses momentos amenizam a transição e honram o passado. Há carência de um conceito de casamento terminado que não demonize o passado e que ajude a criar continuidade narrativa. Como estratégia, o casal pode escrever cartas de despedida um ao outro. Cartas que esmiúcem do que vão sentir saudades, do que lembrarão com carinho. Isso permite que honrem a preciosidade da relação, sofram a dor da sua perda e assinalem seu legado (Perel, 2018). Mesmo se escrita de forma racional, sem emocionalidade, a carta pode proporcionar conforto. Ninguém além dos parceiros compartilha dos sentidos particulares que os elementos da carta têm para eles. A culpa pode ser transformada em gratidão e a negação pode ser substituída pela lembrança.

E quando o terceiro parceiro amoroso é retirado da clandestinidade e se torna o novo amor? Casamentos concebidos no segredo sempre serão influenciados por suas origens. Como esse passado afetará seu futuro? Na observância do vínculo desprotegido da sombra do segredo muitas vezes encontra-se alívio, e em algumas situações constata-se que a clandestinidade era parte do encantamento. Para casos que chegam ao altar, existe o imperativo de "fazer valer o preço". As expectativas serão proporcionais ao caos gerado para que essa relação pudesse acontecer.

Um recomeço esperançoso, um fim cataclísmico ou um encerramento complacente? São tantos os desfechos possíveis... Independentemente do *status* de relacionamento do novo capítulo que se escreverá após o terceiro estágio, espera-se que tenhamos conseguido, como equipe terapêutica, construir pontes em vez de muros. Espera-se que eles possam cruzar essas pontes conscientes das suas necessidades esquemáticas e atuantes em seu modo adulto saudável. E, se não for querer demais, que ao final dela haja um parque para o modo criança feliz usufruir do encantamento que é viver uma relação satisfatória, mas imperfeita.

CONSIDERAÇÕES FINAIS

A sabedoria popular diz: "Na teoria, a teoria e a prática são iguais, na prática não". A teoria exposta oferece um mapa para navegação no ineditismo que está por vir, mas é impossível trazer unidade na variedade que a vida apresenta. Um bom norte no meio do caos é ajudar os pacientes a criar narrativas que fortaleçam o modo adulto saudável, para que eles possam sentir que são fortes e não vítimas. Para que possam sair da batalha cicatrizados e sem sequelas.

A infidelidade pode aniquilar uma relação, mantê-la, compeli-la a mudar ou criar uma nova. Independentemente do desfecho, é possível colher crescimento com o sofrimento e apropriar-se na herança pedagógica que a infidelidade traz aos humildes para aprender. Um processo terapêutico bem-sucedido consegue construir um entendimento profundo do funcionamento do casal e dos "porquês" e "para quês" da infidelidade conjugal. O sucesso não é definido pela permanência no vínculo, mas pela qualidade da decisão que os parceiros constroem sobre ele.

REFERÊNCIAS

Almeida, T., & Vanni, G. (2013). *Amor, ciúme e infidelidade*. São Paulo: Letras do Brasil.

Andriola, R. (2016). Estratégias terapêuticas: reparentalização limitada e confrontação empática. In R. Wainer, K. Paim, R. Erdos, & R. Andriola (Orgs.), *Terapia cognitiva focada em esquemas: integração em psicoterapia*. Porto Alegre: Artmed.

Baucom, D. H., Snyder, D. K., & Gordon, K. C. (2011). *Helping couples get past the affair*. New York: Guilford.

Bauman, Z. (2004). *Amor líquido: sobre a fragilidade dos laços humanos*. Rio de Janeiro: Jorge Zahar.

Conceição, B. R. T., Martins, C. R., & Freitas, R. B. (2015). O ciúme romântico entre gêneros: Uma visão sociopsicológica. *Revista Psicologia em Foco, 7*(9), 53-66.

Costa, A. L., Sophia, E. C., Sanches, C., Tavares, H., & Zilberman, M. L. (2015). Pathological jealousy: romantic relationship characteristics, emotional and personality aspects, and social adjustment. *Journal of Affective Disorders, 174*, 38-44.

Figueiredo, A. C. C. (2013). *Os lutos da mulher diante da infidelidade conjugal* (Dissertação de Mestrado em Psicologia Clínica, Pontifícia Universidade de São Paulo, São Paulo).

Fonseca, A. F. M., Resende, M. C., & Crosara, F. M. (2015). Sentimentos de amor, ciúme e experiências de infidelidade de profissionais da saúde. *Perspectivas em Psicologia, 19*(2), 58-73.

Gottman, J., & Silver, N. (2014). *O que faz o amor durar?: Como construir confiança e evitar a traição*. Rio de Janeiro: Objetiva

Guitar, E. A., Geher, G., Kruger D. J., Garcia, J. R., Fisher, M. L., & Fitzgerald, C. J. (2016). Defining and distinguishing sexual and emotional infidelity. *Current Psychology, 36*(3), 434-446.

Haack, K. R., & Falcke, D. (2013). Infidelid@de.com: Infidelidade em relacionamentos amorosos mediados e não mediados pela Internet. *Psicologia em Revista, 19*(2), 305-327.

Kato, T. (2014). A reconsideration of sex differences in response to sexual and emotional infidelity. *Archives of Sexual Behavior, 43*(7), 1281-1288.

Paim, K. (2016). A terapia do esquema para casais. In R. Wainer, K. Paim, R. Erdos, & R. Andriola (Orgs.), *Terapia cognitiva focada nos esquemas: integração em psicoterapia* (pp. 205-220). Porto Alegre: Artmed.

Perel, E. (2018). *Casos e casos: Repensando a infidelidade*. Rio de Janeiro: Objetiva.

Santos, L. R., & Cerqueira-Santos, E. (2016). Infidelidade: uma revisão integrativa de publicações nacionais. *Pensando Famílias, 20*(2), 85-98.

Shaw, A. M. M., Rhoades, G. K., Allen, E. S., Stanley, S. M., & Markman, H. J. (2013). Predictors of extradyadic sexual involvement in unmarried opposite-sex relationships. *Journal of Sex Research, 50*(6), 598-610.

Simeone-DiFrancesco, C., Roediger, E., & Stevens, B. (2015). Schema therapy with couples: a practitioner's guide to healing relationships. Oxford: Wiley-Blackwell.

Snyder, D. K., Baucom, D. H., & Gordon, K. C. (2007). *Getting past the affair: a program to help you cope, heal, and move on – together or apart.* New York: Guilford.

Snyder, D. K., Baucom, D. H., & Gordon, K. C. (2008). Treating infidelity: An integrative approach to resolving trauma and promoting forgiveness. In P. R. Peluso (Org.), *In love's debris: a practitioner's guide to addressing infidelity in couples therapy* (pp. 95- 125). New York: Routledge.

Stevens, B., & Roediger, E. (2017). *Breaking negative relationship patterns: a schema therapy self-help and support book.* Oxford: Wiley-Blackwell.

Viegas, T., & Moreira, J. M. (2013). Julgamentos de infidelidade: um estudo exploratório dos seus determinantes. *Estudos de Psicologia, 18*(3), 411-418.

Weiser, D. A., Lalasz, C. B., Weigel, D. J., & Evans, W. P. (2014). A prototype analysis of infidelity. *Personal Relationships, 21*, 655-675.

Young, J., Klosko, J. S., & Weishaar, M. E. (2008). *Terapia do esquema: guia de técnicas cognitivo-comportamentais inovadoras.* Porto Alegre: Artmed.

13

Entre quatro paredes vale tudo, inclusive não fazer nada? Contribuições da terapia do esquema para a compreensão dos problemas sexuais no casal

Diego Villas-Bôas da Rocha
Luisa Zamagna Maciel

> *Sexo é uma função natural. Você não pode fazê-la acontecer, mas você pode ensinar as pessoas a deixá-la acontecer.*
> William Masters

Sexo é paradoxal, ambivalente. É simples e, ao mesmo tempo, complicado. Pode provocar conexão entre um casal e pode ser a causa de um rompimento. É um tema sensível, tabu em nossa sociedade. Por essa razão, terapeutas que trabalham com casais necessitam de conhecimento e técnicas para avaliar e intervir nessa demanda.

As dificuldades sexuais têm sido associadas a uma ampla variedade de fatores, incluindo crenças desadaptativas sobre comportamentos sexuais, insegurança e baixa autoestima (Doron, Mizrahi, Szepsenwol, & Derby, 2014). Na avaliação dos problemas conjugais, percebe-se que as dificuldades sexuais refletem aspectos relacionados à personalidade dos cônjuges, bem como suas histórias pessoais e seus esquemas iniciais desadaptativos (EIDs) (Derby, Peleg-Sagy, & Doron, 2015).

Sabe-se que há comprovação de eficácia para o tratamento dos problemas sexuais dos casais e de disfunções sexuais distintas com a terapia cognitivo-comportamental (TCC) tradicional. As técnicas cognitivas e comportamentais efetivas nos tratamentos sexuais consistem em intervenções que envolvem psicoeducação, aconselhamento, permissão sexual, assertividade, treino de comunicação, atividade de exploração, conscientização corporal e uma combinação de intervenções médicas à experiência sexual como um todo (Camargos & Morais, 2017). Além disso, a dinâmica conjugal, que envolve ciclos esquemáticos/persistentes, também deve ser foco de intervenções, pois, muito frequentemente, estes são determinantes para os problemas sexuais (Stevens & Roediger, 2017).

Casais com ciclos esquemáticos persistentes costumam apresentar problemas na área sexual (Stevens & Roediger, 2017). Por essa razão, a terapia sexual pode beneficiar-se do uso de uma estrutura integrativa para entender e conceituar o tratamento de dificuldades sexuais, utilizando a terapia do esquema (TE) para promover uma compreensão mais aprofundada do problema em casos de difícil manejo. Desse modo, o terapeuta pode acessar o lado mais vulnerável do casal, usando as ferramentas técnicas da TE, com o intuito de auxiliá-los a satisfazer necessidades que não foram supridas no desenvolvimento emocional de cada um e compreendendo como os esquemas iniciais desadaptativos (EIDs) são ativados no intercurso das atividades sexuais (Wainer, 2016).

O presente capítulo se propõe a avaliar os problemas sexuais do ponto de vista da TE, visando complementar os aspectos descritos na literatura pela TCC tradicional. Será apresentada a manifestação dos EIDs e dos modos esquemáticos (MEs) nos comportamentos e crenças relacionadas à sexualidade, bem como a conceitualização do ciclo esquemático de um problema sexual de casal por meio de um caso clínico.

DIFICULDADES SEXUAIS

As dificuldades sexuais constituem parte importante nas queixas apresentadas pelos pacientes (Datillio & Padesky, 1995), que buscam uma vida mais completa e sexualmente satisfatória. Entretanto, para que a vida sexual seja completa, o sexo precisa ser emocionalmente prazeroso e fisicamente competente.

As dificuldades na esfera sexual muitas vezes são vistas como problemas apenas fisiológicos ou emocionais, mas pouco se observa a interdependência de ambos os componentes (Althof et al., 2006). É impossível pensar em disfunção orgânica que não tenha uma repercussão emocional, bem como em estressores psicossociais que não repercutam na resposta sexual, ainda mais quando os componentes da história dos indivíduos se entrelaçam na formação da dinâmica do casal, com seus modos de enfrentamento de dificuldades.

O tratamento das disfunções sexuais precisa contemplar uma conceitualização de caso que reconheça os aspectos multifatoriais, avaliando, assim, fatores biológicos médicos, psicossociais e sexuais (Rodrigues, 2001). As perguntas sobre a sexualidade do indivíduo e do casal devem ser específicas, de modo a auxiliar na formatação do diagnóstico. Com isso, deve ser incluído, na avaliação, o reconhecimento das crenças desadaptativas acerca dos comportamentos sexuais. É importante ressaltar que, para serem tratados, os sintomas sexuais devem ser entendidos como uma dificuldade do casal que se manifesta, causando dor e sofrimento. Sendo assim, a dificuldade sexual se dá na relação com o outro e não pode ser entendida apenas como um aspecto individual (Dattilio & Padesky, 1995).

Na escuta das queixas sexuais, deve-se dar especial atenção aos sentimentos despertados antes, durante e depois do ato sexual. Perel (2009) refere que o corpo expressa verdades afetivas que as palavras podem dissimular. No campo da sexualidade, os conflitos de poder, controle, dependência, vulnerabilidade e comportamentos abusivos podem ficar mais evidentes, e também é necessário considerar esses aspectos.

Muitos problemas sexuais satisfazem critérios para um transtorno na categoria "disfunções sexuais". Considerando que a excitação sexual pode ser definida como um conjunto de alterações fisiológicas em todo o corpo, a disfunção sexual, por sua vez, envolve uma divergência acentuada da resposta de um indivíduo no ciclo de resposta sexual e, de maneira concomitante, acentuado sofrimento e prejuízo significativo (Whitbourne & Halgin, 2015).

É importante investigar se os problemas que levam o casal até o consultório são decorrentes de transtornos específicos, que necessitam de um tratamento com ênfase no problema. Nessa perspectiva, existe um conjunto de transtornos, divididos em categorias, que devem ser avaliados: os transtornos da excitação, que envolvem desejo sexual baixo ou ausente e, em grande parte das vezes, o não alcance da excitação fisiológica; os transtornos envolvendo o orgasmo, que se apresentam como uma incapacidade de alcançar o orgasmo ou como angústia elevada para tentar alcançá-lo; e os transtornos envolvendo dor, que se apresentam como uma experiência sexual de dor nos órgãos genitais durante o ato sexual, muitas vezes impedindo o sexo (Whitbourne & Halgin, 2015).

A relação conjugal é constituída de expectativas de satisfação de muitas necessidades antigas, oriundas das primeiras relações vividas e que, armazenadas ao longo dos anos, renascem com esperança de redenção e integração com o parceiro (Scribe, Sana, & Benedetto, 2007). Com isso, a TE pode também ser uma importante ferramenta de ajuda para identificar e reprocessar as emoções expressadas por intermédio dos EIDs. Perel (2009) reforça esse pensamento, indicando que chegamos aos relacionamentos adultos com uma caixa de memória emocional pronta para ser ativada, e que amar ao outro sem nos perder é o dilema central da intimidade. Para superar as necessidades contraditórias de ligação e autonomia, precisa-se treinar ou reaprender sobre as necessidades emocionais de cada um no casal.

A partir dessa ideia, a TE se apresenta como uma possibilidade de intervenção quando há problemas sexuais decorrentes de um conflito conjugal. Levantamentos, a partir da experiência clínica dos autores deste capítulo, apontam as seguintes dificuldades em que a TE pode ajudar:

- quando existe o desejo de ter uma vida sexual ativa, também o intenso medo de ter esse desejo sexual realizado;
- medo e culpa em relação a dar e receber prazer;
- medo da intimidade;
- histórico de ser reprimido nas manifestações da sexualidade;
- medo excessivo de doenças sexualmente transmissíveis;
- hostilidade e raiva direcionadas ao parceiro ou ao gênero deste;
- ciúmes e cobranças excessivas;
- medo de rejeição;
- intensa dificuldade na percepção e comunicação de sentimentos;
- sofrimentos severos advindos após a maternidade/paternidade;
- abalos devido a perda de emprego, falecimento de pessoa querida e problemas familiares (separações, brigas constantes), entre outros.

A TE oportuniza o trabalho com os principais medos e anseios dos pacientes. O objetivo da abordagem é ajudá-los a identificar seus EIDs e a se tornarem mais conscientes emocionalmente de suas memórias infantis, sensações corporais, cognições e reações comportamentais defensivas.

TE E PROBLEMAS SEXUAIS DO CASAL

No que diz respeito aos aspectos relacionados à sexualidade, foi teorizado o conceito de autoesquema sexual (Andersen & Cyranowski, 1994) a fim de englobar generalizações cognitivas sobre o tema. As experiências sexuais do indivíduo e suas aprendizagens relacionadas à sexualidade ao longo da vida corroboram percepções sobre si mesmo como ser sexual e sobre o ato sexual em si.

Nobre e Pinto-Gouveia (2006) propuseram que os EIDs podem atuar como gatilho para problemas no comportamento sexual, aumentando a cobrança por desempenho, a antecipação do fracasso, o medo, a ansiedade e a tristeza, interferindo, como consequência, na excitação e no desempenho sexual. A partir dessa associação entre os EIDs e o desfecho negativo nos comportamentos sexuais, esses autores pressupõem que EIDs específicos podem atuar como componentes de vulnerabilidade para problemas sexuais. Ainda foram levantadas hipóteses de que homens com disfunção sexual pontuariam mais nos esquemas de defectividade/vergonha, dependência/incompetência quando comparados àqueles sexualmente saudáveis (Nobre & Pinto-Gouveia, 2008).

Outro estudo, desenvolvido por Quinta e Nobre (2012), buscou investigar o papel desempenhado pelos EIDs no funcionamento sexual masculino. Participaram do estudo 242 homens, divididos entre grupo-controle e grupo clínico, sendo o segundo grupo com participantes com o diagnóstico de disfunção sexual. Os resultados apoiaram a hipótese de que há um padrão cognitivo típico em homens com dificuldades sexuais dentro da amostra estudada. O grupo clínico atingiu maiores escores para o esquema de dependência/incompetência em comparação com homens sexualmente saudáveis, o que possivelmente indica que, ante a possibilidade do baixo desempenho sexual, eles têm maiores chances de se sentirem incompetentes no ato em si, em lidar com o contexto e em resolver o desfecho da situação.

Embora os estudos anteriores avaliem apenas a população masculina, estudos com amostras femininas encontraram achados semelhantes. Um estudo, conduzido por Nobre e Pinto-Gouveia (2008), com 491 participantes, divididos entre população clínica e controle, teve como objetivo investigar as diferenças entre indivíduos com e sem disfunção sexual no conteúdo de pensamentos automáticos durante a atividade sexual. Esse estudo apontou que as mulheres que preenchiam critérios para disfunção sexual pontuaram de forma significativa mais pensamentos negativos durante a atividade sexual em comparação com mulheres sexualmente saudáveis. Pensamentos de falha e de desconexão ("não estou satisfazendo meu parceiro" ou "que nojo, ele não liga para mim, só quer se satisfazer") foi o mais prevalente. Esse estudo indica que EIDs possivelmente estejam presentes na manutenção da disfunção sexual das mulheres. Embora esse estudo não tenha avaliado especificamente os EIDs, é possível pensar que o receio de não satisfazer o parceiro pode ser explicado pelo esquema de autossacrifício, enquanto a sensação de nojo pode ser ativada pelo esquema de desconfiança e abuso e/ou privação emocional.

Já no que diz respeito aos estudos e livros que abordam o conceito de ME na TE aplicada à sexualidade, há poucos achados. Na compreensão dos problemas sexuais, é preciso identificar como o modo criança vulnerável se apresenta, pois é neste ME que a necessidade emocional que precisa ser suprida está sendo evidenciada. Uma necessidade emocional importante é o sentimento de amparo, acolhimento e percepção de que se está em um ambiente seguro. No que diz respeito à vida sexual, o ambiente seguro torna-se um pré-requisito para que o indivíduo possa sentir-se sexualmente estimulado, relaxado e conectado com o parceiro. Nesse ME, as fases de flerte, excitação e preliminares são fundamentais para a promoção da conexão. Quando esse modo está ativado, relações sexuais de curta duração (conhecidas popularmente como "rapidinhas") só funcionarão e satisfarão a ambos se o parceiro estiver conectado e seguro o suficiente para isso (Stevens & Roediger, 2017).

Por sua vez, casais que constroem segurança no vínculo, mas não investem em espontaneidade, diversão e sensualidade, estimulam menos o modo criança feliz – que se caracteriza por um sentimento de autoconfiança, estímulo e de agir de forma autônoma e competente. Esse ME é necessário para dar qualidade e divertimento na relação sexual e na exploração de novas e antigas fantasias. Um bom equilíbrio entre estimulação e intimidade é necessário, assegurando o modo criança vulnerável e estimulando o modo criança feliz (Stevens & Roediger, 2017).

Ainda são necessários estudos de maior abrangência com EIDs e com MEs relacionados aos problemas sexuais. Contudo, buscando preencher essa lacuna, uma pesquisa, desenvolvida por Derby e colaboradores (2015), buscou associar determinados comportamentos sexuais e pensamentos a respeito da sexualidade com os EIDs. A Tabela 13.1 apresenta a expressão dos EIDs nas atitudes e comportamentos sexuais, bem como na intimidade dos relacionamentos.

AVALIAÇÃO E TÉCNICAS NO ATENDIMENTO DE CASAIS COM DIFICULDADES SEXUAIS

Motivar um casal a falar de suas dificuldades e medos relacionados à vida sexual nem sempre é fácil. Portanto, incentivá-los a falar sobre suas insatisfações sexuais de forma não ofensiva ou culpabilizadora (de si ou do parceiro) é um desafio para o terapeuta do esquema. O papel do terapeuta é auxiliar o casal a equilibrar assertividade com a exposição gradual de seu lado vulnerável – a parte que sofre a respeito do problema sexual –, sem que os modos de enfrentamento desadaptativos ou o modo dos pais internalizados punitivos ou hiperexigentes façam parte do diálogo (Stevens & Roediger, 2017). Por essa razão, quando um dos parceiros comunica o que está sentindo em relação ao problema sexual, além de garantir que ele comunique no modo adulto saudável, é necessário garantir que o parceiro não esteja escutando com um dos modos de enfrentamento desadaptativos ativados. Por exemplo, se o parceiro que escuta ativar o modo protetor desligado, não prestará atenção ao que o companheiro está dizendo e, por consequência, aumentará a desconexão entre eles. Em contrapartida, se o companheiro ativar o modo pais críticos ou hiperexigentes internalizados, é provável que culpabilize o parceiro ou o responsabilize pelas dificuldades sexuais do casal e não seja capaz de identificar a parcela de responsabilidade de ambos no contexto, também provocando desconexão.

Uma atividade possível é pedir para que ambos, em folhas separadas, escrevam sobre como se sentem a respeito da dificuldade sexual, o que gostariam que fosse diferente e qual a sua participação para o problema se manter e para mudar. É um exercício simples, mas que possibilita a avaliação sobre qual ME está ativado. Além disso, com essa atividade, é possível garantir que o paciente escreva focando em si mesmo e nas suas necessidades emocionais. Esse exercício inicial se propõe a introduzir a conversa sobre o problema (Stevens & Roediger, 2017).

Quando os pacientes não sabem expressar as suas necessidades emocionais, cabe ao terapeuta ajudar a estruturar esses pensamentos com perguntas norteadoras: "O que você precisa para se sentir amado?", "Como você costuma expressar o seu amor?". Essas questões podem melhorar a comunicação do casal de forma a potencializar o diálogo entre os modos criança vulnerável e adulto saudável. O objetivo final é fazer com que o casal possa, com auxílio do terapeuta, organizar um plano para tornar viáveis os desejos e as necessidades de ambos, respeitando os limites individuais de cada um. Com isso, também é possível que o terapeuta e os pacientes

TABELA 13.1 Domínios esquemáticos e expressões dos EIDs nos comportamentos sexuais e na intimidade

Domínio esquemático	Desenvolvimento/ origem	Expressão dos esquemas nas atitudes e comportamentos sexuais e na intimidade no relacionamento
Desconexão e rejeição	Famílias frias, rejeitadoras, abusivas e distantes.	Baixa autoestima sexual e baixa confiança no desempenho sexual; sensibilidade para crítica; medo de ser rejeitado, traído ou abandonado; busca por relações mais intensas e, por vezes, abusivas.
Autonomia e desempenho prejudicado	Superproteção e emaranhamento familiar.	Conhecimento limitado sobre sexualidade, sexo e autoprazer; medos a respeito da vida sexual e de doenças sexualmente transmissíveis; dependência excessiva de um parceiro para satisfazer todas as suas necessidades sexuais.
Limites prejudicados	Permissividade excessiva, dificuldade na imposição de limites.	A sexualidade é uma forma de obter autoestima e poder; dificuldade de controlar impulsos relacionados ao desejo sexual; ignora, nas relações sexuais, as necessidades emocionais dos parceiros; infidelidade; vícios sexuais.
Direcionamento para o outro	As necessidades dos outros são mais valorizadas do que as suas próprias, limitando a autoexpressão e o autocuidado.	Ansiedade social/ansiedade para agradar e impressionar parceiros; focar no desempenho sexual no lugar da experiência; preferir satisfazer as necessidades dos outros e menosprezar a sua própria necessidade; medo do "fracasso" sexual; dificuldades de funcionamento (p. ex., dor ou disfunção erétil).
Inibição e supervigilância	Hiperexigência parental, pais punitivos e com baixo incentivo ao lazer, à diversão e à espontaneidade.	Inibição sexual/emocional; criticismo excessivo com o companheiro ou consigo mesmo; expectativas excessivas na relação sexual e nos relacionamentos; dificuldades em atingir o orgasmo (p. ex., anorgasmia e ejaculação retardada); ansiedade de desempenho.

Fonte: Com base em Derby e colaboradores (2015).

compreendam, de forma clara, os problemas do casal e as mudanças que precisam ser realizadas.

O uso de questionários também possibilita, de forma estruturada e sistemática, a compreensão dos padrões emocionais e comportamentais dos parceiros na dinâmica do casal, bem como as áreas da sexualidade a serem selecionadas e trabalhadas em terapia, proporcionando uma mudança mais integrativa. Essa estratégia terapêutica tem como objetivo estimular o casal a perceber mais claramente as dificuldades. Nesse momento de avaliação, o Questionário de Esquemas de Young – YSQ--S3 (Young, 2003) é utilizado. O YSQ-S3 tem por objetivo identificar os EIDs de cada um dos parceiros, a fim de iniciar o processo de construção dos ciclos esquemáticos do casal. Outros instrumentos que avaliam questões referentes à sexualidade também podem ser úteis, como, por exemplo, a Escala de Autoeficácia Sexual (Rodrigues, Catão, Finotelli, Silva, & Viviani, 2008).

Com a ampliação da percepção das dificuldades sexuais e de sua origem, sugere--se a abstinência sexual por um tempo, o que normalmente pode gerar certa perplexidade e resistência do casal. Entende-se que a insistência em manter o padrão de tentativas frustradas pode estar servindo como uma forma de manutenção esquemática, pois a atividade sexual dos pacientes que procuram terapia, em geral, está sendo crivada de dor, sofrimento e angústia. É, portanto, de suma importância ressaltar que o objetivo da parada da atividade sexual é reiniciar o contato afetivo por meio da comunicação e da ressignificação da relação afetiva e corporal.

Posteriormente, é sugerida a técnica da focalização sensorial dividida em dois atos (Rodrigues, 2001). O primeiro ato serve para praticar a massagem, a percepção sensorial, propriamente dita, e ajuda o casal na construção do momento para a relação a dois e pode ser definido com dia e hora agendados. É orientado que esse ato seja agendado, pois o casal alega não ter tempo ou tem a crença de que o momento precisa ser espontâneo e natural. O segundo ato refere-se ao exercício de comunicação, quando o casal também é instruído a falar sobre como foram os toques e em qual local cada um mais gostou, se preferiu fazer ou receber, entre outros tópicos que podem ser sugeridos pelo casal e pelo terapeuta. O objetivo é aumentar a espontaneidade do casal, ainda que semidirigida pelo terapeuta, direcionando para a exploração e o reconhecimento do outro por meio do modo criança feliz, sem o peso de ter que concretizar o ato sexual propriamente dito. É possível usar variações e técnicas combinadas, como uma personalização das atividades de acordo com a dinâmica do casal. Parte-se do pressuposto de que a negociação e a combinação estimulam um ambiente seguro e, por essa razão, combinações claras devem ser estimuladas (Stevens & Roediger, 2017).

Durante o processo de planejamento e de execução do plano de reinício da vida sexual, é fundamental psicoeducar sobre a importância da persistência, do respeito e da flexibilidade para adaptar-se às falhas do processo como características esperadas do modo adulto saudável. Por exemplo, é possível que um dos parceiros busque uma iniciativa sexual e o outro recuse. O modo adulto saudável deve ser capaz de compreender, cuidar do seu sentimento de rejeição e buscar manter a conexão com o parceiro por intermédio de outras propostas relacionadas à sexualidade, como momentos românticos ou atividades a dois que estimulem a proximidade e o vínculo. Em contrapartida, o parceiro que recusar a iniciativa deve fazer isso de forma respeitosa e não crítica.

VINHETA CLÍNICA
JOÃO E CRISTINA

> *Ninguém pode estar na flor da idade, mas cada um pode estar na flor da sua própria idade.*
> Mario Quintana

João e Cristina procuraram a terapia de casal em função de dificuldades sexuais. Na primeira consulta, ambos demonstraram bastante insatisfação com a vida sexual. Cristina iniciou falando que sentia que as relações sexuais se tornaram mecânicas e pouco espontâneas, além de, em sua opinião, durarem pouco tempo. João relatou que eles têm menos relações sexuais do que gostaria e não concorda que a relação sexual tem curta duração, além disso, tem dificuldade de compreender a queixa de Cristina sobre a relação sexual ser "mais mecânica".

Durante a consulta, os dois pareciam distantes um do outro, inclusive sentando-se afastados durante a sessão. Enquanto falavam, o terapeuta conseguiu observar que Cristina culpabilizava e criticava João pelas dificuldades na vida sexual, enquanto João se mostrava desconectado e justificando-se a cada comentário dela. O objetivo do casal na terapia também era diferente em um primeiro momento. Cristina queria que eles fossem mais afetivos um com outro, se beijassem mais e tivessem mais preliminares e romantismo para a vida do casal como um todo e, principalmente, na vida sexual. João, por sua vez, relata que gostaria que a frequência sexual fosse maior e que ela cobrasse menos romantismo e carinho, pois isso o deixaria com ainda menos vontade de atender às exigências dela.

Percebe-se, ao final da primeira consulta, que o terapeuta precisa considerar alguns aspectos: 1) os objetivos terapêuticos são diferentes e precisam ser alinhados e transformados em objetivos comuns; 2) os EIDs e MEs que perpetuam esse ciclo de insatisfação precisam ser avaliados; 3) as crenças pessoais a respeito da sexualidade de forma individual precisam ser investigadas; 4) a história de vida passada e atual que possivelmente interfere no problema também deve ser foco de investigação. Assim, com base nesses pontos identificados, o terapeuta elabora o seguinte plano de avaliação e intervenção:

- Uma consulta individual com cada um dos parceiros para avaliação de crenças pessoais sobre sexualidade e, como tarefa de casa, aplicar o YSQ-S3 (Young, 2003) e a Escala de Autoeficácia Sexual (Rodrigues et al., 2008).
- Psicoeducar o casal sobre o funcionamento da TE para casais e o que são os ciclos esquemáticos e auxiliá-los a construir objetivos terapêuticos em comum.

- Mapear os EIDs e MEs do casal e compartilhar com eles, por meio de uma figura, como o ciclo ocorre e se perpetua, e como interfere nos problemas sexuais do casal.
- Intervir no ciclo esquemático, promovendo padrões de relacionamento mais saudáveis e fortalecimento do adulto saudável de ambos.

Cristina preferiu ir à primeira sessão individual. Na investigação sobre aspectos de seu desenvolvimento, visando identificar necessidades emocionais não supridas, Cristina conta que sempre se sentiu sozinha quando criança. Era filha única, e os pais estavam sempre ausentes, trabalhando. Ela relata que a mãe era afetiva, ao passo que o pai era distante e frio. Acredita que faltou afeto e acolhimento (necessidade emocional não atendida) em muitos momentos de sua vida e muitas vezes se sentiu desamparada pelos pais.

Relata que os pais não souberam lidar com a chegada dela à adolescência. O pai tornou-se ser ciumento e rígido, questionando sobre festas e encontros com amigos, sendo que nenhum dos pais conversava abertamente com ela sobre sexualidade. Por conta do controle do pai, não tinha liberdade para namorar e, por essa razão, perdeu a virgindade apenas aos 21 anos, com o marido, João. Cristina menciona que, desde início do casamento, a relação sexual é pouco satisfatória. Ela gostaria que houvesse mais romantismo, mais preliminares, e que João se importasse mais com o prazer dela na relação sexual. Ela também receia que João não a deseje ou não a ache atraente e que só tenha relações com ela para se satisfazer. Relata que o romantismo, de forma geral, também não se apresenta na vida cotidiana do casal. Cristina menciona que nunca se masturbou e não sabe dizer do que gosta sexualmente, o que lhe dá prazer. Diz que, por conta da criação rígida, sempre teve a ideia de que buscar o prazer sexual é algo errado e ruim, principalmente para as mulheres.

Na avaliação do questionário dos EIDs, Cristina apresentou: 1) privação emocional; 2) defectividade/vergonha; 3) dependência/incompetência; 4) fracasso; e 5) autossacrifício. Por meio do questionário, foi possível identificar aspectos descritos por Cristina em sua história de vida que influenciam os resultados dos EIDs apresentados. Relacionando com suas queixas sobre a vida sexual em seu casamento, é possível perceber que esses EIDs se relacionam com a problemática e contribuem para a situação do casal.

Na sessão com João, ele apresentou dificuldade para falar sobre a família de origem. Descreveu os pais como ausentes, mas justificou que precisaram trabalhar para sustentar a família. É o filho mais velho de quatro irmãos e, por ser o mais velho, sempre ajudou a cuidar dos demais. Relatou achar isso ruim, pois acabou sacrificando muito da infância, mas ressaltou: "Família é para isso mesmo, todo mundo tem que ajudar". João ainda lembrou que o pai era uma pessoa fechada e que nunca expressava sentimentos. A mãe era uma figura mais afetiva, mas sempre atendendo às necessidades e vontades do pai. Quando questionado sobre o que acredita que faltou, João responde que, embora não concorde que tenha faltado alguma coisa, acha que sua dificuldade de se expressar e falar de seus sentimentos é muito semelhante às dificuldades do pai e que gostaria de ter sido mais próximo afetivamente dele (necessidade emocional não atendida).

Quando chegou à adolescência, João mencionou que os pais passaram a tratá-lo como adulto e lhe deram mais responsabilidades. Ele começou a trabalhar com 14 anos e tinha que auxiliar os irmãos no colégio e nas tarefas de casa. Não tinha muito tempo e nem dinheiro para sair com os amigos, mas, quando saía, menciona que sempre chamou a atenção das mulheres. Perdeu a virgindade com uma prostituta, pois, segundo ele, tinha medo de não corresponder às expectativas de uma menina na primeira vez. Teve algumas experiências com prostitutas e logo conheceu Cristina, por quem se apaixonou. Conta que foi a primeira relação sexual com alguém por quem tinha sentimentos e que isso o deixou ainda mais ansioso e "desajeitado". Acredita que a vida sexual do casal foi boa durante muito tempo do casamento, porém, agora se sente cobrado por Cristina. João revela que compreende os motivos pelos quais ela o cobra, como, por exemplo, ser mais expressivo e afetivo; entretanto, acredita ser algo difícil para ele, o que o deixa frustrado e com raiva de si mesmo. Para aliviar o desconforto das cobranças, João assume que se desconecta emocionalmente de Cristina e passa a não procurá-la sexualmente, o que aumenta a distância entre o casal.

Na avaliação do questionário dos EIDs, João apresentou: 1) privação emocional; 2) defectividade/vergonha; 3) autossacrifício; 4) inibição emocional; 5) busca de admiração e reconhecimento; 6) padrões inflexíveis. Com a ajuda do questionário, foi possível identificar aspectos descritos por João em sua história de vida que influenciam os resultados dos EIDs apresentados. Comparando com suas queixas sobre a vida sexual no casamento, é possível perceber que esses EIDs se relacionam com a problemática e contribuem para a situação do casal. Por meio da entrevista clínica e dos questionários, foi possível identificar três ciclos esquemáticos que se repetem na relação e que perpetuam os EIDs (como mostra a Fig. 13.1), bem como o distanciamento afetivo e sexual do casal.

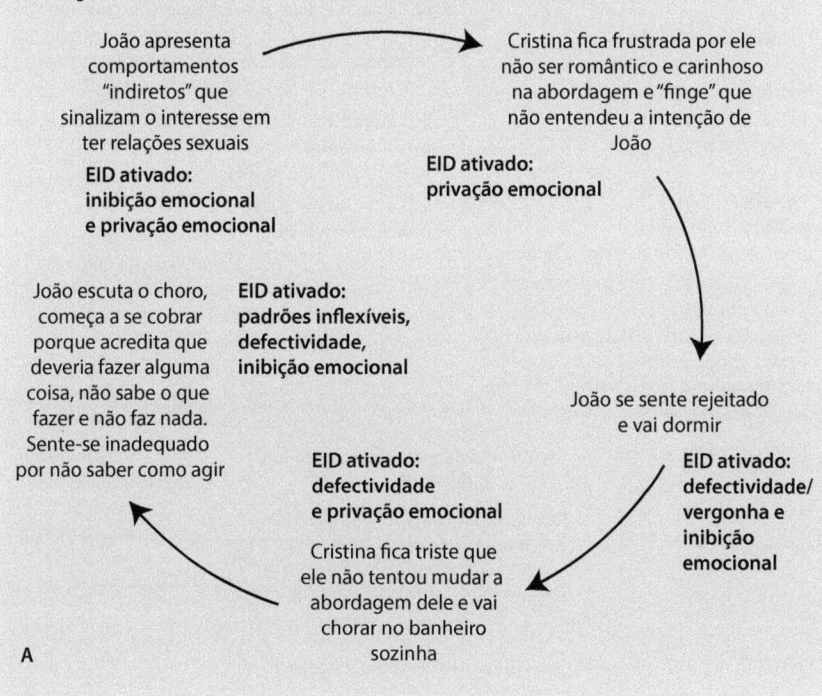

João apresenta comportamentos "indiretos" que sinalizam o interesse em ter relações sexuais
EID ativado:
inibição emocional
e privação emocional

Cristina fica frustrada por ele não ser romântico e carinhoso na abordagem e "finge" que não entendeu a intenção de João
EID ativado:
privação emocional

João escuta o choro, começa a se cobrar porque acredita que deveria fazer alguma coisa, não sabe o que fazer e não faz nada. Sente-se inadequado por não saber como agir

EID ativado:
padrões inflexíveis,
defectividade,
inibição emocional

João se sente rejeitado e vai dormir

EID ativado:
defectividade
e privação emocional

Cristina fica triste que ele não tentou mudar a abordagem dele e vai chorar no banheiro sozinha

EID ativado:
defectividade/
vergonha e
inibição
emocional

A

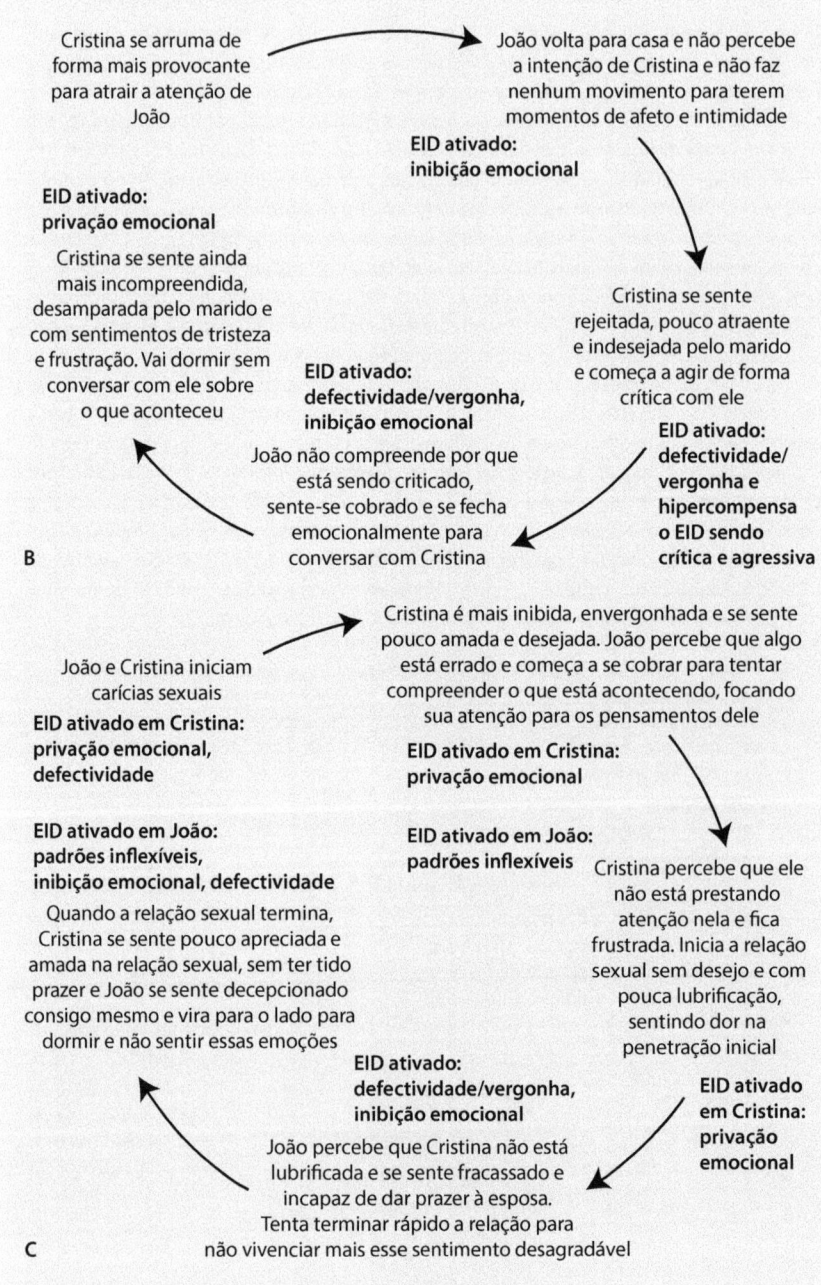

FIGURA 13.1 Ciclos esquemáticos de João e Cristina.

B

Cristina se arruma de forma mais provocante para atrair a atenção de João
→ João volta para casa e não percebe a intenção de Cristina e não faz nenhum movimento para terem momentos de afeto e intimidade

EID ativado: inibição emocional

EID ativado: privação emocional

Cristina se sente ainda mais incompreendida, desamparada pelo marido e com sentimentos de tristeza e frustração. Vai dormir sem conversar com ele sobre o que aconteceu

EID ativado: defectividade/vergonha, inibição emocional

João não compreende por que está sendo criticado, sente-se cobrado e se fecha emocionalmente para conversar com Cristina

Cristina se sente rejeitada, pouco atraente e indesejada pelo marido e começa a agir de forma crítica com ele

EID ativado: defectividade/vergonha e hipercompensa o EID sendo crítica e agressiva

---

C

João e Cristina iniciam carícias sexuais

EID ativado em Cristina: privação emocional, defectividade

EID ativado em João: padrões inflexíveis, inibição emocional, defectividade

Quando a relação sexual termina, Cristina se sente pouco apreciada e amada na relação sexual, sem ter tido prazer e João se sente decepcionado consigo mesmo e vira para o lado para dormir e não sentir essas emoções

→ Cristina é mais inibida, envergonhada e se sente pouco amada e desejada. João percebe que algo está errado e começa a se cobrar para tentar compreender o que está acontecendo, focando sua atenção para os pensamentos dele

EID ativado em Cristina: privação emocional

EID ativado em João: padrões inflexíveis

Cristina percebe que ele não está prestando atenção nela e fica frustrada. Inicia a relação sexual sem desejo e com pouca lubrificação, sentindo dor na penetração inicial

EID ativado: defectividade/vergonha, inibição emocional

João percebe que Cristina não está lubrificada e se sente fracassado e incapaz de dar prazer à esposa. Tenta terminar rápido a relação para não vivenciar mais esse sentimento desagradável

EID ativado em Cristina: privação emocional

RESUMO DO TRATAMENTO

- O casal foi orientado a interromper, nas primeiras semanas, a atividade sexual, e foi feita uma avaliação geral por meio de uma entrevista clínica e dos instrumentos YSQ-S3 (Young, 2003) e Escala de Autoeficácia Sexual (Rodrigues et al., 2008).
- Psicoeducação quanto aos modos de funcionamento de Young; também foi desenvolvido um trabalho constante visando a comunicação mais assertiva. O objetivo de trabalhar a comunicação assertiva é promover melhora na manifestação de opiniões e sentimentos e, assim, que os parceiros exponham de forma mais eficaz suas necessidades emocionais a fim de promover maior conexão entre eles.
- Assim que o casal conseguiu uma melhor comunicação geral, foram introduzidos os exercícios de foco sensório priorizando os exercícios escolhidos por eles, como o uso de óleos para realização de massagem, progredindo gradualmente até o início de preliminares com contato genital e, por fim, o retorno da atividade sexual completa.

RESULTADOS OBTIDOS

- O casal começou a ter uma maior percepção sobre seus ciclos esquemáticos, melhorando sua percepção a respeito de suas formas de ativação e necessidades.
- Aumentou a espontaneidade de João em relação a elogios e a flexibilidade do casal para vivenciar a sexualidade de forma mais prazerosa usando as técnicas propostas e a própria expressão dos sentimentos e desejos.
- Maior percepção de Cristina sobre sua privação emocional, conseguindo pedir o que precisa de forma mais espontânea e sem autocríticas.
- Cristina também passou a ter mais empatia pelo jeito fechado do marido e a compreender que suas críticas, quando colocadas de forma rude, pioravam o contexto do casal.

CONSIDERAÇÕES FINAIS

A TCC tradicional pressupõe que os pacientes estejam motivados a reduzir os sintomas, a desenvolver habilidades e a resolver seus problemas atuais. Todavia, como salientam Young, Klosko e Weishaar (2008), há inúmeros casos em que os pacientes não conseguem cumprir os procedimentos da TCC ou não estão dispostos e acabam por não realizar as tarefas prescritas. Tais pacientes apresentam relutância em aprender estratégias e se mostram psicologicamente rígidos, não conseguindo executar ou manter mudanças de curto prazo.

Para esse perfil de pacientes, a TE é indicada, tanto no que diz respeito a casais como no atendimento individual, para aumentar as probabilidades de adesão ao tratamento e a obtenção de bons resultados do processo terapêutico. O objetivo da TE é ajudar os pacientes na identificação de seus EIDs e a se tornarem mais conscientes emocionalmente de suas memórias infantis, sensações corporais, cognições e reconhecimento de seus estilos de enfrentamento.

Uma vez que identifiquem e compreendam seus próprios EIDs, os pacientes passam a exercer algum controle sobre suas respostas, aumentando seu livre arbítrio em relação a tais EIDs. Tal modelo se aplica ao casal e, como sugere Paim (2016), o foco principal é a quebra dos ciclos repetitivos na dinâmica conjugal, de forma que o casal consiga entender de maneira sistemática os seus padrões emocionais e comportamentais.

O objetivo deste capítulo foi explicitar como os EIDs interferem nos problemas sexuais de um casal e como os ciclos esquemáticos precisam ser rompidos para que haja uma reestruturação cognitiva relacionada aos mitos, às distorções e aos medos relacionados à vida sexual. Assim, uma vez que os ciclos são identificados e rompidos, o casal pode buscar uma nova maneira de se relacionar afetiva e sexualmente, mais conectado com os MEs adulto saudável e criança feliz.

REFERÊNCIAS

Althof, S., Leiblun, S., Chever-Measson, M., Hartman, U., Levine, S. B. M., Plaut M., & Wirth, M. (2006). Psychological and interpersonal dimensions of sexual function and dysfunction. *The Journal of Sexual Medicine*, 2(6), 793-800.

Andersen, B. L., & Cyranowski, J. M. (1994). Women's sexual self-schema. *Journal of Personality and Social Psychology*, 67(6), 1079-1100.

Camargos, H., & Morais, R. (2017). A eficácia das técnicas cognitivas e comportamentais nos transtornos sexuais. *Psicologia e Saúde em Debate*, 3(1), 34-35.

Datillio, F. M., Padesky, C. A. (1995). *Terapia cognitiva com casais*. Porto Alegre: Artmed.

Derby, D., Peleg-Sagy, T., & Doron, G. (2015). Schema therapy in sex therapy: a theoretical conceptualization. *Journal of Sex & Marital Therapy*, 42(7), 648-658.

Doron, G., Mizrahi, M., Szepsenwol, O., & Derby, D. (2014). Right or flawed: relationships obsessions and sexual satisfaction. *Journal of Sexual Medicine*, 11(9), 2218-2224.

Nobre, P. J. & Pinto-Gouveia, J. (2008). Dysfunctional sexual beliefs as vulnerability factors for sexual dysfunction. *The Journal of Sex Research*, 43(1), 68-75.

Nobre, P. J. & Pinto-Gouveia, J. (2008). Differences in automatic thoughts presented during sexual activity between sexually functional and dysfunctional men and women. *Cognitive Therapy and Research*, 32(1), 37-49.

Paim, K. (2016). A terapia do esquema para casais. In R. Wainer, K. Paim, R. Erdos, & R. Andriola (Orgs.), *Terapia cognitiva focada em esquemas: integração em psicoterapia* (pp. 205-220). Porto Alegre: Artmed.

Perel, E. (2009). *Sexo no cativeiro: Driblando as armadilhas do casamento*. Rio de Janeiro: Objetiva.

Quinta Gomes, A. L. & Nobre, P. (2012). Early maladaptive schemas and sexual dysfunction in men. *Archives of Sexual Behavior*, 41(1), 311-320.

Rodrigues Jr., O. M. (2001). *Aprimorando a saúde sexual: manual de técnicas de terapia sexual*. São Paulo: Summus.

Rodrigues Jr., O. M., Catão, E. C., Finotelli Jr., I., Silva, F. R. C. S., & Viviani, D. H. (2008). Escala de autoeficacia sexual-funcíon eréctil (Versíon E): estudio de validación clínica en Brasil. *Revista Peruana de Psicometría*, (1), 12-17.

Scribe, M., Sana, M., & Di Benedetto, A. (2007). Os esquemas na estruturação do vínculo conjugal. *Revista Brasileira de Terapias Cognitivas, 3*(2), 1-10.

Stevens, A., B., & Roediger, E. (2017). *Breaking negative relationship patterns: a schema therapy self-help and support book.* West Sussex: Wiley Blackwell.

Wainer, R., Paim, K., Erdos, R., Andriola, R. (2016). *Terapia cognitiva focada em esquemas.* Porto Alegre: Artmed.

Whitbourne, S. K. & Halgin, R. P. (2015). *Psicopatologia: perspectivas clínicas dos transtornos psicológicos.* (7. ed.). Porto Alegre: AMGH.

Young, J. E. (2003). *Terapia cognitiva para transtornos da personalidade: uma abordagem focada no esquema* (3. ed.). Porto Alegre: Artmed.

Young, J. E., Klosko, J. S., & Weishaar. (2008). *Terapia do esquema: guia de técnicas cognitivo-comportamentais inovadoras.* Porto Alegre: Artmed.

Leituras recomendadas

Cavalcanti, R., Cavalcanti, M. (2006). *Tratamento clínico das inadequações sexuais.* São Paulo: Rocca.

Gomes., A. L. Q., & Nobre, P. (2012). Early maladaptive schemas and sexual dysfunction in men. *Archives of Sexual Behavior, 41*(1), 311-320.

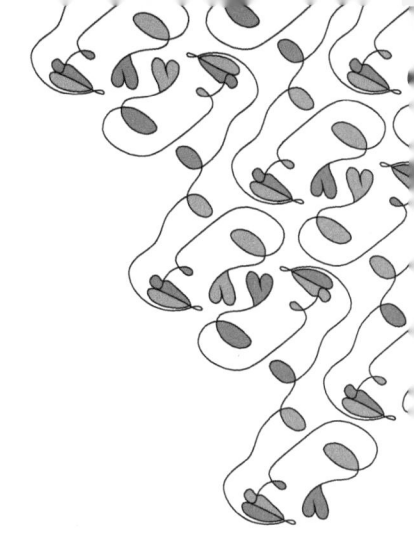

Índice

A

Adultos, estilos de apego, 20-23
Apego, teoria do, 15-28
Ativações esquemáticas, 133-134
    de casais e terapeutas, 133-134
Atração, 37-38
Autobiografia do relacionamento, 66
Autocontrole/autodisciplina insuficiente, 35-36
Automonitoramento, 134-135

B

Baralho de esquemas, 74, 77-78
Big five, 7-8

C

Cadeiras, técnicas com 115-116
Cartão de Embates de Ciclos de Modos, 91f, 112-114
Casais, processo terapêutico, 63-236
    autobiografia do relacionamento, 66
    ciclos esquemáticos, 78-79
    contrato terapêutico, 64-65
    esquemas de casal, 67-68
    esquemas dos parceiros, 67-68
    esquemas na relação terapêutica, 68-75
        baralho de esquemas, 74
        esquemas do casal, 74-75
        Inventário Parental de Young (YPI), 70-71
        necessidades emocionais não atendidas, 73-74
        Questionário de Esquemas de Young (YSQ), 70-71
        trabalho de imagem, 72-73
    estilos de enfrentamento e modos esquemáticos, 75-78
        baralho de modos esquemáticos, 77-78
        inventários de hipercompensação, de evitação e de modos esquemáticos, 76-77
    história de vida e genograma, 66-67
    início da terapia, 65-66
    modos esquemáticos, 87-98
        Cartão de Embates de Ciclos de Modos, 91f
        intervenções, 92-98

cognitivas, 93-94
experienciais, 94-98
mapa de modos dimensional, 89f
mudança, estratégias e técnicas, 101-118
   a raiva, 114
   Cartão de Embates de Ciclos de Modos, 112-114
   diálogos entre cadeiras, 115-116
   imagens mentais, 105-112
   mindfulness, 117
   setting terapêutico, 102-104
   tarefas de casa, 116-117
Path em TE, 79-84
relação terapêutica, 126-137
Ciclo(s), 52-57, 78-79
   de modos conjugal, 52-57
   esquemáticos, identificação dos, 78-79
Clandestinidade, 201-202
Contrato terapêutico, 64-65
   em TE para casais, 64-65
Criança, cuidado da, 108-109

D
Defectividade/vergonha, 33-34
Dependência/incompetência, 34-35
Desconfiança/abuso, 36
Dificuldades sexuais, 223-236

E
Empatia, 103-104
Envolvimento emocional, 202-204
Esquemas, 3-28, 67-68, 74-75
   de casal, 15-28, 67-68, 74-75
   dos parceiros, 67-68
   e funcionamento interpessoal, 3-14
      EIDs (esquemas iniciais desadaptativos), 5-7
      como preditores de relacionamentos satisfatórios, 8-10
      fatores da personalidade, 7-8
      relações interpessoais e origem dos, 5-7
   na relação terapêutica, identificação, 68-75
      baralho de esquemas, 74
      esquemas do casal, 74-75
      Inventário Parental de Young (YPI), 70-71
      necessidades emocionais não atendidas, 73-74
      Questionário de Esquemas de Young (YSQ), 70-71
      trabalho de imagem, 72-73
   estilos de enfrentamento e modos esquemáticos, 75-78
      baralho de modos esquemáticos, 77-78
      inventários de hipercompensação, de evitação e de modos esquemáticos, 76-77

F
Fatores da personalidade, 7-8
Funcionamento interpessoal, 3-14

G
Genograma, 66-67
Grandiosidade/arrogo, 34

H
História de vida, 66-67

I
Ilusão, 38-39, 42
Imagens mentais e trabalho com casais, 105-112
   cuidado da criança, 108-109

início do trabalho, 105-106
segurança do trabalho, 110-112
vozes parentais internalizadas, 107-108
Incompetência, 34-35
Infância, 18-20
   teoria de estilos na, 18-20
Infidelidade conjugal, 199-220
   clandestinidade, 201-202
   envolvimento emocional, 202-204
   processo terapêutico, 204-219
      estágio 1: absorção do golpe, 204-210
      estágio 2: construção de sentido/significado, 210-214
      estágio 3: seguir em frente, 214-219
   química sexual, 202
Intervenções com casais, 92-98
   cognitivas, 93-94
   experienciais, 94-98
Inventário Parental de Young (YPI), 70-71
Inventários de hipercompensação, de evitação e de modos esquemáticos, 76-77

M

Mapa de modos dimensional, 89f
Memórias emocionais, 40-41
Mindfulness, 117
Modelos(s), 7-8, 25-27
   internos de funcionamento (MIFs), 25-27
   dos cinco fatores, 7-8
Modos esquemáticos, 45-57, 87-98
   com casais, 87-98
      Cartão de Embates de Ciclos de Modos, 91f
      intervenções, 92-98
      mapa de modos dimensional, 89f

individuais, 45-57
   ciclo de modos conjugal, 52-57
   modos adaptativos, 51-52
   modos criança, 47-48
   modos de enfrentamento desadaptativos, 49-51
   modos pai/mãe disfuncionais internalizados, 48-49
Mudança em TE com casais (estratégias e técnicas), 101-118
   a raiva, 114
   Cartão de Embates de Ciclos de Modos, 112-114
   diálogos entre cadeiras, 115-116
   imagens mentais, 105-112
      cuidado da criança, 108-109
      início do trabalho, 105-106
      segurança do trabalho, 110-112
      vozes parentais internalizadas, 107-108
   mindfulness, 117
   setting terapêutico, 102-104
      atenção balanceada, 104
      papel da empatia, 103-104
      regulação do tom de voz, 103
   tarefas de casa, 116-117

N

Necessidades emocionais, 25-27, 73-74
   não atendidas, 73-74

P

Padrão(ões), 36-37, 41-42
   de atração, 41-42
   flexíveis/padrões inflexíveis, 36-37
Path, 79-84
Privação emocional – inibição emocional, 35

Q

Questionário de Esquemas de Young (YSQ), 70-71

Química esquemática e escolhas amorosas, 31-43
   aplicabilidade clínica, 39-42
      ilusão, 42
      memórias emocionais, 40-41
      padrão de atração, 41-42
   atração, 37-38
   autocontrole/autodisciplina insuficiente, 35-36
   defectividade/vergonha, 33-34
   dependência/incompetência, 34-35
   desconfiança/abuso, 36
   grandiosidade/arrogo, 34
   ilusão, 38-39
   padrões flexíveis/padrões inflexíveis, 36-37
   privação emocional – inibição emocional, 35

R
Raiva, 114
   em terapia de casal, 114
Relação terapêutica, 121-138
   com casais, 126-137
      armadilhas, 135-137
      ativações esquemáticas, 133-134
      automonitoramento, 134-135
      avaliação, 126-128
      mudança, 128-133
   definição da, 122-123
   o terapeuta, 124-126
   pressupostos para a transformação, 123
Relacionamento, autobiografia do, 66
Relações interpessoais, 5-7
   e EIDs, 5-7
   fatores da personalidade, 7-8

S
Setting terapêutico, 102-104
   na terapia de casais, 102-104
   atenção balanceada, 104
   papel da empatia, 103-104
   regulação do tom de voz, 103
Sexo, 202, 223-236
   dificuldades, 223-236
   avaliação e técnicas no atendimento de casais, 228-235
   e TE, 226-228
   química sexual, 202

T
Tarefas de casa, 116-117
Técnicas com cadeiras, 115-116
Teoria do apego, 15-28
   e construção de novo paradigma, 16-17
   estilos na infância, 18-20
   estilos nas relações adultas, 20-23
   modelos internos de desenvolvimento, 17-18
   MIFs, esquemas e necessidades emocionais, 25-27
   mudanças nos estilos, 23-24
Tom de voz, regulação do, 103
Trabalho de imagem, 72-73

V
Vergonha, 33-34
Vida, história de, 66-67
Vozes parentais internalizadas, 107-108